《薄壳山核桃高效培育技术》
编写人员

主　　编：王正加　黄坚钦

副 主 编：夏国华　杨先裕　徐奎源

编写人员（按姓氏笔画排列）：

　　　　于　敏　王红红　孙志超　李　健　杨正福

　　　　沈　超　沈丽琴　张启香　张海军　陈先军

　　　　武丽萍　林楗仁　侯志颖　俞伟纲　施娟娟

　　　　袁紫倩　徐沁怡　徐宏化　凌　骅　黄有军

　　　　黄瑞敏　梁永林　舒李露　曾燕如　糜瑶琪

薄壳山核桃高效培育技术

王正加　黄坚钦　主编

中国林业出版社
China Forestry Publishing House

内容提要

薄壳山核桃是世界性的重要干果树种,是浙江省"一亩山万元钱"的主推品种,种仁具有很高的营养价值。本书全面阐述了薄壳山核桃生态生物学特性、薄壳山核桃国外主栽品种与国内引进与审(认)定的良种、薄壳山核桃良种繁育、薄壳山核桃早实丰产技术、薄壳山核桃杂交育种技术、薄壳山核桃主要病虫害及薄壳山核桃综合利用等内容。本书可供大专院校、农林业研究人员及林业推广人员参考,也可作为乡村振兴、精准扶贫、百姓脱贫致富专用培训教材。

图书在版编目(CIP)数据

薄壳山核桃高效培育技术 / 王正加,黄坚钦主编. -- 北京:中国林业出版社,2021.4
ISBN 978-7-5219-1092-6

Ⅰ. ①薄… Ⅱ. ①王… ②黄… Ⅲ. ①山核桃—果树园艺 Ⅳ. ①S664.1

中国版本图书馆CIP数据核字(2021)第053534号

中国林业出版社·自然保护分社(国家公园分社)
策划编辑:刘家玲
责任编辑:宋博洋　刘家玲

出版	中国林业出版社(100009　北京市西城区德内大街刘海胡同7号)
	http://www.forestry.gov.cn/lycb.html　电话:(010)83143625
发行	中国林业出版社
印刷	河北京平诚乾印刷有限公司
版次	2021年4月第1版
印次	2021年4月第1次印刷
开本	787mm×1092mm　1/16
印张	15.75
字数	320千字
定价	128.00元

未经许可,不得以任何方式复制或抄袭本书的部分或全部内容。

版权所有　侵权必究

前言 PREFACE

薄壳山核桃 [*Carya illinoinensis* (Wangenh.) K. Koch]，又名长山核桃、美国山核桃、长寿果、碧根果，是胡桃科（Juglandaceae）山核桃属（*Carya* Nutt.）植物，是北美最重要、最有经济价值和最有发展前景的干果树种之一。同时，薄壳山核桃也是一种重要的木本油料树种和珍贵的果用、材用、果材兼用树种。我国于19世纪末开始引种薄壳山核桃。20世纪末，国内以果用为目的的薄壳山核桃已经开始生产。从果用的角度来说，薄壳山核桃与同为胡桃科的核桃（*Juglans regia* L.）和山核桃（*C. cathayensis* Sarg.）相比，具有果大壳薄、易取仁、出仁率高、口感细腻等优点。随着人们生活水平的提高和消费观念的转变，薄壳山核桃以其较高的营养价值和滋补功效，越来越为广大消费者所青睐，并在国内干果市场上占有重要地位。薄壳山核桃油脂含量较高（种仁含油量达55%～80%），主要由不饱和脂肪酸组成（占97%），其中以油酸、亚油酸、亚麻酸为主。由于不饱和脂肪酸具有降低血液中甘油三酯和胆固醇、调节心脏功能、增加记忆力和思维能力等功效，因此薄壳山核桃油是一种具有极高价值的营养保健油。此外，薄壳山核桃种仁含总蛋白9.03%～13.43%，总糖10.88%～15.30%，总氨基酸35.61～72.43mg/g，其中人体必需氨基酸总量10.14～20.29mg/g，矿物质含量0.56%～1.03%，具有较高的营养和保健价值。同时每100g种仁中含有对人体健康有益的微量元素硒6.00μg（核桃为4.60μg，山核桃为4.62μg）、锌4.53mg（核桃为3.09mg，山核桃为2.17mg），富含维生素B1、B2等多种维生素。据最近的市场调查，薄壳山核桃坚果在美国的售价为6～7美元/kg，国内为80～100元/kg。

薄壳山核桃雌雄异熟，是典型的异花授粉植物，在造林过程中由于品种单一，花期不遇，没有进行品种配置或配置不合理，往往造成落果严重、产量低、品质差、大小年明显等问题，已严重制约着这一优良干果树种的推广。到目前为止，薄壳山核桃生产在国内仍未实现产业化，坚果消费大部分依赖进口。作为世界著名干果，薄壳山核桃目前全球年产约40万吨，其中美国年产约30万吨，据不完全统计，2016年我国年产量不足100吨，但近几年每年从国外引进3.5万～4万吨。解决结实晚、产量低等问题，关键要从品种上着手：一是要根据地区生态条件合理引进优良品种，加强现有优良单株的选择、无性系测定等品种选育工作；二是加大利用国内山核桃属植物资源的力度，开展种间杂交，培育出优良的新品种；三是加大良种嫁接苗培育力度；四是要加大以品种配置、树形培养为核心的早实丰产配套技术体系的集成研究和推广应用。

薄壳山核桃是集材用、果用、油用和药用为一体的世界性干果树种，是浙江省"一亩山万元钱"的主推品种，也是我国乡村振兴、精准扶贫、脱贫致富的首选树种。

编者

2020年12月

目录

前 言

第一章 薄壳山核桃生物学特性 / 1
第一节 薄壳山核桃形态特征 / 2
第二节 薄壳山核桃枝、叶生长特性 / 2
第三节 薄壳山核桃花芽分化和开花特性 / 3
第四节 薄壳山核桃果实生长发育 / 12
第五节 薄壳山核桃适栽条件与栽培区划 / 16

第二章 薄壳山核桃主栽品种 / 19
第一节 我国引种栽培情况 / 20
第二节 美国薄壳山核桃主要栽培品种 / 21
第三节 国内审（认）定品种 / 27
第四节 薄壳山核桃资源引进与收集 / 36

第三章 薄壳山核桃种苗繁育 / 47
第一节 采穗圃营建 / 48
第二节 砧木培育 / 51
第三节 组织培养育苗 / 59
第四节 嫁接苗培育 / 70
第五节 容器嫁接苗培育 / 79

第四章　薄壳山核桃早实丰产栽培　/　83

第一节　造林与建园　/　84
第二节　果用林早实丰产栽培技术　/　91
第三节　薄壳山核桃材用林与平原绿化　/　140
第四节　薄壳山核桃复合经营　/　143

第五章　薄壳山核桃杂交育种　/　147

第一节　薄壳山核桃杂交技术　/　148
第二节　薄壳山核桃品种间杂交　/　149
第三节　山核桃和薄壳山核桃种间杂交　/　154

第六章　薄壳山核桃主要病虫害及防治　/　179

第一节　薄壳山核桃主要虫害及防治　/　180
第二节　薄壳山核桃主要病害及防治　/　207

第七章　薄壳山核桃综合利用　/　219

第一节　薄壳山核桃种仁的主要成分与利用　/　220
第二节　薄壳山核桃雄花序的营养成分与利用　/　230
第三节　薄壳山核桃外果皮的成分与利用　/　235

参考文献　/　241

第一章

薄壳山核桃生物学特性

第一节　薄壳山核桃形态特征

薄壳山核桃［*Carya illinoinensis*（Wangenh.）K. Koch］，又名长山核桃、美国山核桃、长寿果、碧根果，属胡桃科（Juglandaceae）山核桃属（*Carya* Nutt.）。薄壳山核桃为落叶乔木，树冠广卵形至卵圆形。树皮灰色，纵裂，粗糙有纵沟。冬芽卵形，芽鳞外有灰色柔毛；小枝髓充实，密被灰褐色绒毛，后无毛，有皮孔。奇数羽状复叶，小叶9～17枚，叶片长椭圆状披针形，歪斜或微弯近镰形，长4.5～18cm，宽2.0～3.5cm，先端渐尖，基部一边楔形或稍圆，一边窄楔形，有不整齐锯齿，幼时上面无毛，边缘及下面脉腋有簇毛。花单性，雌雄同株，通常雌雄异熟，雌蕊先成熟或雄蕊先成熟。雄花为柔荑花序，下垂，通常3束着生在去年生枝叶痕腋部或新梢基部苞腋的花序总梗；雄花有雄蕊3～7枚，苞片、小苞片及花药有疏毛。雌花为穗状花序，直立或斜展，生于当年生新梢顶端，具雌花3～10朵。核果状坚果，集生成穗状，椭圆形至长椭圆形，长4.0～7.5cm，径2.0～4.0cm，通常具4纵脊，黄绿色，外被淡黄色或灰黄色腺鳞，成熟时通常4瓣裂，外果皮干时近木质；果核长卵形至长圆形，长2.5～4.5cm，径1.6～2.5cm，平滑，淡褐色，有暗褐色或黑褐色斑点，顶端有黑色纵条纹，壳较薄，厚约1mm，种仁充实，味甜。花期4～5月，果期9～11月。

第二节　薄壳山核桃枝、叶生长特性

薄壳山核桃结果枝的芽为混合芽，芽体饱满，近圆形，鳞片紧包，萌发后长出结果枝和复叶，基部侧芽形成雄花序，并在近顶端形成雌花序。1931年H.L.Crane提出根据枝条长度和结果能力将枝条分为四个类型。类型1：非常短且弱小的幼枝。长1cm以内，带有弱小且尖的叶；雌花在这种枝条上很少，如果有雌花，也会在不久之后脱落。类型2：短且弱的幼枝，长10cm以下，有较短和较细的节间及较弱的叶，会发生较多的雌花，但往往在果实成熟前脱落。类型3：较长且长势好的枝条，长10～50cm，具有适度的节间和长势较好的叶，通常会发生很多的雌花，并发育成果实。类型4：长且长势好的枝条，长50cm以上，有较大的叶片，但通常由于叶片的长势太好，而影响雌花的发生。薄壳山核桃是典型的雌雄异熟异花授粉植物，以

'Mahan'在浙江的生长为例，花芽于3月中下旬开始萌动（图1-1a），3月底顶芽和雄花芽膨大（图1-1b），顶芽抽生雌花枝，雄花芽抽生雄花序（图1-1c, d）。4月初开始展叶，此时叶片生长极为迅速，约4d后叶片展开，20d以后基本达到叶面积最大值（图1-1e, f, g, h）。'Mahan'叶片为奇数羽状复叶，小叶11~15枚，长椭圆状披针形或微弯近镰形，顶生小叶两侧对称，卵形至长卵形，先端渐尖，基部下延；侧生小叶歪斜或微弯近镰形，基部一边稍圆，一边楔形，有不整齐锯齿。夏梢一般在7月初抽生，多由生长旺盛且不结果的春梢顶芽抽发而成，成年树春梢长14.5~21.5cm，夏梢长8.5~15.0cm。

图1-1 薄壳山核桃'Mahan'结果枝生长发育

a.3月24日，芽萌动，大部分芽鳞片错开；b.3月31日，芽开绽，芽顶部露出绿色尖端；c.4月5日，叶片可见，新叶黄绿色；d.4月7日，羽状复叶展开，三出柔荑花序可见，花序直挺；e.4月11日，花序伸长，雄花序软垂；f.4月14日，雄花序继续伸长，小叶完全展开；g.4月18日，叶片转绿；h.4月21日，雌花顶端显现绿色圆点，进入显花期。

第三节 薄壳山核桃花芽分化和开花特性

一、花芽分化

（一）雄花芽的分化

薄壳山核桃雌雄同株，休眠芽饱满，近圆形，有鳞片包被，顶芽一般为混合芽，萌发后长出结果枝和复叶，并在顶端形成雌花序，基部侧芽形成雄花序。薄壳山核桃'Mahan'雄花芽于3月中旬开始萌动，经9~12d后芽开绽，芽绽开后长出3束柔荑花序，长0.5~1.1cm，斜向上，此为初花期。4月中旬花序伸长，开始下垂，雄花序迅速伸长，雄花由深绿色变成浅绿色。4月下旬，小苞片张放，露出花药，每个花序由114～126朵雄花组成，每朵雄花有雄蕊3～6个。根据解剖学观察，薄壳山核桃'Mahan'雄配子体发育可分为四个阶段：雄蕊形成期、花药形成期、花粉粒形成期和花粉粒发育期。雄蕊发育时期与其外部形态变化对应情况见表1-1。

表1-1 薄壳山核桃'Mahan'雄蕊发育形态变化

日期（月/日）	花序长/cm	复叶长/cm	雄蕊外部形态	解剖结构分析
03/24	—	—	雄花芽萌动	雄蕊原基
03/27	—	—	雄花芽开绽	雄蕊原基开始分化
04/05	1.09±0.90	4.27±0.26	三出柔荑花序	雄蕊原基进一步分化
04/12	3.86±0.27	11.27±0.58	花序软垂	形成雄蕊，花药尚未分化形成花粉囊
04/21	11.69±0.70	24.68±0.35	花序伸长	具4个花粉囊的花药，花粉母细胞减数分裂，形成四分体
04/27	13.10±0.67	29.59±0.24	花蕾开裂	四分体解体形成花粉粒
05/06	13.34±0.68	32.16±0.50	花药外翻	单胞花粉粒
05/09	13.54±0.74	33.55±0.68	花药由绿变黄	2胞花粉粒，花粉粒成熟
05/11	13.55±0.74	33.61±0.69	雄花序散粉	—

注："—"表示未能获得该时期的数据。

1. **雄蕊形成期**

3月下旬，花序轴上的雄花尚处于1个大苞片、2个小苞片和1个雄花原基阶段。此时部分雄花原基顶部已变平变宽，另一部分则出现了2个雄蕊原基（图1-2a）。3月底雄蕊原基不断分化，至4月上旬，雄蕊基本形成。

2. **花药形成期**

4月中旬至4月底，雄蕊进一步分化，形成花药。一般每朵雄花具花药3～7个，花药形成初期是由一团同型的细胞活跃分裂，继续发育形成由4个花粉囊组成的花药（图1-2b）。此时位于花药表皮下的花粉囊壁已经可以清楚地看到分层，即纤维层、中层和绒毡层。

3. **花粉粒形成期**

4月下旬，花粉囊内的造孢组织分裂增殖形成花粉母细胞。花粉母细胞核大胞质浓，细胞排列紧密（图1-2c，d）。接着出现四分体，组成四分体的4个细胞排列成四面体结构（图1-2e）。继而四分体的4个细胞彼此分离，形成4个单胞花粉粒（图1-2f）。此时绒毡层开始解体，到5月初，花粉囊内已观察不到四分体。

4. **花粉粒发育**

5月初，花粉粒开始发育，由四分体彼此分离形成单胞花粉粒，单核、壁薄、质浓，核位于中央。接着花粉粒的大部分空间被大液泡占据；细胞核因受大液泡挤压而靠近花粉壁（图1-2g）。同时单核花粉粒从绒毡层细胞中不断吸取营养。然后部分花粉粒已进一步发育成为2胞花粉粒（图1-2h）。在花粉粒内存在2个子核：生殖核和营养核。生殖核较小，贴近花粉壁；营养核较大，向着中央大液泡。

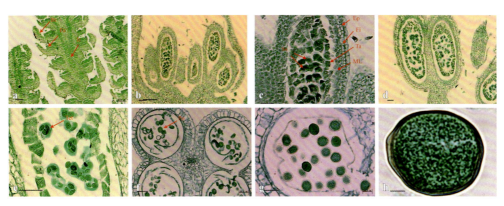

图1-2 薄壳山核桃'Mahan'雄配子体发育

a.3月24日，雄花原基分化，标尺为100μm；b、c.4月14日，具四个花粉囊的花药，花粉囊内的造孢组织分裂增殖形成花粉母细胞，标尺为100μm；d、e.4月21日，四分体时期100μm；f.4月27日，形成花粉粒，绒毡层逐渐被吸收，标尺为50μm；g.5月6日，单胞花粉粒，标尺为50μm；h.5月9日，2胞花粉粒，标尺为10μm。

5. 花粉粒的形态特征

薄壳山核桃不同品种花粉粒形态存在差异。利用扫描电镜观察并测定了'ZL3''ZL9''ZL10''ZL12''ZL19''ZL40''ZL41''ZL59''HL30''HL38''ML7''Mahan'等12个薄壳山核桃品种的花粉形态（图1-3，表1-2，表1-3）。

结果表明，近极面与远极面形态结构基本相似，花粉粒均具有三个萌发孔，均匀分布在赤道轴上，不同品种花粉的极轴长度间有显著差异，其赤道轴长度间有极显著差异。花粉粒的极轴长37.44~41.89μm，其中'HL30'最长，为41.89μm，'ZL9'最短，为37.44μm；赤道轴长42.44~47.56μm，其中'HL30'最长，为47.56μm，'ZL40'最短，为42.44μm。'HL30'的极轴长和赤道轴长均最大，花粉体积最大。P/E（极轴长/赤道轴长）为0.80~0.93。根据王开发的花粉粒分级标准可知，花粉粒为扁球形和近球形（P/E在0.50~0.88为扁球形，0.88~1.14为近球形），薄壳山核桃'ZL9''HL30''ZL10''ZL40''ZL41''HL38''ML7''Mahan'花粉的极面观为近圆形，'ZL12''HL38''ZL19''ZL3''ZL59'的极面观为近三角形；赤道面观均呈椭圆形；花粉粒的萌发孔呈圆形，但大小也有差异，花粉粒表面纹饰为密集分布的颗粒状小刺。该结果可为品种分类鉴定及系统演化研究提供理论依据。

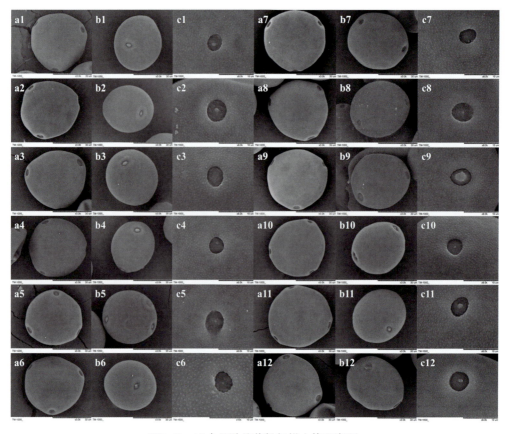

图1-3 12个品种的花粉扫描电镜观察图

a、b、c分别代表花粉粒的极面观（×3.0k）、赤道面观（×3.0k）、萌发孔（×3.0k）

注：1为'ZL3'；2为'ZL9'；3为'ZL10'；4为'ZL12'；5为'ZL19'；6为'ZL40'；7为'ZL41'；8为'ZL59'；9为'HL30'；10为'HL38'；11为'ML7'；12为'Mahan'。

表1-2 12个薄壳山核桃优良品种花粉形态特征值的方差分析结果

花粉形态特征指标	变异来源	平方和	自由度	均方	F值	显著水平
赤道轴	品种间	93.0919	11	8.4629	15.2774	0.0001
极轴	品种间	66.5601	11	6.0509	2.7422	0.0188
萌发孔长	品种间	12.6328	11	1.1484	5.5661	0.0002
萌发孔宽	品种间	12.8821	11	1.1711	5.8006	0.0002

表1-3 12个薄壳山核桃优良品种花粉形态特征值的方差分析结果

品种	赤道轴（μm）	极轴（μm）	萌发孔长（μm）	萌发孔宽（μm）	P/E	长/宽
'ZL3'	43.29±0.56d	39.71±2.28abc	5.02±0.20c	3.93±0.08d	0.92	1.28
'ZL9'	46.10±0.73bc	37.44±0.55c	5.16±0.07c	3.79±0.07d	0.81	1.36
'ZL10'	45.98±0.55bc	37.80±1.38bc	6.30±0.14b	5.43±0.08a	0.82	1.16

(续)

品种	赤道轴（μm）	极轴（μm）	萌发孔长（μm）	萌发孔宽（μm）	P/E	长/宽
'ZL12'	45.37±0.36c	40.07±1.26abc	5.89±0.36bc	4.84±0.44abc	0.88	1.22
'ZL19'	45.49±0.56c	40.44±1.09ab	6.35±0.52ab	5.39±0.97ab	0.89	1.18
'ZL40'	42.44±0.73d	39.34±1.10abc	6.58±0.59ab	5.21±0.59ab	0.93	1.26
'ZL41'	45.49±0.92c	37.52±1.67c	5.39±0.55c	4.34±0.29cd	0.82	1.24
'ZL59'	42.80±0.74d	38.25±1.09bc	5.43±0.67c	4.57±0.07bcd	0.89	1.19
'HL30'	47.56±0.96a	41.89±2.27a	6.89±0.44a	5.53±0.45a	0.88	1.25
'HL38'	47.20±0.97ab	39.02±2.21bc	5.84±0.34bc	4.25±0.41cd	0.83	1.38
'ML7'	46.95±0.56ab	37.68±0.73bc	5.07±0.72c	4.29±0.67cd	0.80	1.18
'Mahan'	45.37±0.96c	37.68±0.74bc	5.84±0.20bc	5.34±0.22ab	0.83	1.09

（二）雌花芽的分化

'Mahan'雌花的胚珠为直生胚珠，无胚柄，单珠被（图1-4a）；雌配子体发育与雌花状态存在一定的联系，雌配子体不同发育状态分别对应了不同的雌花柱头张角（表1-4）。显蕾初期，此时雌花芽开始分化，形态特征和普通叶芽已经有明显差别，但柱头合拢，此时无授粉受精能力。经过5~8d后，雌花由四片小苞片包被，伴随着雌花的进一步发育，柱头出现绿色圆点，进入显蕾期，此时柱头尚处于合并状态；雌花子房内胚珠尚处于早期阶段，还无法观察到珠被（图1-4b）。之后柱头快速向四周生长但因两侧生长点发育更快，经2~3d柱头逐渐变化为菱形，此时柱头张角介于0°~45°。在此期间，早期胚珠已经形成并具有单珠被，雌花已经能够观察到胚珠中间靠近珠孔处的由一个孢原细胞发育而来的大孢子母细胞，此时的大孢子母细胞核与周围的薄壁细胞存在明显差异，与珠心表皮细胞有5~7层细胞相隔，属于厚珠心型，部分雌花在该时期甚至能够观察到二分体细胞（图1-4c）。随着子房发育增大，柱头逐渐外翻张角处于45°~90°，此时的大孢子母细胞减数分裂后形成二分体，二分体再进行一次减数分裂后形成四分体（图1-4d）。四分体产生的四个大孢子细胞会有三个发生退化，其中一个会继续发育成单核胚囊。雌花进一步发育，此时柱头更突出，张角超过90°并呈现出倒"八"字形但并未达180°，同时伴随着柱头表面的分泌物增多，代表着雌花进入了最佳授粉期。此时胚珠内部的胚囊发育表现出：单核胚囊形成后，经过第一次有丝分裂产生二核胚囊，两者沿着珠孔-合点端排布（图1-4e）。二核的两个细胞分别经过一次分裂变成四核胚囊，此时细胞核较周围细胞颜色更深并与周围细胞分开处于胚囊中间位置（图1-4f）。当雌花柱头达到180°甚至开始反转的时候，柱头的分泌物仍逐渐增多达到最高峰，此时胚珠内部的胚囊已经进入到了八核胚囊的状态,能够观察到分别处于珠孔端的助细胞和合点端沿弧线排布的反足细胞,以及由极核融合成的中央大液泡(图1-4g)。雌花发育到末花期后,柱头基本都已经反转,首先从尖端开始有黑点出现,然后柱头逐渐萎缩。此时的胚囊内部的细胞与前一时期并没有大的差异,胚囊形态基本稳定且完全成熟,因待柱头的花粉管伸长进入到胚囊内进入到受精阶段。受精完成后,珠心逐渐发育被珠被包被,胚进一步发育(图1-4h)。

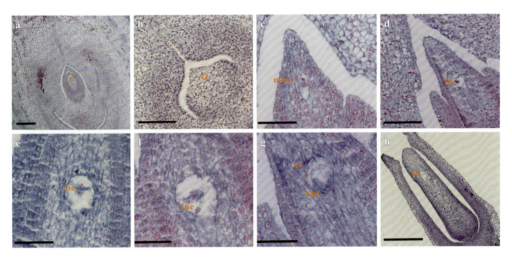

图1-4 薄壳山核桃'Mahan'大孢子母细胞及雌花胚囊发育过程

a.单珠被,厚珠心,n-珠心,i-珠被,标尺为200μm;b.早期胚珠,o-胚珠,标尺为100μm;c.大孢子母子细胞(mmc),标尺为50μm;d.四分体期,fm-四个大孢子母细胞,标尺为50μm;e.二核胚囊(be),标尺为20μm;f.四核胚囊(fne),标尺为20μm;g.珠孔端的助细胞以及合点端的反足细胞,sy-助细胞,ant-反足细胞,标尺为10μm;h.成熟胚囊,sc-胚囊,标尺为200μm。

表1-4 薄壳山核桃'Mahan'雌花发育规律

发育时期	日期	雌花特征	雌配子体发育阶段
显蕾期	4月14-21日	柱头张角0°,绿色圆点	大孢子母细胞未形成
I	4月21-27日	柱头张角<45°,青绿色	大孢子母细胞至二分体
II	4月27-30日	柱头张角45°~90°,青绿色	四分体至二核胚囊
III	5月1-6日	柱头张角90°~180°,青绿色	四核胚囊至八核胚囊
IV	5月6-9日	柱头>180°,开始变黑	成熟胚囊,受精阶段

二、开花特征

薄壳山核桃雌雄异花,雌花可授期与雄花的散粉期大多不相遇。根据雌雄花花期的差异可将薄壳山核桃分为三种类型:雄先型(雄花先开)、雌先型(雌花先开)和同时型(雌雄花期相遇)。

(一)雄花开花习性

薄壳山核桃雄蕊散粉期极短,且发育进程基本一致。雄蕊开花散粉期经历苞片开裂、即将散粉期、散粉初期、散粉盛期、散粉末期、小花脱落。以'Mahan'为例,5月6日花药由绿变黄(即将散粉期),占雄花比例的95.22%。此后,散粉雄花序比列逐渐增大,雄蕊进入散粉期。5月7日,散粉初期花序占44.79%,散粉盛期花序占11.90%,进入散粉的雄花序占56.69%。5月8日,散粉盛期花序比例增大,占46.60%,散粉比例达到75.29%,进入散粉盛期。5月9日,即将散粉期花序仅有4.57%,散粉盛期比例最大,达52.09%。5月10日,雄蕊进入散粉末期,已散粉花序比例达80.57%。散粉后,小花枯萎脱落,进入脱落期(图1-5,图1-6)。

图1-5 薄壳山核桃'Mahan'品种散粉期雄花序

a.4月30日,花萼未开裂;b.5月6日,花萼开裂,小花向外翻转;c.5月10日,散粉期,花药开裂,花粉散出;d.5月13日,小花变黑脱落;e.即将散粉期小花,花药由绿变黄;f.散粉初期小花,花粉囊裂开,少量花粉散出;g.散粉盛期小花,大量花粉散出;h.散粉末期小花,花粉囊内仅有少量花粉。

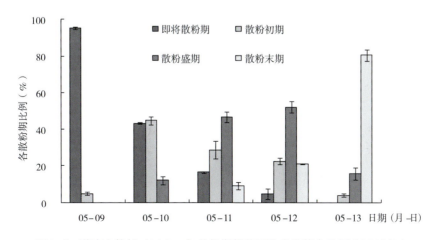

图1-6 薄壳山核桃'Mahan'散粉期雄花所处发育状态比例(2012年)

（二）雌花开花习性

1. 雌花开花特性

雌花开花过程大致可分为三个主要时期：始花期、盛花期和末花期。'Mahan'为典型雌先型品种，混合芽于3月下旬萌动后抽生结果枝，4月底结果枝顶端发育生成具6~8朵小花的穗状花序。经5~8d后，子房逐渐膨大，柱头逐渐开始向两侧张开，此为始花期。当柱头呈倒"八"字形张开时，柱头正面呈现突出且分泌物增多，此为盛花期。若未授粉，2~3d后柱头表面分泌物减少，柱头逐渐反转变黑、枯萎，此时为末花期。

'Mahan'雌花经过显蕾期、柱头张角<45°、柱头张角45°~90°、柱头张角>90°、柱头变黑的变化过程（图1-7）。5月3日进入显蕾期的雌花占雌花总数的70.25%，此后进入授粉期雌花比例迅速增加。5月3-7日，柱头I状态呈先增加后减少趋势，在5月4日达到最大值54.90%；5月4-9日柱头II状态呈先增加后减少趋势，在5月6日达到最大值56.97%；5月6-10日柱头III状态呈先增加后减少趋势，在5月8日达到最大值80.88%；5月8日柱头IV状态已有少量出现，占总数的9.52%，此后柱头变黑状态比例逐渐增高，如未能接触花粉，柱头表面将变黑、枯萎，至5月11日该比例达100%（图1-8）。说明雌花花期一般维持6~9d，且发育进程不一致。

图1-7 薄壳山核桃'Mahan'雌花显花期柱头变化

a.雌花显蕾期（二裂柱头未开）；b.雌花柱头张角<45°；c.雌花柱头张角45°~90°；d.雌花柱头张角>90°；e.雌花柱头变黑。

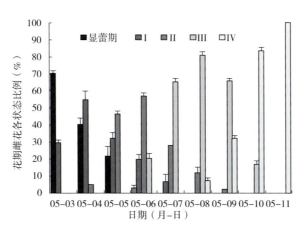

图1-8 薄壳山核桃'Mahan'雌花花期所处发育状态比例（2012年）

2. 雌花的形态特性

雌花由总苞、小苞片和子房组成，雌性穗状花序直立，花序轴密被柔毛，具雌花3~10。对浙江农林大学果木园19个薄壳山核桃优良品种的连续观察，按照雌花的柱头形状、柱头颜色、二裂柱头颜色、可授期长度和柱头表面的光滑程度，可将成熟雌花形态分为9种类型（表1-5）。具体包括：柱头形状分为牛角型、V型和V型→倒八字型三种；柱头颜色分为暗红色、酒红色、绿色和深绿色四种；二裂柱头颜色可分红色、暗红色、绿色、深绿色和黄色五种；可授期二裂柱头长度按照（≥5mm和<5mm）标准分为长和短两种类型；柱头表面有较光滑和具有突出状腺质细胞两种类型。

表1-5 薄壳山核桃雌花的类型分类

类型	柱头形状	柱头颜色	二裂柱头	可授期二裂柱头平均长（<5mm）	代表品种	柱头表面
1	牛角型	暗红色	绿色	长	'ZL21''HL25''ML29'	较光滑
2	牛角型	酒红色	黄色	长	'ML11''ML34'	较光滑
3	牛角型	绿色	红色	长	'ZL1''ZL2''ML31'	突出状腺质细胞
4	V型	深绿色	黄色	长	'HL35''ZL59'	突出状腺质细胞
5	V型	深绿色	深绿色	长	'ZL3''HL8'	较光滑
6	V型→倒八字型	绿色	黄色	长	'ZL9''Mahan'	突出状腺质细胞
7	V型	绿色	黄色	短	'ZL47''HL38'	突出状腺质细胞
8	V型	暗红色	暗红色	短	'ZL39'	突出状腺质细胞
9	V型	暗红色	暗红色	短	'ML4''ML5'	突出状腺质细胞

在雌花的形态发育过程中，柱头颜色和柱头形状等都会发生变化。通过对果木园所有雌花进行整理，按照可授期的形态分为9种类型（图1-9），类型1代表品种为'ZL21'和'ML29'，柱头为牛角型，柱头颜色为暗红色，其二裂柱头在可

授期呈绿色，二裂柱头均长≥5mm，柱头表面较光滑；类型2代表品种为'ML11'和'ML34'，柱头为牛角型，柱头颜色为酒红色，二裂柱头为黄色，二裂柱头均长≥5mm，柱头表面较光滑；类型3代表品种为'ZL1'和'ML31'，柱头为牛角型，柱头颜色为绿色，二裂柱头为红色，二裂柱头均长≥5mm，柱头表面有突出状腺质细胞；类型4代表品种为'HL35'，柱头为V型，柱头颜色为深绿色，二裂柱头为黄色，二裂柱头均长≥5mm，柱头表面有突出状腺质细胞；类型5代表品种为'ZL3'和'HL8'，柱头为V型，柱头颜色为深绿色，二裂柱头为深绿色，二裂柱头均长≥5mm，柱头表面光滑；类型6代表品种为'ZL9'和'Mahan'，柱头为V型→倒八字型，柱头颜色为绿色，二裂柱头为黄色，二裂柱头均长≥5mm，柱头表面具有突出状腺质细胞；类型7代表品种为'ZL47'和'HL38'，柱头为V型，柱头颜色为绿色，二裂柱头为黄色，二裂柱头均长＜5mm，柱头表面具有突出状腺质细胞；类型8代表品种为'ZL39'，柱头为V型，柱头颜色为暗红色，二裂柱头为暗红色，二裂柱头均长＜5mm，柱头表面具有突出状腺质细胞；类型9代表品种为'ML4'和'ML5'，柱头为V型，柱头颜色为暗红色，二裂柱头为暗红色，二裂柱头均长＜5mm，柱头表面具有乳突状腺质细胞。

图1-9 雌花可授期不同形态雌花特征分类图

第四节 薄壳山核桃果实生长发育

薄壳山核桃果实生长发育以'Mahan'为例，可以分为果实缓慢生长期、迅速膨大期、硬核期、果仁生长期、果实成熟期5个时期（图1-10）。从坐果到果实迅速膨大前，即5月19日到6月30日，经历43d，果实小，果皮着生灰褐色柔毛，果皮上四棱隆起明显，果长和果宽日均生长量分别为0.57mm和0.10mm，此期间为缓慢生长期；从6月30至8月13日，果实开始迅速膨大，果长和果宽日均生长量分别为0.88mm和0.36mm，胚囊也逐渐变大（如图1-11a，b，c），内含大量水分，胚也渐渐形成，并发育至心形胚阶段（图1-11d），此时为果实迅速膨大期；7月28日，核壳在先端开始变硬，8月6日胚发育至子叶胚阶段（图1-11e，f），此时胚仍很小，紧贴胚囊壁生长，逐渐增厚（图1-11g，h，i），至8月30日核壳完全变硬，此为硬核期；从8月30日至9月28日，胚快速生长，变厚，充实整个胚囊，胚乳被吸收至剩一层很薄的乳白透明层（图1-11j，k，l）。10月6日至10月25日为果实成熟期，此时果皮与果核逐渐分离，果壳从顶部开始出现褐色条纹，果仁饱满，种皮颜色逐渐转为褐色（图1-11m，n，o）。

图1-10 薄壳山核桃'Mahan'果实生长发育进程

a.6月5日，柱头变黑，果实缓慢生长；b.6月21日，胚珠内双受精，出现第1次落果；c.7月8日，果实快速膨大，胚仍未出现，第2次落果；d.8月13日，果实需水期，果壳开始变硬；e.8月31日，灌浆期，出现第3次落果；f.9月28日，果壳完全硬壳；g.10月6日，果仁饱满；h.10月25日，果实成熟；i.外果皮开裂。

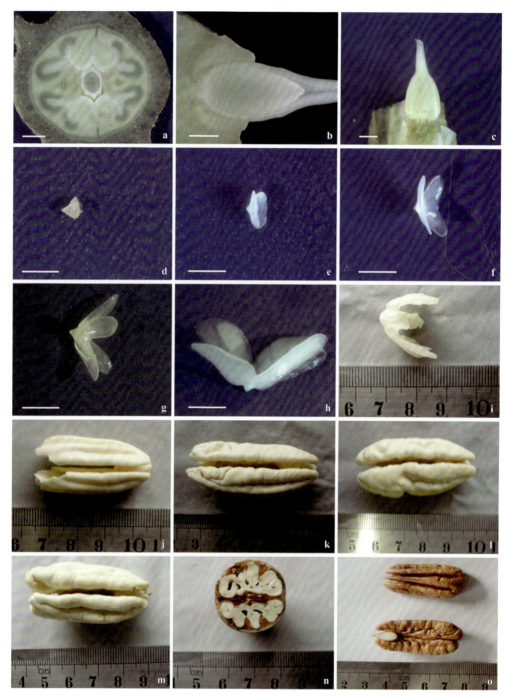

图1-11 薄壳山核桃'Mahan'种仁发育进程

a、b.7月8日,示胚珠,标尺为2mm;c.7月22日,示胚珠,标尺为2mm;d.7月31日,示心形胚时期,标尺为0.5 mm;e.8月6日,示子叶胚时期,标尺为0.5mm;f.8月13日,子叶胚伸长,果实顶部变硬,此时为果实硬壳期,标尺为0.5mm;g.8月19日,胚增大,胚囊内充满胚乳,标尺为0.5mm;h.8月24日,胚生长,标尺为0.5mm;i.8月31日,胚很薄、变硬,紧贴胚囊壁生长;j.9月8日,胚生长到最长,胚囊内仍有少量胚乳;k.9月16日,胚变厚,胚乳被吸收至剩一层很薄的乳白透明层;l.9月28日,胚充满胚囊;m、n.10月6日,种皮变薄,紧贴种仁;o.10月25日,成熟种仁。

'Mahan'果实纵径、横径（即果长、果宽）随时间的变化趋势基本一致，均呈慢—快—慢的"S"形曲线（如图1-12）。如表1-6所示，用Logistic模型对果实纵径、横径生长过程进行拟合，$y=k/(1+a·e^{-bx})$，式中：y为生长量；x为生长时间；k为生长极限值；a和b为待求参数。果实生长量与其生长时间的关系与Logistic生长曲线高度吻合，决定系数R^2分别为0.955和0.924。说明这两个生长量指标与其生长时间之间存在着极显著的非线性回归关系，说明'Mahan'果实2个生长量指标符合Logistic曲线。

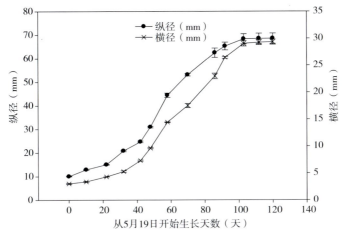

图1-12　薄壳山核桃'Mahan'果实生长曲线（2012年）

表1-6　Logistic模型对果长、果宽的拟合方程（2012年）

生长量	Logistic模型	决定系数R^2	显著水平P	F值
果长	$y=69/(1+0.196·e^{-0.940x})$	0.955	<0.001	236.088
果宽	$y=29.5/(1+0.889·e^{-0.938x})$	0.924	<0.001	133.175

从图1-13中可以看出，'Mahan'的落果率达到87.22%，最终坐果率仅为12.78%，其落果大致可分为三个时期：第1次是在6月中旬到6月底，落果数占总数量的16.27%，这期间是因其雌花发育不全或未授粉而引起的；第2次是在7月初至7月中旬，落果率达到68.75%，其中落果主要集中

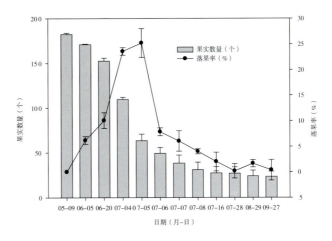

图1-13　薄壳山核桃'Mahan'落果规律（2012年）

在7月4日、5日，落果量达到总数量的48.79%，这次是由于受精不育或胚败育而引起的生理落果；第3次是在8月份，落果率为2.2%，这次是由于灌浆期营养和水分不足而引起的。

第五节　薄壳山核桃适栽条件与栽培区划

薄壳山核桃起源于白垩纪，主要分布于美国密西西比河流域和墨西哥北部，并繁衍至从伊利诺伊州的北部和爱荷华州的南部直到美国墨西哥湾沿岸。现主要分布在美国密西西比河流域，北至印第安纳州、伊利诺伊州南部，南至佛罗里达州北部，西至加利福尼亚州，东至北卡罗来纳州。薄壳山核桃栽培历史近300年，在美国有24个州都有种植，在得州农工大学建有美国农业部薄壳山核桃育种中心，现有品种近千个。薄壳山核桃已成为美国影响最大的坚果之一。目前薄壳山核桃已引种到世界各地，包括墨西哥、加拿大、印度、澳大利亚、以色列、中国等国家和非洲等地区。

薄壳山核桃适宜于大陆性气候带的广大地区引种，栽培较广。通过对原生境影响薄壳山核桃生长发育的主要气象因子的主成分分析，并结合原产地各州薄壳山核桃专家的意见，确立了该树种的现实气候生态位幅度。具体如下：分布范围在北纬16°～42°、西经86°～105°之间；要求的生态因子为年平均温度13～20℃，1月平均温度4～12℃，7月平均温度25～30℃，极端最低温度-30～-8℃，≥10℃年积温3300～5400℃；无霜期154.25d，生长季大于250d；年降雨量1000～1500mm；土壤pH 6.0～8.0，最佳为7.0，以土层深厚肥沃、质地疏松、保水保肥性能良好、地下水位低的冲积土或沙壤土最适宜其生长。

以林木遗传变异、生境地域分异和引种栽培生态经济等理论为指导，根据地域分异、生态因素为主、综合分析、整体协调和简单易行的原则，依据原产地现实气候生态位宽度与引种地的前期引种效果，采用林木引种气候预测分析法，将我国薄壳山核桃引种栽培区域划分为适宜区、次适宜区、边缘区和不适宜区。

1. 适宜区

适宜区在北纬25°～33°、东经100°～120°的亚热带东部和长江流域地区，此区属于典型的亚热带东部季风湿润气候，温暖湿润，四季分明，年平均气温16～21℃，全年无霜期230～270d，年降雨量900～1800mm，特点是夏季雨量大，7～8月份有干旱现象。包括江苏、浙江、上海、安徽、福建、江西、湖南、四川、云南、贵州等地区。

2. 次适宜区

次适宜区的东北部属亚热带季风气候,年平均气温为10~20℃,年降雨量900~1500mm;西北部属北亚热带湿润-半湿润季风气候,年平均气温14~16℃,年降雨量为800~1300mm,无霜期约220d;南部为南亚热带季风气候。次适应区包括湖北、山东、河南、河北、山西、陕西、广西、广东等地区。

3. 边缘区

边缘区主要分布在亚热带北部等地,年降雨量为400~550mm,月均温度低于0℃的有3个月,高于20℃的也有3个月,此地区属于边缘区,不适合薄壳山核桃的生长。边缘区北包括甘肃、辽宁、天津、台湾等地区。

4. 不适宜区

不适宜区主要分布在东北和部分西部地区,东北地区1月均温约-20℃,冬季低温期长,不能满足薄壳山核桃的生长发育要求,年降雨量为400~700mm,但是只集中在4~9月,适宜高粱等作物生长,不适宜薄壳山核桃的生长;我国西部,如西藏地区1月气温为-1℃,7月气温为16.4℃,年降雨量500mm,在3000m以下为暖谷农业带,适合小麦和玉米等农作物,也不适合薄壳山核桃的生长。不适宜区包括黑龙江、吉林、内蒙古、宁夏、青海、新疆、西藏和海南等地区。

我国需要根据各地的气候多样性特点来作为发展薄壳山核桃的依据,这样才能顺应自然规律,获得最佳的经济效益,从而推动整个薄壳山核桃产业的发展。

第二章 薄壳山核桃主栽品种

第一节　我国引种栽培情况

薄壳山核桃主要分布于美国和墨西哥北部，天然分布区以密西西比河流域以及其东、西两侧支流的河谷地带为主，主要集中在北纬30°~38°、西经86°~100°范围内的密苏里、阿肯色、路易斯安纳、得克萨斯和俄克拉荷马等州。我国引种薄壳山核桃始于19世纪末，这里所说的引种包括从原产地美国直接引种和从他国或国内间接引种。我国引种薄壳山核桃已有一百年多年的历史，中国林业科学研究院韩宁林把我国引种的历史划分为3个阶段。

第一阶段：起始阶段。19世纪末，我国开始种植薄壳山核桃，当时主要由西方传教士、商人、外交使节、华侨等从原产国带进种子，作为观赏树木种植在港口、码头和教堂周围。该阶段的特点是民间自发引种，零星种植，现保留下来的只有为数不多的零散植株。20世纪20年代，我国正式从美国引进该树种，但仍以城市绿化为主要目的。

第二阶段：上升阶段。新中国成立后，我国逐渐开始重视薄壳山核桃引种工作，为了适应我国发展粮食生产和丰富食品市场种类的需要，薄壳山核桃的果用价值受到了特别的重视，先后多次从美国引进优良品种，并在长江流域的多个省、市进行引种试种。该阶段以引进种子为主，少量无性系品种为辅，引种该树种虽有收获坚果的目的，但仍以城市绿化为主要目的，该时期开始有成片栽植。至70年代末，我国北自北京，南至云南，约有10多个省、市已有薄壳山核桃的栽培，但多集中在江西、江苏和浙江等省。1965年，法国的植物病理学家访华时赠送的'Mahan'和'Elizabeth'两个品种的苗木，分别栽植于广东、福建和浙江等省。

第三阶段：鼎盛阶段。20世纪70年代以来，大规模、系统性的品种引进。1978—1979年浙江林学院（现浙江农林大学）从美国得克萨斯州的薄壳山核桃试验站引进薄壳山核桃15个品种的种子和4个品种的穗条，育苗后定植于浙江林学院校园内。1991—1992年，中国林业科学研究院奚声珂从美国内布拉斯加州立大学引进'Ocho''Piluke'等16个品种的穗条，嫁接在浙江余杭长乐林场薄壳山核桃资源收集圃，砧木为1983年定植的实生苗，共计123株。奚声珂、王哲理和董风祥等在1993年至2001年，陆续从内布拉斯加和密苏里等州多次引种，共引进品种30多个（以北方型品种为主），小糙皮山核桃品种8个，引进北方型品种种子10余吨。引进的品种分别嫁接在北京，河南省郑州、洛宁和山西省晋城等地。1996年国家林业局

（现国家林业和草原局）"948"引进课题"薄壳山核桃新品种及栽培经营技术引进"（96401），该项目由中南林学院（现中南林业科技大学）主持，吕芳德等人从美国引进当地东南部、西部和北部主栽品种的种子和穗条，共引进品种30个，保存27个，无性系36个，分别嫁接在湖南、江西、浙江和云南等协作点。这是我国迄今为止最大规模的一次直接引种活动。建立了薄壳山核桃的基因库、良种采穗圃、品种园和丰产示范园。2002—2012年浙江农林大学果木园收集和保存了国内外薄壳山核桃优良种质资源67个，其中从美国农业部引进品种37个，湖南引进优良单株10个，浙江等其他地区引进单株31个，目前长势良好，并陆续进入结果期。

第二节　美国薄壳山核桃主要栽培品种

薄壳山核桃自然分布区以密西西比河流域以及其东、西两面支流的河谷地带为主，北起美国艾奥瓦州的达文波特（Davenport，北纬41°50′），南至墨西哥的Oaxaca（北纬16°30′），东迄美国印第安纳州的麦迪逊（Madison，西经86°07′），西达得克萨斯州的Schleicher（104°32′），主要集中在北纬30°~38°、西经86°~100°范围内的密苏里、阿肯色、路易斯安那、得克萨斯和俄克拉荷马等州，在堪萨斯、田纳西、肯塔基、印第安纳、伊利诺伊、艾奥瓦、密西西比、亚拉巴马和内布拉斯加等州也有少量分布。目前，全美50个州中有24个州从事薄壳山核桃的商业化生产，按行政区划，薄壳山核桃共划分为四大产区：东南产区（SE），包括佐治亚、佛罗里达、北卡罗来纳、南卡罗来纳、弗吉尼亚、阿拉巴马、密西西比、路易斯安那和阿肯色等9个州；中南产区（SC），主要是得克萨斯和俄克拉荷马2个州；西南产区（SW），包括新墨西哥、亚利桑那、加利福尼亚、犹他和内华达等5个州；北部产区（N），包括田纳西、肯塔基、印地安纳、伊利诺伊、艾奥瓦、内布拉斯加、密苏里、堪萨斯等8个州。种植面积最大的3个州为得克萨斯、佐治亚和俄克拉荷马州，分别占全国总面积的34%、27%和17%。目前美国栽培品种超过1000个，以下为美国山核桃的主要品种。

1. 'DESIRABLE'（'德西拉布'）

88~110粒/kg，出仁率50%~56%。雄先熟型，果实中熟。主产于密西西比州，坚果非常诱人，短而粗。在得克萨斯州西部栽培容易感丛枝病，抗疮痂病，目前，在该州东部普遍种植。

2. 'CADDO'（'卡多'）

132~165粒/kg，出仁率52%~58%。雄先熟型，果实中熟。亲本为'Bzooks'和'Alley'。始果期中偏早，生长旺盛，抗疮痂病，是极优的去壳出售品种。

3. 'MOHAWK'（'莫霍克'）

77~132粒/kg，出仁率55%~60%。雌先熟型，果实中熟。亲本为'Success'和'Mahan'。树势强，生长旺盛，始果期中等，易感疮痂病。在大果型的品种中属于成熟较早的品种，坚果带壳出售，极优。

4. 'CHICKASAW'（'契克索'）

121~165粒/kg，出仁率52%~53%。雌先熟型，果实早熟。亲本为'Books'和'Evers'。早期生产性能较好，抗疮痂病。

5. 'CANDY'（'坎迪'）

132~176粒/kg，出仁率43%~50%。雌先熟型，果实早熟。主产于路易斯安那州，树势强健，生长旺盛，始果期早，产果多。

6. 'KIOWA'（'金奥瓦'）

88~110粒/kg，出仁率54%~60%。1976年释放。雌先熟型，果实晚熟。亲本为'Mahan'和'Odom'。始果期很早，丰产性能好。坚果长椭圆形，果基果顶钝，种仁金黄色，脊沟宽，易感黑斑病。适宜高密度种植，坚果性状和外观与'Desirable'相似。

7. 'ELLIOTT'（'埃利奥特'）

121~154粒/kg，出仁率51%~55%。雌先熟型，果实中熟。主产于佛罗里达州，实生选育，结果中等，为优良的去壳出售品种，抗疮痂病。

8. 'SUCCESS'（'萨塞斯'）

88~121粒/kg，出仁率49%~54%。雌先熟型，果实中熟。原产于密西西比州，经济寿命长。坚果个大，但果仁常不饱满，易感病害。

9. 'MOORE'（'摩尔'）

132~176粒/kg，出仁率47%~50%。雄先熟型，果实早熟。主产于佛罗里达州，树势强，生长旺盛，始果期早，丰产性好。结果多时质量差，易去壳。易感疮痂病。

10. 'CHEYENNE'（'切尼'）

121~154粒/kg，出仁率51%~61%。雄先熟型，果实中熟。亲本为'Clark'和'Odom'。树体矮小，侧枝多，适于高密度种植。始果很早，丰产性好，坚果易去壳。

11. 'CRABOHLS'（'克莱贝勒斯'）

99~121粒/kg，出仁率55%~60%。雄先熟型，果实早熟。自'Mahan'实生苗中选育而来，是高密度种植的优良品种。始果早，丰产性好。

12. 'SIOUX'（'西奥克斯'）

132~176粒/kg，出仁率56%~61%。雄先熟型，果实早熟。自'Mahan'实生苗中选育而来，是高密度种植的优良品种。始果早，丰产性好。

13. 'APACHE'（'阿帕奇'）

88~132粒/kg，出仁率55%~60%。雌先熟型，果实中熟。亲本为'Burkett'和'Schley'。优质高产品种，果实短粗诱人。果实特性近似于亲本'Burkett'，可作优良的砧木用。

14. 'IDEAL'（'艾迪欧'）

121~154粒/kg，出仁率54%~58%。雌先熟型，果实中熟。高产、稳产品种，易感疮痂病。

15. 'SHAWNEE'（'萨尼'）

110~154粒/kg，出仁率55%~60%。雌先熟型，果实中熟。亲本为'Schley'和'Barton'。结果丰产性好，为去壳出售的优良品种，可在东南部种植。

16. 'WICHITA'（'威奇塔'）

90~143粒/kg，出仁率57%~63%。雌先熟型，果实中熟。亲本为'Halbert'和'Mahan'。树体分枝较直立，结果很早，丰产性好。果仁品质优良，为去壳出售的品种。

17. 'TEJAS'（'特贾斯'）

121~143粒/kg，出仁率50%~56%。雌先熟型，果实中熟。亲本为'Risienl'和'Mahan'。树势强壮，生长茂盛，丰产性能好，仅限于美国西部栽培。

18. 'GILES'（'贾尔斯'）

121~143粒/kg，出仁率48%~50%。雄先熟型，果实晚熟。主产于堪萨斯州，结果早，丰产性好。在北部的坚果中为个大、壳薄、果仁优质、去壳质量好的栽培品种。在一些地方亦用做培育砧木，为适宜北部低海拔地区种植的良种。

19. 'CREENRIVER'（'克雷瑞伏尔'）

110~154粒/kg，出仁率53%~54%。雌先熟型，果实晚熟。主产于肯塔基州，结果年龄比其他北部品种要晚，要在生长季能满足的地方种植。坚果个大，优质。在伊利诺伊州种植常受霜害，在肯塔基州偶尔也会受到霜冻。

20. 'MAJOR'（'梅杰'）

132~176粒/kg，出仁率42%~50%。雄先熟型，果实中熟。主产于肯塔基州，是标准的北方商业性栽培品种。雄花发育期长，需要配植晚熟散粉的授粉树，如'Coley''Pesey'和'Greenriver'等品种才能丰产。果实圆形，丰产性好。

21. 'PERQUE'（'佩鲁奎'）

132~176粒/kg，出仁率55%~63%。雄先熟型，果实中熟。主产于密苏里州。树势强壮，枝叶茂盛，结果早，丰产性好，坚果壳薄。

22. 'POSEY'（'波西'）

树势强壮，树体均匀对称。在高肥力和充分杂交授粉的条件下结果多，是良好的授粉树。果实中熟，坚果果仁极优。主产于印第安纳州。

23. 'STARKING'（'星寒巨'）

132~154粒/kg，出仁率55%~60%。雄先熟型，果实早熟。主产于密苏里州。生长季至少需要120d以上果实才能成熟。坚果外形美观，产量中等。

24. 'COLBY'（'科尔比'）

121~143粒/kg，出仁率44%~50%。雌先熟型，果实晚熟。主产于伊利诺伊州，树势强壮，是产花粉多的授粉品种。在伊利诺伊州比'Giles'好，秋季落叶较晚，不易去壳。

25. 'MONEYMAKER'（'莫尼梅克'）

平均135粒/kg，平均出仁率50%。雌先型，雄花散粉期居中。早实、丰产、稳产，抗黑斑病。1885年在得克萨斯州实生选育而来，1896年命名，坚果卵状椭圆形，果基和果顶钝圆；横断面圆形，种仁浅棕色，主脊沟浅，次脊沟明显，种仁具皱纹。

26. 'PAWNEE'（'波尼'）

平均出仁率58%。雄先型，雄花散粉早或居中，自花结实能力较强。1963年杂交，亲本为'Mohawk'和'Starking Hardy Ginant'，1984年释放。坚果椭圆形，果顶钝尖，果基圆，横切面扁平，种仁金黄色，脊沟宽，脊沟靠果基部分深裂。该品种早实，有大小年倾向。坚果成熟早。中度感黑斑病。较抗黄蚜。南北皆可种植。

27. 'SCHLEY'（'施莱'）

平均125粒/kg，平均出仁率62%。种仁的脊沟较窄。雌先熟型。1881年在密苏里州经实生选种而来，1902年命名，原以为是'STUART'的后代，但经同工酶分析，否定了这个说法。多年来，一直被当作薄壳山核桃的坚果标准，多次被用作杂交育种的亲本，易感黑斑病和溃疡病，抗蚜虫能力差。坚果长椭圆形，果基和果顶锐尖，果形不对称。

28. 'CAPE FEAR'（'凯普费尔'）

平均98粒/kg，平均出仁率54%。雄先型，雄花散粉较早。1937年从母树（'Schley'）上天然授粉的种子实生苗中选出。坚果椭圆形，横断面圆形，果基果顶钝尖，果壳条斑重。果仁乳黄至金黄色，脊沟宽，次脊沟深。非常早实、丰产，有时超负载。叶子易感真菌性病害而导致落叶。

29. 'WESTERN'（'威斯顿'）

平均126粒/kg，平均出仁率58%。在得克萨斯州实生选种而来。1924年命名，在得克萨斯州是商业化生产的标准品种，是美国栽培最多的品种。坚果长椭圆形，坚果横断面圆形，果顶锐尖稍有弯曲、果基锐尖，果形不对称，果壳粗糙。种仁棕黄色或金黄色，脊沟深而紧，脱壳时易导致种仁破裂。该品种耐热、抗旱，易感黑斑病和霜霉病。

30. 'STUART'（'斯图尔特'）

平均108粒/kg，平均出仁率46%。实生选种而来。是美国长山核桃主产区最著名的品种，该品种久经考验，曾作为标准品种。坚果卵椭圆形，果顶钝、果基圆钝，坚果横断面圆形。坚果中等大小，在已知的品种中，该品种的种仁最充实饱满。该品种丰产稳产，但结果较晚，易受霜害。

31. 'SURPRIZE'（'赛普利泽'）

平均66粒/kg，平均出仁率51%。雄先型，丰产稳产，抗病。实生来源，该品种的母树生长在亚拉巴马州，为1963年在其上嫁接其他品种时，砧木萌发后发现的，1983年投入商业化生产。坚果卵椭圆形，横断面扁平，果顶锐尖，果基钝圆；脊沟宽，种仁腰部凹陷。萌芽晚。

32. 'SHOSHONI'（'肖斯霍尼'）

平均108粒/kg，大果型。由美国农业部薄壳山核桃实验站人工杂交而来。坚果成熟早；坚果短椭圆形，易脱壳；出仁率54%。特别早实丰产，隔年结果现象明显。超载时，坚果质量较差，必要时要疏花疏果。该品种耐霜霉病。

33. 'OCONEE'（'奥康纳'）

平均104粒/kg，平均出仁率56%。1956年由美国农业部薄壳山核桃实验站杂交而育成。亲本为'Schley'和'Barton'，1989年释放。坚果椭圆形，果顶、果基钝圆，坚果横切面圆形。早实丰产。取仁容易，种仁品质优良。雄先型。抗黑斑病能力中等，抗白粉病、脉斑病。

34. 'OSAGE'（'奥萨格'）

平均180粒/kg，平均出仁率55%。由美国农业部薄壳山核桃试验站杂交而育成。亲本为'Major'和'Evers'，1989年释放。卵椭圆形，果基尖、果顶钝，坚果横断面圆形；极易脱壳。抗黑斑病能力强，抗白粉病和脉斑病。

35. 'JAMES'（'詹姆斯'）

平均155粒/kg，平均出仁率53%。由密苏里州的乔治吉姆子代中实生选种而育成。1966年释放，曾获美国国家专利。叶片较大，适于园林及家庭绿化。坚果长椭圆形，果顶尖，果基钝圆。脱壳容易。丰产，易感黑斑病。

36. 'MAHAN'（'马罕'）

平均70粒/kg，平均出仁率58%。雌先型，早实丰产，有产量过高现象，坚果成熟晚。原产于美国密西西比州，由实生选种而育成，亲本不详。1910年由J.M.Chestnutt.选出，后将繁殖权出售给一家苗圃。坚果长椭圆形，果顶尖，果基圆，中间有点细，坚果不对称。种仁次脊沟深，基部裂开，有时基部不饱满。易感黑斑病。由于有很多的优点，该品种成为不少品种的亲本。1965年我国从西欧引进该品种，通过多年的栽培观察，发现坚果极大，平均重9.5g，有香气，品质好。产量中等。抗病力稍弱。该品种的实生苗7年生开始结果，8年生株产15.5kg。嫁接定植后第2年株产达2.5kg，出仁率和出油率分别达57.5%和78.95%。

37. 'BARTON'('巴顿')

平均104粒/kg，平均出仁率57%。萌芽较迟，雄先型。1937年由美国农业部薄壳山核桃试验站杂交育成。亲本为'Moore'和'Success'，1953年释放。坚果椭圆形，果顶钝，果基尖，坚果横断面圆形，坚果基部的缝合线色暗；种仁金黄色，次脊沟较深。早果丰产，有过载倾向。抗黑斑病。

38. 'FORKERT'('福克特')

平均108粒/kg，平均出仁率62%。雌先型。人工杂交而来。亲本为'Success'和'Schley'。1960年进入商业化生产。坚果长椭圆形，果顶尖，果基钝，坚果横断面圆形；果壳粗糙，表面上有显著的暗色条斑；种仁乳黄色至金黄色，种仁脊沟深而窄。抗黑斑病。

39. 'KANZA'('坎扎')

平均168粒/kg，平均出仁率54%。雌先型。美国农业部薄壳山核桃试验站杂交育成。亲本为'Major'和'Shoshoni'。坚果卵圆形，果顶尖，果基钝圆，坚果横断面圆形；种仁金黄色。早果丰产。抗黑斑病。坚果较小，容易脱壳。果实发育期短，适于北方栽培，与'波尼'可互作授粉树。

40. 'CHOCTAW'('契可特')

平均81粒/kg，平均出仁率58%。雌先型，脊沟浅。1949年由美国农业部薄壳山核桃试验站杂交育成。亲本为'Success'和'Mahan'，1959年释放。坚果卵圆形至椭圆形，果顶钝，果基尖，坚果横断面圆形，缝合线不明显；种仁乳黄色至金黄色。立地及肥水条件好的情况下非常丰产。抗黑斑病。

41. 'HOPI'('霍普')

平均158粒/kg，平均出仁率62%。雌先型。1939年由美国农业部薄壳山核桃试验站杂交育成。亲本为'Schley'和'McCully'，1999年释放。坚果长椭圆形，果顶尖，果基钝，坚果横断面圆形；种仁乳黄色且饱满结果稍晚。早期丰产性不及'威斯顿'和'威奇塔'，但隔年结果表现不明显，可连年丰产。易感黑斑病，抗逆性好。坚果品质优良，在多年的坚果评比中获得最高评价。

42. 'NACONO'('纳康')

平均98粒/kg，平均出仁率56%。品质优良，雌先型。抗黑斑病。1974年在得克萨斯州杂交育成。亲本为'Cheyenne'和'Sious'，2000年释放。坚果长椭圆形，果顶尖，果基锐尖，横切面圆形；种仁乳黄色或金色，脊沟浅，取仁容易，外观极佳。对薄壳山核桃黄蚜、黑蚜的抗性中等。树势旺盛，早实性中等。

对薄壳山核桃栽培区域及品种类型的划分，需要综合考虑各方面的因素，包括地貌地形差异、气候条件差异、土壤条件差异和树种本身的遗传变异情况。此外，还要从实际出发，不断改进和完善，只有这样，才能做到因地制宜，科学合理，从而对生产有指导意义。

第三节　国内审（认）定品种

据调查，我国有22个省（自治区、直辖市）开展了薄壳山核桃的引种栽培，但发展较好且栽培比较集中的还是在亚热带东部和长江流域，现有栽培面积约50万亩[①]，在云南、浙江、江苏、安徽等省份得到了大面积的推广种植，但目前大部分林分未进入结果期。全国栽培面积超过10万亩的省有2个，超过1万亩的省有4个，超过3000亩的省有3个；栽培面积较大的省依次为云南（35万亩）、安徽（10万亩）、江苏（3万亩）、浙江（1万亩）、江西（1万亩）、湖南（1万亩）、河南（0.5万亩）、山东（0.5万亩）和广西（0.3万亩）。云南漾濞、永平、弥渡、大理，江西南昌、夹江，浙江建德、新昌、金华、绍兴、富阳、东阳、安吉、天台、丽水、开化、龙游，河南洛宁、郑州，江苏南京、溧水、句容、泗阳、江阴，安徽合肥、舒城、金安、岳西、阜阳、全椒、谯城，湖北武汉、荆门、京山、秭归、长阳、保康、罗田，湖南靖州、隆回、洪江，贵州贵阳、瓮安、正安，山东聊城、莱芜等地，均已有局部规模性发展。投产林主要以30年生以上的大树为主，多呈零星分布。

近几年，许多高校和科研院所也开展了对薄壳山核桃主栽品种的培育，并且通过了许多审定和认定的薄壳山核桃新良种。通过搜索国家林业科技推广成果库管理信息系统，搜索到浙江省通过审（认）定品种12个：'泡尼''特贾斯''肖肖尼''威斯顿''YLC10号''YLC12号''YLC13号''YLC21号''YLJ023号''YLC29号''YLC35号'和'YLJ042号'。云南省通过审（认）定品种有8个：'巴顿''贝克''金华''卡多''抛尼''塞浦路斯''肖尼'和'绍兴'；江苏省通过审（认）定的品种有11个：'波尼''马罕''威奇塔''莫愁''威斯顿''肖肖尼''莫克''绿宙1号''碧根源3号''凯普费尔''卡多'，其中'威斯顿'和'肖肖尼'被江苏省农业科学院和江苏省中国科学院植物研究所先后认定为良种；安徽通过审（认）定的品种有7个：'黄薄1号''黄薄2号''安农1号''安农2号''安农3号''安农4号'和'安农5号'；江西省通过审（认）定的品种有5个：'赣选1号''赣选2号'、'赣选3号''赣选4号'和'赣选5号'；湖北省通过审（认）定的品种有1个：'契可特'。通过审（认）定品种的具体信息如下。

1. '泡尼'（浙R-ETS-CI-012-2015）

2015年浙江省林木品种审定委员会认定良种。雄先型，雌花可授期5月4~

[①] 1亩=1/15公顷，下同。

9日,雄花散粉期4月30日~5月5日,须配置授粉品种。果实10月上中旬成熟,平均单果重32.54g,平均出籽率33.34%。坚果中等偏大,平均单籽重10.85g,果壳薄,易于取仁。平均出仁率58.56%,平均含油率71.09%,平均总蛋白含量7.03%,平均总糖含量16.14%。

2. '特贾斯'(浙R-ETS-CI-011-2015)

2015年浙江省林木品种审定委员会认定良种。雌先型,雌花可授粉期4月底~5月上旬,雄花可授粉期5月上旬~5月中旬。株型较大,生长结实正常,早实丰产,适应性强,抗逆性好。坚果长椭圆形,果基、果顶尖,种仁脊沟宽而浅,易脱壳。嫁接苗定植第3年开始结果,果实一般在10月下旬成熟,平均单果重40.45g,平均单籽重12.23g,平均出籽率30.25%,平均出仁率42.73%,平均含油率67.92%,平均总蛋白量8.77%,平均总糖含量15.05%。

3. '肖肖尼'(浙R-ETS-CI-010-2015)

2015年浙江省林木品种审定委员会认定良种。雌先型,雌花可授粉期4月底~5月中旬,雄花散粉期5月上旬~5月中旬。坚果短椭圆形,易脱壳,生长早实丰产,适应性强,抗逆性好。嫁接苗造林第3年开始结果,11月上旬成熟,平均单果重27.72g,平均单籽重10.77g,平均出籽率38.85%,平均出仁率49.67%,平均含油率69.47%,平均总蛋白量9.78%,平均总糖含量12.15%。

4. '威斯顿'(浙R-ETS-CI-007-2016)

2016年浙江省林木品种审定委员会认定良种。雄先型,其雄花散粉期为5月4日~5月10日,雌花可授粉期为4月28日~5月5日。果实10月中下旬成熟,为长椭圆形,果顶锐尖,果壳粗糙,平均单果重33.03g,种仁为淡黄色,脊沟深而紧,平均单籽重11.73g,平均出籽率35.52%,平均出仁率59.85%,平均含油率71.93%,平均总蛋白含量6.24%,平均总糖含量12.29%。

5. 'YLC10号'(浙R-SC-CI-009-2011)

2011年浙江省林木品种审定委员会认定良种。该品种嫁接苗定植后3~4年开始结果,第5年全部进入投产期。萌芽期在3月中旬,4月中旬雄、雌花开始萌动,雌花由总苞、4裂的花被及子房组成;10月中旬至10月下旬为果实成熟期。平均单果重35.94g,果皮厚5.79mm,平均单核重10.36g,果(核)形指数为1.93(2.36),平均出油率53.37%,壳薄,取仁容易,果仁色美味香,无涩味,松脆。抗性强,易栽培。

6. 'YLC12号'(浙R-SC-CI-010-2011)

2011年浙江省林木品种审定委员会认定良种。该品种嫁接苗定植后3~4年开始结果,第5年全部进入投产期。萌芽期在3月中旬,4月中旬雄、雌花开始萌动,雌花由总苞、4裂的花被及子房组成;10月中旬至10月下旬为果实成熟期。平均单果重20.48g,果皮厚4.35mm,平均单核重6.04g,果(核)形指数分别为1.51(1.66),平均出油率54.72%,壳薄,取仁容易,果仁色美味香,无涩味,松脆。抗性强,易栽培。

7. 'YLC13号'（浙R-SC-CI-011-2011）

2011年浙江省林木品种审定委员会认定良种。该品种嫁接苗定植后3~4年开始结果，第5年全部进入投产期。萌芽期在3月中旬，4月中旬雄、雌花开始萌动，雌花由总苞、4裂的花被及子房组成；10月中旬至10月下旬为果实成熟期。平均单果重24.24g，果皮厚5.25mm，平均单核重8.13g，果（核）形指数分别为1.40（1.73），平均出油率57.72%，壳薄，取仁容易，果仁色美味香，无涩味，松脆。抗性强，易栽培。

8. 'YLC21号'（浙R-SC-CI-012-2011）

2011年浙江省林木品种审定委员会认定良种。雌先型，该品种嫁接苗定植后3~4年开始结果，第5年全部进入投产期。萌芽期在3月中旬，4月中旬雄、雌花开始萌动，雌花由总苞、4裂的花被及子房组成；10月中旬至10月下旬为果实成熟期。平均单果重22.21g，果皮厚4.41mm，平均单核重8.03g，果（核）形指数分别为1.46（1.69），平均出油率50.81%，壳薄，取仁容易，果仁色美味香，无涩味，松脆。抗性强，易栽培。

9. 'YLJ023号'（浙R-SC-CI-005-2006）

2006年浙江省林木品种审定委员会认定良种。雌先型，结果早。树体高大，长势较旺，树冠开张形。叶长镰刀形，落叶早。平均单果重13.24g，种子饱满度98.3%，平均出仁率64%，平均含油率76%，平均核果重8.87g。定植第9年平均树高5.4m，胸径12.6cm，冠幅8.34m^2，平均株产坚果3.78kg。

10. 'YLC29号'（浙R-SC-CI-014-2011）

2011年浙江省林木品种审定委员会认定良种。雄先型，萌芽期在3月中旬，4月中旬雄、雌花开始萌动，雌花由总苞、4裂的花被及子房组成；10月中旬至10月下旬为果实成熟期。平均单果重19.57g，果皮厚4.62mm，平均单核重5.87g，果（核）形指数分别为1.62（1.70），平均出油率54.96%，壳薄，取仁容易，果仁色美味香，无涩味，松脆。抗性强，易栽培。

11. 'YLC35号'（浙R-SC-CI-015-2011）

2011年浙江省林木品种审定委员会认定良种。该品种嫁接苗定植后第3~4年开始结果，第5年全部进入投产期。萌芽期在3月中旬，4月中旬雄、雌花开始萌动；10月中旬至10月下旬为果实成熟期。平均单果重32.38g，果皮厚4.92mm，平均单核重10.31g，果（核）形指数分别为1.97（2.39），平均出油率52.40%，壳薄，取仁容易，果仁色美味香，无涩味，松脆。抗性强，易栽培。

12. 'YLJ042号'（浙R-SC-CI-016-2006）

2006年浙江省林木品种审定委员会认定良种。雌先型，结果早。树体高大，长势较旺，树冠开张形。叶片镰刀形，落叶早。平均单果重11.75g，种子饱满程度92.7%，平均出仁率79%，平均核果重7.37g。定植第9年平均株高7.0m，胸径13.6cm，冠幅9.88m²，平均株产坚果5.93kg。

13. '威斯顿'（苏R-ETS-CI-004-2012）

2012年江苏省林木品种审定委员会认定良种。该品种1979年由美国得克萨斯州引进，1984年定植，属早实丰产型优良品种。雌先型，树势生长旺盛，坚果于10月中下旬成熟，属中熟品种。果实长椭圆形，果形指数1.98，平均单果质量7.5g，平均出仁率51.9%，平均出油率63.7%。种仁棕黄色，坚果长椭圆形，果尖，种仁金黄色，风味香甜，果形好，出仁率高，大小年明显。

14. '肖肖尼'（苏R-ETS-CI-005-2012）

2012年江苏省林木品种审定委员会认定良种。该品种1979年由美国得克萨斯州引进，1984年定植，属早实丰产型优良品种。雌先型，树势生长旺盛，坚果于10月中旬成熟，属中熟品种。果实短椭圆形，果形指数1.37，平均单果质量7.9g，平均出仁率55.0%，平均出油率73.9%。种仁棕黄色，坚果短椭圆形，果尖，种仁金黄色，风味香甜，果形好，含油率高，大小年明显。

15. '威奇塔'（苏R-ETS-CI-006-2012）

2012年江苏省林木品种审定委员会认定良种。该品种1940年由美国农业部薄壳山核桃试验站用杂交方法育出，1959年大量推广。雌先型，树势生长旺盛，坚果于10月上中旬成熟，属中熟品种。果实长椭圆形，果形指数2.08，平均单果质量7.7g，平均出仁率64.2%，平均出油率66.2%。坚果长椭圆形，出仁率高，种仁金黄色。

16. '莫克'（苏R-ETS-CI-014-2013）

2013年江苏省林木品种审定委员会认定良种。该品种生长势强，坚果于10月中旬成熟，属中熟品种；果实椭圆形，果形指数1.79，平均单果质量11.3g，平均出仁率59%，平均含油率65.77%；种仁金黄色至浅褐色，风味香甜。

17. '莫愁'（苏R-ETS-CI-001-2013）

2013年江苏省林木品种审定委员会认定良种。该品种1957年选出并命名繁殖推广。坚果广卵圆形，果壳稍厚，果仁丰肥，香气中等，味稍甜，品质佳。平均128粒/kg，平均出仁率42.3%，平均含油率73.4%。

18. '绿宙1号'（苏R-SC-CI-010-2014）

2014年江苏省林木品种审定委员会认定良种，选自早期从美国引进种植的薄壳山核桃实生树。果用经济林品种，属雌先型，南京地区雌花花期5月3日~5月8日，雄花散粉期5月13日~5月20日。平均单果重7.8g，平均出仁率达47.8%，平均出油率达78%，果形指数为2.10。早实、丰产、稳产和抗逆性强。果仁平均亚油酸含量达26.7%、平均亚麻酸含量达1.3%、平均总氨基酸含量9.2%，人体必需7种氨基酸平均含量达3.6%。

19. '碧根源3号'（苏R-SC-CI-015-2014）

2014年江苏省林木品种审定委员会认定良种，引自江西省峡江美国薄壳山核桃研究所的薄壳山核桃无性系，原编号25号。果用经济林品种。雌先型，花期5月上旬，果实10月下旬成熟。适应性强，生长快，具有早实、稳产的优良特性。果实椭圆形，平均单果重8.7g，果长4.3cm，缝径1.8cm，腹径2.1cm，属于中型核果。平均出仁率55.6%，果仁金黄色，口感清香，平均脂肪含量为70%，平均总蛋白含量12.5%，平均可溶性总糖含量2.1%，平均总纤维含量3.9%。

20. '凯普费尔''Cape Fear'（苏R-ETS-CI-005-2017）

2017年江苏省林木品种审定委员会认定良种。植株生长健壮，雄花花序长且雄花数量多、散粉早，是良好的授粉品种，早实性强、丰产性好。果实平均成熟期为10月中下旬，属于中熟品种；坚果椭圆形，单果重7.5~8.2g，平均126粒/kg，平均出仁率54%；坚果充实，果仁金黄，品质好，壳易剥。

21. '马罕'（苏S-SC-CI-017-2017）

2017年江苏省林木品种审定委员会审定良种。雌先型，雌花花期比雄花早7~10d。树势强盛，树枝半开张，果枝长，成花能力强，坚果长椭圆形，果基圆，果顶尖或尾尖，中间略细，横断面稍扁。单果重9.57~12.69g，平均11.08g。壳薄易剥，出仁率49.3%~63.0%，平均56.8%。平均出油率60%。种仁色美味香，营养丰富，口感好。

22. '波尼''Pawnee'（苏S-SC-CI-016-2017）

2017年江苏省林木品种审定委员会审定良种。果实椭圆形，顶部钝角，底部圆角。果实最大横截面呈侧面挤压状，平均98粒/kg，平均出仁率58%，平均含油率72.13%，种仁金黄色，背沟宽，底部裂口深。早实丰产，坚果成熟早，一般在9月中成熟。

23. '卡多''Caddo'（苏R-SC-CI-007-2017）

2017年江苏省林木品种审定委员会认定良种。树姿开张。雌雄同株异花，雌花穗状花序，直立且被茸毛，具2~6个雌花，花药黄色；雄性葇荑花序，长7~14cm。青果黄绿色，果棱高，坚果平均重5.4g，纺锤形，平均横径1.79cm，平均纵径3.45cm，果顶、果底锐尖，表皮有紫红色花纹，平均壳厚0.69mm，取仁易，平均出仁率57%。种仁黄白色，外脊沟窄，无次脊沟，风味香甜；平均粗脂肪含量75.13%，其中油酸含量70.38%，亚油酸含量19.96%，棕榈酸含量5.78%，α-亚麻酸含量1.10%。坚果10月上中旬成熟。

24. '抛尼'（滇S-ETS-CI-003-2009）

2009年云南省林木品种审定委员会审定良种。该品种1963年经杂交育成，1984年释放，雄花散粉早或居中，少量可以自花结实。雄先型。坚果早熟，有大小年倾向。中度感染叶斑病，较抗黄蚜虫害。可用'威奇塔''贝克''长林13'等品种的植株作为授粉树配置。坚果椭圆形，果顶钝尖，果基圆，横切面扁平，平均出仁率58%，种仁金黄色，脊沟宽，脊沟靠果基部分裂深。

25.'贝克'（云S-ETS-CI-010-2013）

2013年云南省林木品种审定委员会审定良种。雌雄花期不相遇，属雌先型品种。平均单果重5.9g，平均壳厚0.73mm，平均出仁率约56.0%，平均含油率约76.45%，平均亚油酸含量约25.20%，平均亚麻酸含量约2.07%，平均蛋白质含量约7.94%，平均粗纤维含量约5.85%；取仁极易，口感细腻香醇，丰产稳产，果实饱满度好，空缩仁比例极低。

26.'卡多'（滇S-ETS-CI-001-2009）

2009年云南省林木品种审定委员会审定良种。1968年定名推广。雄先熟型。据初步观察'卡多'的雌花期（4月下旬～5月初）与'威奇塔''贝克''长林13号'的雄花期（4月下旬～5月初）相近，可用此3个品种作授粉树配置。该品种早实较丰产，食味口感好，隔年结实不明显，但抗黑斑病能力差，且坚果长椭圆形，偏小，外形不美观，其坚果果基、果顶锐尖，似橄榄形，132～165粒/kg，平均出仁率56%。嫁接苗栽植后第3～5年开始结果，第9年进入初盛果期；坚果平均粒重5.4g，壳薄，取仁易，种仁脊沟宽，金黄色，品质优，耐贮藏，色泽保持能力极佳。

27.'肖尼'（滇S-ETS-CI-002-2009）

2009年云南省林木品种审定委员会审定良种。早实，嫁接苗定植第3～5年开始结果，第9年进入初盛果期，每年9月下旬～10月上旬果实成熟；丰产，7年产仁0.47kg/m^2；优质，坚果平均粒重7.9g，壳薄，取仁易，仁色黄白或金黄，味香醇，平均出仁率60%，仁平均含油率76.4%，为仁用品种。

28.'金华'（云S-ETS-CI-008-2013）

2013年云南省林木品种审定委员会审定良种。该品种1932年从美国引入其种子培育成植株，而由浙江亚热带作物研究所选为优良品种。1974年在云南省引种表现良好，雌雄花期能相遇，结果良好，不需要配置授粉树也能结实。其嫁接苗种植后，第3～4年有少量植株能结实。10年株产果16kg，20年株产果30kg，26年最高株产40kg，大小年产量相差较大，但种子质量很好。平均单果重6.8g，平均壳厚0.83mm，平均出仁率约52.7%，平均含油率达75.5%，平均亚油酸含量约20.23%，平均亚麻酸含量约1.7%，平均蛋白质含量约11.0%，粗纤维含量约4.14%；取仁易，口感细腻香醇，丰产稳产，果实饱满度好，坚果品质优良。

29.'赛浦路斯'（云S-ETS-CI-007-2013）

2013年云南省林木品种审定委员会审定良种。引种于美国，树皮灰褐色，老熟树皮呈片状开裂脱落，冬芽黄褐色，卵形，被柔毛，芽鳞4～6片，镊合状排列，果实椭圆形，外被黄色腺鳞，有4条纵棱，四瓣裂，革质，果皮内侧平滑，灰白色，坚果果顶钝尖，稍歪，底钝圆，硬壳被褐色条纹，仁黄褐色；果实10月中下旬成熟，定植第6年进入初产期,产量达840kg/hm²,15年进入盛产期,产量达8620kg/hm²;平均单果重9g,平均壳厚0.57mm,平均出仁率55.4%,平均含油率达76.46%,平均含亚油酸约19.51%,亚麻酸约1.96%,蛋白质约8.66%,粗纤维约5.41%;果大、丰产、稳产,易取整仁,口感好,抗黑斑病能力强。

30. '绍兴'(云S-ETS-CI-009-2013)

2013年云南省林木品种审定委员会审定良种。雌雄花期能相遇,结果稳定,较丰产,大小年产量悬殊小,不需要配置授粉树,可以结实。其嫁接苗种植后,第3~4年生可以结果,10年株产果15kg,20年株产果30kg,26年最高株产果达60.7kg。平均坚果重5.2g,平均出仁率48.3%,味香甜。种仁平均含油量73.8%。

31. '巴顿'(云R-ETS-CI-038-2013)

2013年云南省林木品种审定委员会认定良种。引种于美国,树皮灰褐色,老熟树皮呈片状开裂脱落,老熟的1年生枝呈灰色,树体矮化,枝条细密,芽卵形,黄褐色,被柔毛,坚果果小,短椭圆形,果顶钝尖,底钝圆,外被黄色腺鳞;果实10月中下旬成熟,定植第6年进入初产期,产量达1080kg/hm²,15年进入盛产期,产量达8000kg/hm²;平均单果重4.8g,平均壳厚0.49mm,平均出仁率58.86%,平均含油率达75.63%,平均亚油酸含量约27.07%,平均亚麻酸含量2.43%,平均蛋白质含量约9.67%,平均粗纤维含量4.13%;树体矮化,适宜密植,丰产性好,极易取整仁,仁食味香甜,口感细腻。

32. '黄薄1号'(皖S-SC-CI-004-2013)

2013年安徽省林木品种审定委员会审定良种。适宜安徽省境内薄壳山核桃种植区。该品种树势健壮,生长旺盛,树冠开张,产量稳定。3月下旬芽开始萌动,4月上旬抽梢展叶;雄花期5月11~22日,雌花花期5月12~25日,雌雄花期相遇。果实10月底至11月上旬成熟,果实长圆形或卵形,纵径4.5cm,横径3.7cm;核果长圆形或卵形,纵径3.4cm,横径2.1cm。7年平均株产37.1kg,折合亩产126.8kg。平均单籽(核)重6.1g,平均出仁率42.7%,种仁平均蛋白质含量12.2%,平均含油率(脂肪)48.7%。

33. '黄薄2号'(皖S-SC-CI-005-2013)

2013年安徽省林木品种审定委员会审定良种。36年生实生优树,树高25m,胸径70cm,冠幅18m×17m,生长迅速,产量高。3月下旬芽开始萌动,4月上旬抽梢展叶,雄花期2月28日~5月8日,雌花花期5月8~21日,雄先型,雌雄花花期不遇。果实10月下旬至11月初成熟,果实长圆形,纵径4.6cm,横径3.4cm;核果长圆形,纵径3.7cm,横径2.0cm。7年平均株产51.9kg,折合亩产90.6kg。平均单籽(核)重6.5g,平均出仁率42.7%,种仁平均蛋白质含量12.3%,平均含油率(脂肪)50.1%。选用黄薄1号作为授粉树配置种植。

34. '安农1号'（皖S-SC-CI-001-2014）

2014年安徽省林木品种审定委员会审定良种。该品种果实大、枝条短，抗性强，单株产量高，连续结果能力强，丰产性高，是优良的生产加工品种。根据安徽省合肥、枞阳、含山、阜南、潜山等地多年实验，表明所引进品种在安徽皖南、江淮之间、皖北均生长良好、结实正常，适宜于安徽各地栽植。雄先熟型。果实10月下旬成熟，坚果平均重5.62g，平均出仁率42.51%，雌雄花期相遇，且种仁饱满，种皮薄，是安徽地区推广的良种。

35. '安农2号'（皖S-SC-CI-002-2014）

2014年安徽省林木品种审定委员会审定良种。该品种开张角大，单株产量高，是适于生产、具有较高商业价值的优良生产加工品种。根据安徽省合肥、枞阳、含山、阜南、潜山等地多年实验，表明所引进品种在安徽皖南、江淮之间、皖北均生长良好、结实正常，适宜于安徽各地栽植。雄先熟型。果实10月下旬成熟，坚果平均重4.22g，平均出仁率57.49%，雌雄花期相遇，单果出仁率高，是安徽地区推广的良种。

36. '安农3号'（皖S-SC-CI-003-2014）

2014年安徽省林木品种审定委员会审定良种。该品种生长量大、果实大，枝条短，单株产量高，是优良的生产加工品种，也可果材兼用。根据安徽省合肥、枞阳、含山、阜南、潜山等地多年实验，表明所引进品种在安徽皖南、江淮之间、皖北均生长良好、结实正常，适宜于安徽各地栽植。雄先熟型。果实10月下旬成熟，坚果平均重7.15g，平均出仁率49.92%，雄花花期长，可作为授粉树推广。

37. '安农4号'（皖S-SC-CI-004-2014）

2014年安徽省林木品种审定委员会审定良种。该品种生长量大、早产，单株产量高，可做优良采穗圃品种，也可果材兼用。根据安徽省合肥、枞阳、含山、阜南、潜山等地多年实验，表明所引进品种在安徽皖南、江淮之间、皖北均生长良好、结实正常，适宜于安徽各地栽植。雌先熟型。果实10月下旬成熟，坚果平均重11.42g，平均出仁率42.82%，单果重高于一般品种，种仁饱满，肉质细嫩，是安徽地区推广的良种。

38. '安农5号'（皖S-SC-CI-005-2014）

2014年安徽省林木品种审定委员会审定良种。该品种适应性广、丰产、早产，单株产量高，连续结果能力强，是优良的采穗圃品种。根据安徽省合肥、枞阳、含山、阜南、潜山等地多年实验，表明所引进品种在安徽皖南、江淮之间、皖北均生长良好、结实正常，适宜于安徽各地栽植。雌先熟型。果实10月下旬成熟，坚果平均重9.62g，平均出仁率48.23%，雄花花期长，单果饱满，出仁率高，是安徽地区推广的良种。

39. '赣选1号'（赣R-ETS-CI-002-2013）

2013年江西省林木品种审定委员会认定良种，该品种果特大，壳特薄，取仁易，平均单果重14g，平均果壳厚0.075cm，果实长圆形，果实黄褐色，果肉白色，品质优，极耐贮运。需配置雄花早熟品种授粉（配置'赣选5号'为授粉树最佳）。

40. '赣选2号'（赣R-ETS-CI-003-2013）

2013年江西省林木品种审定委员会认定良种，该品种果大饱满，果味鲜、耐贮运，商品性状好。平均单果重12.4g，平均果壳厚0.08cm，果实短长形，果实黄褐色，果肉白色，品质优，极耐贮运。

41. '赣选3号'（赣R-ETS-CI-004-2013）

2013年江西省林木品种审定委员会认定良种，该品种生长快，结实较早，产量较高，果实长圆，平均单果重10.1g，平均果壳厚0.09cm，果实黄褐色，果肉白色，品质优，极耐贮运。

42. '赣选4号'（赣R-ETS-CI-005-2013）

2013年江西省林木品种审定委员会认定良种。该品种生长快，结实较早，产量较高，果实长圆，平均单果重9.8g，平均果壳厚0.09cm，果实黄褐色，果肉白色，品质优，极耐贮运。

43. '赣选5号'（赣R-ETS-CI-006-2013）

2013年江西省林木品种审定委员会认定良种。该品种生长快，开花结实早，产量高，果实椭圆形，平均单果重8.7g，平均果壳厚0.08cm，果实黄褐色，果肉白色，品质优，极耐贮运。

44. '契可特'（鄂R-SV-CI-001-2014）

2014年湖北省林木品种审定委员会认定良种。该品种于2002年引进10余个薄壳山核桃良种，经过多年试验，对坚果性状、坚果品质、丰产性、抗性进行评价比较，筛选出适宜湖北发展的品种'契可特'。'契可特'雌雄同熟，可进行自花授粉，平均坚果重9.60g，平均果壳厚0.91mm，平均出仁率56.44%，坚果横径21.66mm，坚果纵径36.30mm，平均粗脂肪含量在68.78%，平均粗蛋白含量在10.85%，盛产期坚果亩产可达153kg，经济价值极高。

45. 'Pyzner'（湘R-ETS-CI-001-2018）

2018年湖北省林木品种审定委员会认定品种。树体生长旺盛，树势半开张；奇数羽状复叶，互生，椭圆披针形；雌雄同株异花，属雄先型品种；外果皮具2纵棱，成熟时2瓣开裂，9月上旬果实成熟；坚果短圆形，先端尖锐，基部浑圆，平均单果重6.3g，平均核仁重3.4g，平均出仁率53%，核仁黄白色，易取整核，口味香甜；嫁接苗定植后第8年进入盛产期，株产可达7~8kg。可作果用经济林造林品种。

除了上述审（认）定的良种外，还有'茅山1号''钟山25号''钟山26号''钟山35号'等优良品种通过相关部门鉴定。

46. '茅山1号'

雄先型。坚果短圆形，基部浑圆，果仁味香甜，品质较好，易取半仁，平均鲜重为9.87g，平均单果重为8.66g，平均果仁重4.21g，平均出仁率48.67%，果实中等大小（41.35mm×23.12mm），果壳平均厚度为1.125mm，品质优良，口味香甜。

47. '钟山25'

雌先型，雌花可授粉期为4月底～5月上旬，雄花散粉期为5月上旬～5月中旬。该品种坚果先端平，肩宽，核仁色较深，品质佳。生长结实正常，早实丰产，适应性强，抗逆性好。须配置与该品种花期相近的其他品种栽培，以促进开花结实与果实饱满。嫁接苗定植第3年开始结果，10月中下旬成熟，平均单果重31.08g，平均单籽重8.73g，平均出籽率28.08%，平均出仁率32.38%，平均含油率63.53%，平均总蛋白含量8.47%，平均总糖含量10.98%。

48. '钟山26'

雌先型。树势中等，树冠直立，树皮光滑裂纹浅。小叶片短而宽，叶色黄绿，主脉平直。果实10月下旬成熟，坚果大，平均11.7g，长椭圆形。出仁率47.6%～53.0%，含油率77.5%～78.3%，肉质肥嫩，香甜可口，品质优良。其主要优点是果大，含油量高，少病虫害。

49. '钟山35'

雄先型。树势强健，树冠高大，树皮较光滑，裂纹细。小叶较狭长，叶色浓绿，主脉较弯曲。果实10月下旬成熟，坚果平均重7.8g，短椭圆形，基部浑圆，核仁色较淡，出仁率42.2%～51.1%，坚果饱满，平均含油率70.2%，肉质细嫩，甜香，品质上等。其主要优点是生长强健，较丰产稳产，病虫害少，是'钟山25'等雌先熟型的良好授粉树。

第四节　薄壳山核桃资源引进与收集

一、已经引进的薄壳山核桃品种

薄壳山核桃在我国引种栽培已有100多年的历史，据不完全统计，目前国内引进、保存的薄壳山核桃品种超过200个。其中南京绿宙薄壳山核桃科技有限公司的种质资源圃内收集薄壳山核桃品种51个，云南省林业科学院引进52个，中国林业科学研究院引进48个，中南林学院引进30个，浙江农林大学引进37个。

2009年以来，浙江农林大学从美国农业部薄壳山核桃遗传与育种中心引进美国近几年发展较好的37个品种,利用接穗进行嫁接繁殖。对引进的品种进行了遗传多样性和生长结实情况的分析,进一步了解新引进的品种在国内的适生情况。37个新引进的薄壳山核桃品种开花习性、果实等相关性状见表2-1。

表2-1 国外引进品种及其特性

编号	品种名称	品种特性
1	'Moneymaker'	雌先型,早熟,平均坚果重6.7g,平均出仁率44%。坚果圆形、壳厚、色浅,大枝直立生长,树皮光磷状。是一高产品种,大小年现象明显。
2	'Chickasaw'	雌先型,果熟期10月5日,平均坚果重7.2g,平均出仁率55%。较抗皮痂病,幼树早熟。
3	'Choctaw'	雌先型,果熟期10月26日,平均坚果重10.1g,平均出仁率60%。坚果大,品质好,但壳薄。
4	'Caddo'	雄先型,果熟期10月3日,平均果重8.6g,平均出仁率56%。坚果足球形,极易去壳,高产,极抗皮痂病。
5	'Moore'	雄先型,早熟,平均果重4.9g,平均出仁率44%。坚果小,倒卵形,大小年现象明显。
6	'Wood roof'	雌先型,其坚果比'Stuart'和'Desirable'大,出仁率低,幼树生长快,极抗皮痂病。
7	'Nacono'	晚熟,坚果大,抗疮痂病。
8	'Success'	雄先型,平均果重9.4g,平均出仁率50%。坚果大,呈倒卵形,鳞状树皮,树形矮圆形。
9	'Divis'	雄先型,平均坚果重8.9g,平均出仁率44%。坚果质量好,高产,抗皮痂病。
10	'Van Deman'	雌先型,晚熟品种,平均果重7.0g,平均出仁率41%。坚果长,顶端尖,叶片浅绿色。
11	'Shawnee'	雌先型,平均果重8.0g,平均出仁率59%。坚果长,品种好,极抗皮痂病。
12	'Mohawk'	雌先型,果熟期10月5日,平均果重10.5g,平均出仁率58%。产量高,成年树大小年现象明显。
13	'Kiowa'	雌先型,果实成熟期10月26日,平均果重10.1g,平均出仁率58%。坚果大,质量好,抗皮痂病。
14	'Woodard'	雄先型,出仁率高,壳极薄且有内壳,用机械采收时易受损,易患皮痂病和白粉病。
15	'Forket'	雌先型,果熟期10月12日,平均果重8.2g,平均出仁率62%。质量好,产量高,壳薄。
16	'Farley'	雌先型,平均坚果重7.3g,平均出仁率51%。坚果块形,断面近方形,坚果小,晚熟。
17	'Colby'	雌先型,果熟期9月28日,平均果重6.5g,平均出仁率49%。
18	'Moreland'	雌先型,果熟期10月15日,平均果重7.6g,平均出仁率60%。坚果质量极好,抗皮痂病。
19	'Shoshoni'	雌先型,果熟期10月5日,平均果重9.1g,平均出仁率54%。坚果大,产量高。
20	'Barton'	雄先型,果熟期10月3日,平均坚果重8.6g,平均出仁率56%。坚果质量好,极抗皮痂病。
21	'Melrose'	雌先型,果熟期10月15日,平均坚果重8.2g,平均出仁率53%。坚果质量极好,极抗皮痂病。
22	'Apalachee'	嫁接后3~6年结果,结果早,可以及早发挥经济效益。
23	'Lakota'	早熟性,高产,果实质量高,抗赤霉病。
24	'Owens'	雄先型,果熟期10月11日,平均果重9.1g,平均出仁率48%。坚果大且饱满,壳厚,抗皮痂病。
25	'Giles'	雄先型,果熟期10月5日,平均果重6.1g,平均出仁率53%,产量高。

（续）

编号	品种名称	品种特性
26	'Wichita'	雌先型，果熟期10月10日，平均果重8.7g，平均出仁率60%。高产，坚果品质好。
27	'Cheyene'	雄先型，果熟期10月16日，平均果重7.1g，平均出仁率59%。坚果明亮，有褶皱，树长势慢，在美国普遍种植，有明显的大小年现象，抗皮痂病。
28	'Mandan'	雌先型，平均果重9.4g，平均出仁率52%。果大、长，壳薄，大小年现象明显。
29	'Disirable'	雄先型，果熟期10月16日，平均果重9.1g，平均出仁率53%。坚果大，质量好，结果多，树枝脆弱易断，抗皮痂病，在美国东南方普遍种植。
30	'Summer'	雌先型，果熟期10月24日，平均果重8.2g，平均出仁率53%，坚果大小中等，抗皮痂病。
31	'Eliott'	雌先型，果熟期10月15日，平均果重6.2g，平均出仁率55%，坚果小，核仁品质高，深根品种，老年时期大小年现象明显。
32	'Schley'	雌先型，平均果重9.1g，平均出仁率56%，坚果壳薄易碎。
33	'Stuart'	雌先型，果熟期10月16日，平均果重9.1g，平均出仁率48%，抗皮痂病，该品种植规模为美国商业品种的四分之一。
34	'Pawnee'	雄先型，早熟，坚果大，出仁率高，花粉成熟早，需人工授粉，较抗皮痂病，比其他品种抗蚜虫病。
35	'Excell'	适应性极强，坚果大，质量好。
36	'Dependable'	丰产，稳产，坚果质量好。
37	'Glorria Grande'	雌先型，果熟期10月10日，平均果重9.4g，平均出仁率48%，极抗皮痂病。

以37个新引进薄壳山核桃品种的基因组DNA为模板，用19对已开发的薄壳山核桃引物和23对近缘物种山核桃的引物进行扩增，筛选出14对引物扩增产物的条带清晰、多态性明显（表2-2），可用于遗传多样性分析，共得到清晰可辨等位基因位点112个（如图2-1），其中多态性位点101个，占90.2%，6对引物扩增出多态性条带为100%，占42.9%。单对引物检测出的等位基因位点3～20个，平均为8个，引物GA38扩增的等位基因位点最少，为3个，引物SSR23扩增基因位点最多，为20个。

表2-2　14对SSR引物扩增结果

引物	序列（5'→3'）	总条带数	多态性条带	多态率（%）	退火温度（℃）
SSR23	F：CTGTAACTGCAAAAGACC R：AGGCTATCTCATACCACC	20	20	100	54.4
SSR3085	R：AGGCTATCTCATACCACC F：TGCTGGGAATTTGGAGAC	9	8	88.9	53.2
SSR28a	F：AAACCTTGGCATAGTCATTTGAGAG R：CTTTGTCAACTTTGTTTTGGGTGTC	12	12	100	58.7
SSR1298	F：GTAGTGGACGCAGCAAGA R：TCGTAGGAGCACGGAGTT	5	5	100	57.3

（续）

引物	序列（5'→3'）		总条带数	多态性条带	多态率（%）	退火温度（℃）
SSR3229	F:	GGGGATGAACGGCCAGGAT	5	4	80	61.9
	R:	ACCCACGGTCACGCCCACTA				
SSR917	F:	ATGAGCGTAGGGCATGTAA	12	11	91.7	55.4
	R:	CAACCAACGGCGGTGATA				
SSR8	F:	GCTCCAAGCGAAAGTCAAGT	6	4	66.7	53.7
	R:	TCATAAACCAACGCCAAAGA				
CA12	F:	AGATCGAAAAGCGTGGAGCAAC	6	5	83.3	53
	R:	ACACCGAATTCTCAATGAGCCAAAC				
CIN4	F:	GGCATCAGAGAAGGCTCCT	12	12	100	57
	R:	CTCACCCGTCTCTAGGGCTA				
CIN13	F:	CCGCAGATGGTTTGAAGAA	6	4	66.7	54
	R:	ACAAATTCCTCACTCCGGAG				
CIN23	F:	GGAGTTGTGGAAGCAGTGGA	4	2	50	57
	R:	GGACCATAAGAGTTTTGACCCTT				
GA31	F:	TGAACTCCAAAAGCCTCCTCTC	6	6	100	56
	R:	GTATTTGTATTTTTTCCTTGAGCTTTCTC				
GA38	F:	AAAAGTTTTAGGGTTGTTTGCTCTCT	3	3	100	56
	R:	GTAAAGCCTACAACCTACAACAGTCTATG				
GA41	F:	TCTTCAGAAAAAACCCTTACCTCTCT	6	5	83.3	56
	R:	GAAAAATATAAACTCCCATACTACCCACAT				
平均			8	7.2	90.2	

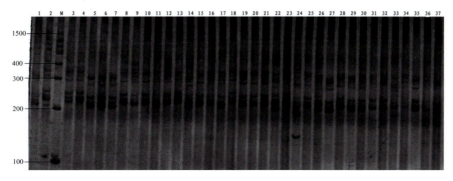

图2-1 引物SSR23对37个薄壳山核桃品种的扩增电泳图

对引进的薄壳山核桃品种进行遗传相似系数分析，表明37个品种间的遗传相似系数为0.607~0.955，其中'Eliott'和'Schley'遗传相似系数最大，为0.955，二者亲缘关系最近；'Van Deman'与'Disirable'、'Van Daman'和'Eliott'、'Barton'与'Owens'、'Owens'与'Stuart'、'Disirable'与'Dependable'间的遗传相似系

数最小，同为0.607，亲缘关系最近。表明这37个品种差异不明显，遗传多样性较差。

用软件Ntsys2.10进行聚类分析，以112个位点的普带原始矩阵构建SSR分子系统树（图2-2）。37个薄壳山核桃品种聚为A、B、C、D、E5大类，A包括的品种最多共26个，E最少只有'Owens'1种。'Choctaw'和'Success'的遗传距离较近，这与资料记载相符，即'Choctaw'是由'Success'和'Mahan'杂交得来，本研究利用SSR方法分析了37个薄壳山核桃品种的遗传多样性以及品种之间的遗传相似系数。37个薄壳山核桃品种的遗传相似系数变化范围为0.607~0.955，表明该37个薄壳山核桃品种的遗传距离较近，遗传多样性较低，从SSR构建的系统树可以看出'Eliott'和'Schley'的遗传关系最近，品种'Eliott'是于1925年在佛罗里达州发现的，而'Schley'来自于密西西比州，其遗传关系最近的原因有待于进一步的研究。

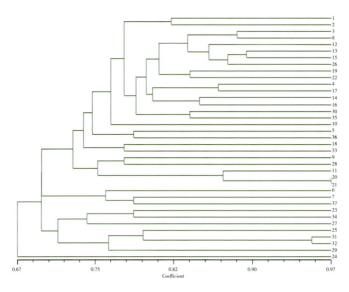

图2-2　37个薄壳山核桃品种SSR分析UPGMA聚类图

二、国内薄壳山核桃种质收集

据初步调查，我国已有22个省（自治区、直辖市）开展了薄壳山核桃的引种栽培，除了从国外引进表现优良的品种外，国内高校、研究所等相关部门开始从国内实生单株中选育优良单株，并将优良的单株进行了良种化。目前，预计近1000份优良种质被选育观察，其中包括南京绿宙薄壳山核桃科技有限公司、云南省林业科学院、中国林业科学研究院、浙江农林大学、南京林业大学、中南林业科技大学等单位。

2013年，南京绿宙薄壳山核桃科技有限公司李永荣对南京地区20世纪50年代至60年代引种的66个薄壳山核桃实生单株果实性状测定表明：单株间单果质量、出仁率、含油率、果型指数、果壳厚度、果横径、果宽度、果纵径性状均有显著差异，具有明显选择改良潜力；果型指数与单果质量、出仁率、含油率、果壳厚性状间无相互制约关系，可按果型指数分类、选择。经果型指数性状分类进行综合坐标法评选，从11个大果型指数类群中选出4个优良单株，其果型指数、单果质量分别比对照群体均值增加11.90%和17.26%、2.81%和21.84%，果壳厚度除Ⅱ东27外，多数较小1.96%~13.73%，单果出仁量增加8.01%~24.33%，单果含油量增加6.14%~31.14%；比江苏省地方优良品种'钟山25号'果型指数大39.26%~45.93%，单果质量增加7.39%~17.80%（Ⅵ西19与对照2相近），出仁率增加8.56%~15.44%，果壳厚度小0.97%~14.56%，平均单果出仁量增加8.01%~24.33%，单果含油量增加6.14%~31.14%。从44个中果型指数类群中选出9个优良单株，除个别单株外，其单果质量、出仁率多数分别比对照群体均值增加12.95%~25.43%和2.51%~7.68%，果壳厚度小4.90%和14.71%，含油率增加1.56%~6.35%，平均单果出仁量增加8.01%~26.71%，单果含油量增加15.35%~33.77%；比'钟山25号'单果质量一般增加12.36%~24.27%，果型指数增大11.85%~37.77%，果壳厚度多数小5.83%~15.53%，出仁率增加4.17%~14.36%，除个别单株外，含油率多数相近，平均单果出仁量增加10.98%~30.18%，单果含油量增加15.35%~33.77%。从11个小果型指数类群中选出3个优良单株，其含油率与对照群体均值相近或略高，除个别单株外，单果质量、出仁率分别增加17.32%~24.96%、1.10%~29.30%（个别单株除外），果型指数小11.33%~17.86%，平均单果出仁量增加10.68%~26.11%，单果含油量增加6.14%~33.33%；比'钟山25号'品种果型指数大2.22%~10.37%，果壳厚度多数小0.97%~6.80%，单果质量增加13.42%~20.81%，出仁率增加5.14%~37.33%，平均单果出仁量、单果含油量分别增加13.72%~29.57%和6.14%~33.33%。选出的优良单株可供嫁接扩繁与无性系测定及品种选育应用。

1978年至今，浙江农林大学共收集保存薄壳山核桃优条142份，表2-3是2009年10月至2011年10月共收集到25个优良单株的果实，对收集到的薄壳山核桃果实进行鲜果重、果皮厚度、籽重、籽长、籽宽、壳厚、仁重的测定，并计算出籽率和出仁率。鲜果重、果皮厚度和出籽率的数据空白的则是收集到的样品为种子。鲜果重以'ZL34'最重，为34.00g，'ZL18'最轻，为22.65g，'ZL34'比'ZL18'重33.40%；果皮厚以'ZL17'最厚，为0.81cm，'ZL18'最薄，为0.39cm，'ZL17'比'ZL18'厚0.42cm，相差107.69；籽重以'ZL57'最重，为14.55g，'ZL23'最轻，为2.92g，相差了98.29%；籽宽以'ZL62'最宽，为2.69cm，'ZL23'最窄，为1.56cm，相差72.44%；出籽率以'ZL18'最高，为52.684%，'ZL19'最低，为28.243%，相差86.54%；壳厚以'ZL23'最厚，为0.27cm，'ZL57'最薄，为0.05cm，相差440%；仁重指标中，'ZL11'最重，为7.88g，'ZL23'最轻，为1.11g，相差

609.91%；出仁率以'ZL21'最高，为56.66%，'ZL56'最低，为26.208%，相差116.20%。2012年后收集的优良种质29份，对其园艺性状进行测定和分析，揭示了不同种质之间坚果形态和种仁成分上的差异，为薄壳山核桃的种质评价及利用提供科学依据，对丰富粮油植物及指导浙江地区薄壳山核桃的市场开发具有一定作用。利用Excel 2010对所测数据进行整理，利用SPSS 17.0软件进行统计分析。园艺性状符合正态分布，采用单因素方差分析和Duncan新复极差测验的多重比较分析。29个薄壳山核桃种质的园艺性状表明（表2-4），不同种质薄壳山核桃鲜果重、果形指数、果皮厚度、籽重、出籽率、籽形指数、籽壳厚度、仁重、出仁率均存在显著差异。其中，鲜果重变幅为12.66~39.91g，'ZL90'鲜果最重且变异系数最小（5.54%）；果形指数（果长/果宽）变幅为1.22~2.09，'ZL74'变异系数最小（2.87%）；果皮厚度变幅为3.09~6.94mm，'ZL79'果壳最薄，'ZL73'变异系数最小（7.50%）；籽重变幅为4.04~13.86g，'ZL90'最重且种内变异系数最小（4.74%）；出籽率变幅为26%~48%，'ZL75'和'ZL77'出籽率最高，'ZL65'种质内变异系数最小（5.10%）；籽形指数（籽长/籽宽）变幅为1.23~2.49，籽形指数越小，籽形越圆，籽形指数越大越偏长方体，'ZL75'籽形指数最小且种质内变异系数最小（3.25%），'ZL88'籽形指数最大；籽壳厚度变幅为0.72~1.40mm，'ZL89'最薄，'ZL90'种质内变异系数最小（6.34%）；仁重变幅为1.22~7.98g，'ZL88'种仁最重，'ZL90'种质内变异系数最小（8.81%）；出仁率变幅为19.84%~57.28%，'ZL90'出仁率最高（57.48%），'ZL69'内变异系数最小（4.47%）。有18个种质的出仁率达到浙江省农科院亚热带作物研究所对薄壳山核桃制定的选优标准（大于40%）。

表2-3 不同优条薄壳山核桃种子性状指标

编号	籽重（g）	籽长（cm）	籽宽（cm）	壳厚（cm）	仁重（g）	出仁率（%）
'ZL17'	9.61±0.94	3.70±0.13	2.31±0.04	0.18±0.04	4.12±0.30	42.976±0.03
'ZL5'	5.54±0.69	3.34±0.22	1.77±0.08	0.10±0.02	2.28±0.37	41.112±0.03
'ZL6'	4.64±0.61	3.45±0.24	1.70±0.07	0.10±0.01	1.85±0.20	40.215±0.05
'ZL21'	6.02±1.05	3.71±0.30	2.00±0.10	0.06±0.03	3.37±0.62	56.661±0.09
'ZL16'	10.77±1.10	4.07±0.12	2.24±0.07	0.12±0.03	4.61±0.51	42.851±0.03
'ZL2'	4.54±0.26	3.06±0.08	1.77±0.07	0.11±0.04	1.63±0.13	36.014±0.04
'ZL1'	4.92±0.75	3.13±0.27	1.82±0.07	0.09±0.02	1.93±0.39	39.900±0.08
'ZL4'	3.89±0.33	3.15±0.20	1.64±0.05	0.12±0.03	1.38±0.18	35.432±0.03
'ZL3'	3.53±0.29	2.71±0.10	1.61±0.06	0.12±0.02	1.29±0.22	36.750±0.07
'ZL7'	4.20±0.48	3.01±0.13	1.72±0.08	0.10±0.02	1.76±0.19	42.391±0.07
'ZL18'	11.93±1.60	4.51±0.18	2.40±0.11	0.18±0.32	5.53±1.22	45.891±0.06
'ZL23'	2.92±0.48	2.82±0.23	1.56±0.12	0.27±0.38	1.11±0.19	38.218±0.07

（续）

编号	籽重（g）	籽长（cm）	籽宽（cm）	壳厚（cm）	仁重（g）	出仁率（%）
'ZL24'	7.54±0.47	4.60±0.17	1.97±0.06	0.09±0.01	3.41±0.26	45.223±0.01
'ZL25'	3.71±0.21	2.80±0.00	1.85±0.07	0.10±0.00	1.44±0.23	39.052±0.08
'ZL32'	6.91±0.55	4.00±0.10	2.04±0.13	0.08±0.01	3.34±0.75	48.047±0.08
'ZL26'	6.73±0.59	3.20±0.14	—	0.13±0.04	2.05±0.97	29.867±0.12
'ZL27'	5.85±1.29	3.90±0.14	2.00±0.14	0.10±0.01	2.03±0.85	33.926±0.07
'ZL31'	3.91±0.13	2.45±0.21	1.75±0.07	0.06±0.01	1.64±0.18	42.043±0.06
'ZL29'	5.05±0.07	3.45±0.07	1.81±0.01	0.10±0.00	2.28±0.08	45.141±0.01
'ZL28'	5.46±0.35	3.30±0.07	1.85±0.07	0.09±0.01	2.74±0.16	50.144±0.00
'ZL62'	7.23±0.66	3.55±0.07	2.69±0.76	0.11±00.01	2.77±0.31	38.302±0.01
'ZL63'	7.50±0.80	3.48±0.10	2.03±0.15	0.10±0.00	2.77±0.23	36.973±0.02
'ZL8'	5.37±0.87	4.10±0.35	1.97±0.12	0.12±0.02	1.70±0.35	31.768±0.04
'ZL56'	8.90±1.44	3.30±0.09	2.53±0.11	0.07±0.03	2.40±1.35	26.208±0.12
'ZL57'	14.55±1.16	5.44±0.36	2.52±0.12	0.05±0.02	7.79±1.66	53.108±0.09

表2-4 29个薄壳山核桃优条的形态性状

种质编号	鲜果重（g）	果形指数	果皮厚度（mm）	籽重（g）	出籽率（%）	籽形指数	籽壳厚度（mm）	仁重（g）	出仁率（%）
'ZL64'	20.68	1.50	5.91	6.32	30.73	1.66	1.03	1.85	28.60
'ZL65'	28.22	1.27	6.05	9.28	32.98	1.34	1.24	3.42	36.81
'ZL66'	24.24	1.24	5.42	8.08	33.20	1.43	1.18	3.38	39.21
'ZL67'	17.24	1.57	4.41	5.71	32.69	1.89	1.21	2.95	46.90
'ZL68'	18.40	1.52	5.08	5.83	33.33	1.91	1.18	2.54	41.72
'ZL69'	20.96	1.78	4.21	8.58	41.15	2.13	0.95	4.37	50.91
'ZL70'	15.63	1.43	5.88	4.04	25.81	1.86	1.29	1.22	26.82
'ZL71'	16.65	1.45	4.42	5.89	35.14	1.66	1.34	1.76	26.24
'ZL72'	24.76	1.56	5.06	8.18	33.19	1.99	1.00	3.17	37.27
'ZL73'	16.75	1.51	4.38	6.17	36.71	1.68	1.07	2.47	38.70
'ZL74'	31.04	1.40	6.24	8.55	29.07	1.71	0.98	4.20	48.08
'ZL75'	14.95	1.22	3.33	6.79	47.74	1.23	0.93	2.72	39.09
'ZL76'	32.99	1.42	5.44	11.70	35.00	1.66	1.40	4.43	37.41
'ZL77'	16.39	1.37	3.22	7.84	48.07	1.35	1.15	3.38	43.00
'ZL78'	25.55	1.62	4.90	10.07	40.41	1.94	1.23	4.09	40.65
'ZL79'	13.06	1.70	3.09	5.65	43.21	1.87	1.11	2.38	40.00
'ZL81'	14.60	1.38	3.83	5.41	32.97	1.61	0.89	3.28	28.00

（续）

种质编号	鲜果重（g）	果形指数	果皮厚度（mm）	籽重（g）	出籽率（%）	籽形指数	籽壳厚度（mm）	仁重（g）	出仁率（%）
'ZL82'	23.87	1.66	4.44	9.43	39.63	1.83	0.93	4.75	50.12
'ZL83'	26.29	1.97	3.48	11.20	42.91	2.26	0.79	6.03	53.73
'ZL84'	30.97	2.03	4.73	11.44	36.89	2.42	0.83	6.30	54.18
'ZL85'	35.06	1.97	6.94	12.32	35.67	2.29	0.92	6.37	51.38
'ZL86'	39.28	2.03	4.97	12.94	32.97	2.31	1.03	7.03	54.13
'ZL87'	12.66	1.28	3.31	5.54	43.98	1.38	0.97	3.33	49.45
'ZL88'	39.91	2.07	5.79	11.75	29.16	2.49	0.76	7.98	55.38
'ZL89'	31.75	2.07	4.76	12.12	38.24	2.36	0.72	6.68	54.69
'ZL90'	39.88	2.09	5.32	13.86	34.87	2.09	0.77	7.79	57.48
'ZL91'	17.72	1.53	4.42	6.90	38.91	1.72	1.15	3.86	19.84
'ZL92'	27.19	1.44	5.51	10.31	38.22	1.66	1.16	4.21	41.20
'ZL93'	21.09	1.31	5.51	6.65	30.75	1.36	0.93	3.55	48.16

三、薄壳山核桃引种栽培注意事项

近几年来随着薄壳山核桃坚果在国内市场的畅销，我国薄壳山核桃的引种栽培形成了第二次热潮。根据近几年薄壳山核桃产业发展中存在的问题，建议在薄壳山核桃引种栽培时应注意以下事项。

1. 系统性规范化引进品种

在引进国外最新、最优品种同时，必须在引种之前对引种区域进行区划，根据不同的气候生态条件及前期引种效果，因地制宜地引进适生品种。同时要规模化地引进良种，建立基因库、良种采穗圃、品种园等。对国内选出的优株进行无性系测试，加快繁殖，建立丰产示范基地，边测试边推广。在品种引进时，切记不要更改品种名或用代号进行标注，避免出现品种名称混杂的情况。

2. 选用审（认）定良种造林，实现良种化

虽然国内从美国引进了不少品种，但对这些品种大多未进行区域化栽培试验，品种的适应性有待检验。国内选育的品种主要采用的是表型选择，大多从早期引进的实生结果树选择而来，大果型品种多为'马罕'的实生变异。甚至有从一些表型较好的单株采些枝条进行扩繁后取一个品种名进行大量扩繁推广。即使是一些表现较好的品种尚未建成相应的采穗圃和规模化的良种繁育基地，并持之以恒地开展良种选育工作，导致不同产区的适生品种选择存在困难。一些地区栽培的品种，生长表

现差，产量低，结果晚，相比较于国外的栽培，品种资源的优势和潜力未能得到体现，还有待进一步挖掘。在选择造林品种时，首先选择适合本区域发展的审（认）定的良种，避免不同区域立地条件不同、气候条件不同引起的品种物候性的差异。在选择品种同时，需要考虑配植相应的授粉品种，形成丰产性能良好的品种组进行造林。

3. 开展早实丰产配套技术研究

国内很多单位在薄壳山核桃种质资源收集、良种选育、扩繁技术等方面开展了一些研究工作，但薄壳山核桃的配套栽培技术还很不完善，薄壳山核桃品种多雌雄异熟，雌雄花花期不遇，不能自花授粉，建园时必须配置授粉品种。但有关薄壳山核桃的成花机制、花芽分化与性别调控、雌花促成、矮化机理等方面的基础研究还很薄弱。相应的品种配置技术、树形培育技术、群体结构调控制技术、水肥控制关键技术、病虫害防治技术等远不能满足产业化发展的需要。尽快提出一套完整的薄壳山核桃早实丰产栽培技术措施，并建立早实丰产示范园，是能否将良种推向生产的重要环节。所以充分利用现有的薄壳山核桃品种试验园和示范林基地开展早实丰产试验，包括树形调控技术、授粉树配置等配套技术研究，是一项重要的工作。薄壳山核桃早实丰产技术研究，应当在采用良种的基础上，借鉴国外经验，建立相对集中的果用林基地并实行集约经营管理，特别是整形修剪、施肥、灌溉、林地套种、病虫害防治等管理，达到早实、高产、稳产，获得较高的经济效益。

4. 实行定向培育，完善配套栽培技术体系

薄壳山核桃是集果用、材用、观赏于一体的多用途树种。因此在薄壳山核桃产业化发展过程中必须实行多途开发。作为果用林，收获的主要是果实，配套栽培技术的关键是控制营养生长，促进生殖生长，重点要研究不同品种配置、栽培密度、立地条件、施肥技术、整形修剪技术对树体生长、果实产量、果实品质等指标的影响效果，形成薄壳山核桃果用园配套栽培技术体系。作为珍贵用材林培育，收获的主要是木材，需要系统研究品种选择、立地条件、造林密度、造林模式、肥水管理措施等对单位面积木材产量和质量的影响。目前对薄壳山核桃珍贵用材的品种选择和配套栽培技术还未引起足够重视。南京绿宙薄壳山核桃有限公司每年从大量实生容器苗的培育中，按照1/5000的比例，选出遗传性状好的特级苗，其生物量是平均值的4~5倍，初选出作为薄壳山核桃材用候选苗，按照良种选育的程序进行长期跟踪，目前进展顺利，前景看好，有望选育出具有自主知识产权的速生丰产的材用薄壳山核桃优良品种，如作为观赏树木培育，则重点选择树冠开阔，树干通直的特级苗，力争培育大苗，满足城市绿化的景观需求。薄壳山核桃的资源培育应根据不同的培育目标，筛选出适宜的品种和相应的定向培育模式，形成与之相配套的栽培技术体系。

5. 开展种间种内杂交，培育自主产权品种

国内开展薄壳山核桃品种间杂交，建立杂交群体，选育一批具有自主知识产权的优良品种。美国等国家绝大部分的品种多是经过杂交育种选育获得，也是研发自主品种的主要途径。

薄壳山核桃与山核桃之间相互授粉，能充分发挥山核桃种仁风味佳的优点，克服其果实小、种壳厚的缺点，或者发挥薄壳山核桃壳薄、容易取仁的优点，克服其结果迟、抗病力差的缺点。浙江林学院1971年以来多次用薄壳山核桃花粉给山核桃授粉，不仅坐果率高而且无一例外地表现坚果增大，出仁率提高。在山核桃造林中每亩配植1~2株花期与之配套的薄壳山核桃，不仅能提高山核桃的果实品质，还可以利用薄壳山核桃株间花期差异延长授粉时间，增加授粉机会，在薄壳山核桃'Mahan'等果用林基地，配置种植一定的山核桃，也能提高坐果率和坚果质量。

第二章

薄壳山核桃种苗繁育

第一节　采穗圃营建

采穗圃是以林木品种或优良无性系作为材料，生产遗传品质优良的枝条、接穗或根段的良种基地。一是直接为造林提供种条或种根，二是进一步扩大规模提供无性繁殖材料，用于建立种子园、繁殖圃或培育无性系苗木。在经济林生产中，主要通过嫁接进行繁殖，需要大量的接穗，直接从优树上采集，不仅困难，而且能提供的数量有限，还会影响优树的生长与结果。为了能持续不断提供大量来自优树的种条，必须建立采穗圃。建立采穗圃的优点具体如下：①采穗圃母树都是经过选优的，所提供接穗的遗传品质能够得到保证；②通过采穗圃母树的修剪、整形、施肥等措施，接穗生长健壮、充实；③采穗圃集约经营，可以在短期内满足大量接穗的需要，生产成本较低；④集约经营，病虫害的发生也比较容易控制；⑤采穗圃一般设立在苗圃地或者附近，可适时采条，避免接穗的长途运输和贮存，有利于提高嫁接成活率，又可节省劳力。开展大规模嫁接育苗，构建良种采穗圃是必要过程。薄壳山核桃营建良种采穗圃最常用的方法有三种：一是利用健壮的良种嫁接苗营建采穗圃；二是实生大苗造林后改接营建采穗圃；三是采用大树高接营建采穗圃。

一、采穗圃营建技术

1. 立地选择

薄壳山核桃的采穗圃应选择交通方便，水源好，无环境污染，易于耕作的农田或平缓坡地。一般选择地势开阔平坦，光照长的阳坡或半阳坡，以及排水良好的山脚、平地、缓坡地、退耕地等地方。土壤要疏松肥沃、质地优良，土壤层厚度要求1m以上，且通气性和持水性能良好，土壤的pH5.5～7.0。

2. 规模和品种

营建采穗圃时，一定要选择经过省级以上审（认）定的薄壳山核桃良种，根据良种苗繁育的数量需求来确定采穗圃面积的大小。枝接按100kg接穗嫁接1.5万株苗进行测算。

3. 整地

圃地要做到平整、疏松、土碎、无杂物。四周要开好排水沟，做到中沟浅，边沟深，确保雨停后沟内不积水。此外还要施入足量的底肥，确保土壤营养丰富。为防治地下害虫对根系的危害，可以将适量辛硫磷颗粒剂拌入细土施入种植穴。

4. 抚育管理

无论是选用良种嫁接苗直接营建，还是实生苗造林后高接营建，株高约1m时定干或摘心促萌，选留分布均匀的3～4个芽作为一级主枝培养，拉枝呈约45°角。第2年一级主枝长约60cm时摘心促萌，每枝选留分布适当的3个一级侧枝，培养成节间短、粗壮的穗条。次年早春采穗后保留约15cm的枝桩，继续选择分布均匀的3～4个二级侧枝，培养成节间短、粗壮的穗条。以后如此循环。若干年后，枝条萌动前从一级侧枝桩端截枝促萌更新，除保留枝、芽外，其余全部抹除。每年冬季挖地一次，深15～20cm，株施栏肥15kg，沟施复土；每年5～9月锄草4次，结合撒施复合肥，每次每株100g，第3～4次每次每株增加磷、钾肥50g，使穗条充实，适时浇水，保持土壤湿润。定植后要加强管理，应有专人管护，防止人畜践踏和害虫的破坏。

5. 病虫害防治

主要病虫害有褐斑病、赤斑病、枝枯病和蚜虫。发现病虫危害，及时有针对性地喷70%甲基托布津800～1000倍液，或50%丛菌硫可湿性粉剂500～600倍液，或使百克500倍液，或蚜虱净乳油1000～1500倍液。一般连续喷雾防治3次，间隔一周，效果好。尽量减少穗带病菌和虫卵，保证嫁接苗健康。

6. 穗条采集与保存

薄壳山核桃枝接接穗采集在枝条休眠后进行，一般在当年12月上旬至翌年2月均可。选取优良品种的健壮母树，采集树冠外围生长发育充实健壮、髓心小、充分木质化、无病虫害、芽体饱满、枝条粗细适中的接穗，剪取后对母树剪口进行涂抹保护，减少伤害。接穗按品种分别采集，采集后放阴凉处晾干，再用800～1000倍液万霉灵或甲基托布津喷洒，待穗条的农药蒸发，用石蜡封口，每30～50根1捆，用塑料薄膜密封，挂上品种标签（图3-1），贮藏于0～5℃冷库备用；在自然条件下也可在阴凉处用湿沙贮藏，避免枝条失水。芽接的穗条一般随采随用，通常在8～9月份选取当年生已木质化的健壮枝条，接穗剪取后，及时剪去叶片，仅留叶柄，用湿布包裹，做好保湿降温工作。采集过久的枝条，不宜嫁接，以免影响嫁接成活率。

7. 档案管理

做好采穗圃的规划设计、品种汇总、实施记录、重大事件调

图3-1 穗条处理

查处理、年终总结等工作。将品种登记表、嫁接株数、成活率、保存率、成活株高度及基部粗度和病虫害情况进行详细记录；将穗条数量和质量、嫁接株数及其成活率、苗木质量、造林成活率和保存率、生长状况、病虫害情况等作为档案进行保存。

二、采穗圃营建模式

1. 良种嫁接苗造林营建

每年2~3月，选用1（2）-0（1年干2年根未经移植）或1（2）-1（2年干3年根移植1次）生长健壮的良种嫁接苗，种植前先修根，将过长的根剪短，苗木主根的切口要剪平滑，剪去受伤根。解去接口包扎薄膜，然后用100mg/L的生根粉液或吲哚丁酸液（1g生根粉或吲哚丁酸用适量酒精溶解后，加入10kg的水可配制而成）浸根1~2h再种植。种植穴的规格为（0.8~1.0）m×（0.8~1.0）m×（0.8~1.0）m。种植穴内放入厩肥后，将钙镁磷肥和复合肥均匀撒在厩肥上和塘周围挖出的土上，然后回填表土至穴深的一半，拌匀，再回表土20~25cm，做好栽前表土回填工作。种植时把苗放于穴中心，扶正，回填表土至略高于地面，用手捏住苗木的嫁接口下部向上轻提，使根系舒展，根茎与地面齐平，再把土踏实，浇透定根水。表面再回填约10cm的生土，做成直径约70cm四周高中间低的树盘。定植后的嫁接苗嫁接口要露出地表，不要埋入土内。营建密度为4m×4~6m。栽好后，每个品种挂上标签，并画好种植图。优点为省时省力，集中管理方便；但当良种数量较多时，容易混乱，如果管理不当，因植物死亡缺株，给后期补植带来麻烦。

2. 实生苗定植后嫁接

2~4年生实生大苗造林，造林方法与种植密度同嫁接苗直接营建，80cm处定干促进分支，培育1~2年后高位嫁接，同一株砧木上嫁接相同品种接芽2~3个，同一行或成片为相同品种，每株挂上标签，并画好种植图。常用的嫁接方法为枝接，嫁接时间为每年的2~3月树液流动前嫁接；优点为管理方便，成活率高，穗条产出量大，成林快；缺点是嫁接费工费时。

3. 大树高接营建

当有一定数量的实生苗大树或其他品种的大树，可以采用高接的方式营建良种采穗圃。由于大树定植株行距在8~10m，高接时同一株树上根据大枝的分布情况，一般直径在3cm以上接2~3个接穗，3cm以下接1~2个接穗。同一行或成片为相同品种，并每株苗挂上标签，并画好种植图。常用的嫁接方法为插皮接，大树高接营建采穗圃的优点是接穗生长量大，枝条粗壮，一般高接第2年即可采穗。缺点是嫁接操作困难，成活率相对较低，管理成本高。

第二节 砧木培育

一、播种育苗

1. 裸地育苗

（1）种子采集

薄壳山核桃果实成熟后，外果皮开裂，坚果自然脱落。种子（坚果）于9月下旬至10月下旬大量成熟，当外果皮颜色由深绿色变为淡黄色，10%~30%的果实外果皮开裂时采收。种子的好坏直接影响到育苗的成败，也影响到苗木的质量。因此，种子采集应选择生长健壮、无病虫害、丰产稳产、适应性强、含油量高、出仁率高等综合性状表现良好的母树，并要及时拣除受伤、空瘪、病虫种粒。由于隔年种子的发芽率会大大降低，因而春播用的种子宜是当年采收的成熟饱满坚果。薄壳山核桃种子的大小差异较大，宜选120~130粒/kg的种子为宜。

（2）种子处理

果实采收后堆积于室内，阴凉处摊晾3~5d，待外果皮多数裂开后，取出种子（不易放在水泥地面、石板或铁板上暴晒，以免影响种子活力），挑选出成熟饱满的坚果，置于室内通风处贮藏备用。薄壳山核桃种子的播种季节分冬播和春播，冬播时间在11月至翌年的1月，春播为2~4月。冬播时将经浮选后的种子阴干后直接播于苗床。春播时最好在室内摊晾3~4d，用0.5%高锰酸钾溶液浸种2h，用清水冲洗后沥干，用湿河沙贮藏，沙子与种子分层混藏，底层沙厚度10~15cm，两层种子之间沙厚度5~6cm，顶部沙厚度15cm。沙的湿度以手捏成团，松开即散为标准。贮藏后需定期（20~30d）检查沙的湿度，检查时应将种子筛出，调整好沙的湿度后再将种子重新分层贮藏。发现有霉烂的种子应拣出。层积沙藏的不宜放置于有阳光直射的地方。播种前20d，进行增温催芽，可将种子放在排水良好、地势平坦的地面上设置沙床，床高0.20m、宽1m，长度因地制宜。在沙床内垫厚约15cm的清洁湿河沙，把经沙藏的种子均匀撒在沙子上面，以种子不重叠为宜，再盖上5cm厚的清洁河沙，浇透水，地膜覆盖或盖上塑料小拱棚保温保湿，每2d翻动一次。当种子胚根破壳露白时，即可将其点播到育苗地或容器中，未破壳种子继续催芽。

（3）圃地选择与整地

圃地应选择交通便利、地势平坦、土壤肥沃、背风向阳、水源充足、土层深厚、排灌畅通、土层厚度1m以上、地下水位1.5m以下、土壤疏松透气、pH 6~8的壤土、沙壤土或轻壤土。偏酸的土壤每亩施熟石灰50~100kg。育苗前应细致整地，包括翻耕、耙地、平整。宜在秋末至冬初深翻，深度25cm以上；翌年早春浅耕细耙，深度20cm以上。坡地育苗整地应在主要杂草种子成熟前翻耕；育苗地前茬是农作物的，整地前应浅耕灭茬。育苗前应结合整地，使用50%辛硫磷按$2g/m^2$混拌少量细土撒于土壤表面和95%敌克松粉剂350g兑水50kg均匀喷施表面进行土壤杀虫和灭菌处理。基肥以有机肥为主，每$667m^2$应施腐熟的农家肥1000~2000kg，偏碱的土壤加施磷肥20kg，结合整地均匀施入深土层中。苗床宽100~120cm，步道宽40~50cm，长度随地形而定，床面高出步道15~25cm，苗床两侧应拍实。圃地应进行轮作，不宜重茬。

（4）播种

春季播种宜在2月中旬至3月上旬进行。播种可采用开沟点播的方法，沟距25~30cm，种子间距10~15cm。挑选经过催芽处理，已开裂或露白的种子播种。播种时胚根朝下，播种深度为2~3cm，覆土后立即灌1次透水，并覆盖秸秆等透气性好的材料保湿，以后要及时浇水，保持土壤湿润。冬播种子无需储藏，播种时种子平放，种尖朝向一致，播种深度为3~4cm，覆土后浇水，及时用塑料小拱棚、地膜或稻草覆盖。

2. 容器育苗

（1）种子采集

采集9月下旬至10月下旬充分成熟的种子，要求种子饱满无病虫害，选用大小适中、120~130粒/kg的种子作为播种种子为宜。

（2）种子处理

种子处理同裸地育苗。如果育苗条件允许，冬季大棚内的温度能控制在15℃以上，可以考虑秋季催芽育种，秋季种子采摘后，阴干，表面进行杀菌后（具体操作见裸地育苗种子处理），再晾干；用催温床或加温设备进行催芽，常用地面辅电热丝，覆盖毛毯，种子用湿锯末保湿，25℃进行催芽，每周翻动一次，等种子发芽后，每2d翻动一次，将已露白1cm以上的种子挑选出来直接进行播种。秋季大棚育苗的优点是幼苗出土早，苗木生长期延长，可将育苗时间控制在1年内完成。

（3）温室大棚

大棚应设在避风向阳、地势平坦、靠近水源、交通电力方便的地方。采用活动式单栋或联体钢架拱形大棚，脊高2.5~3.0m，跨度6~8m，长度依据地形而定。棚内设置步道，步道宽度30~40cm，间距1.2~1.5m。如果需要秋季催芽育苗，最好有棚内增温设施，并棚内覆双层膜进行保温，并带有降温保温的措施。

（4）播种

采用无纺布或塑料容器，容器高18～20cm，上口直径14～16cm。基质选用混合土：壤土5份、泥炭土3份、珍珠岩或稻壳1份、腐熟农家肥1份，每立方米配方土加缓释肥2～3kg。用70%五氯硝基苯粉剂与80%代森锌粉剂以1∶1比例混合配制成"五代合剂"处理营养土，按每立方米60～100g，配制成30倍份的"药土"，均匀拌入营养土中，进行杀菌处理。容器装土要松紧适当，营养土距袋上口1cm。穴盘育苗的种子需经过催芽，容器培育按每容器1粒种子播种，播种时胚根朝下，基质覆盖种子厚度为2～3cm，期间每一周用杀菌剂进行喷施，并保持基质湿度约70%，约一个月种子发芽破土。

二、扦插育苗

扦插育苗是利用植物营养器官能产生不定芽和不定根的特性，将根、茎、叶、芽的一部分或全部作为插穗，插入基质中，在适宜的环境条件下，使其生根、发芽，形成一个完整、独立新植株的方法。繁殖材料充足，产苗量大，成苗快，开花早，能保持品种的优良特性。薄壳山核桃不仅可以用种子直接播种培育砧木，也可以用硬枝扦插来培育砧木或良种壮苗。对于胡桃科植物来说，由于枝条内单宁含量高，扦插生根较困难，但薄壳山核桃硬枝扦插成活率可达80%以上。

1. 插穗的选择

影响扦插成活率的关键在于插穗生根，插穗的生根能力受母树遗传特性和生长条件影响很大，即使是同一母树，插穗年龄不同扦插成活率存在明显差异。相同树种、品种，插条生根能力随母树年龄的增加而降低，母树年龄愈大则生根率愈低。生根能力随母树年龄增加而下降的程度，因树种或品种不同而不同，生根难的树种下降得更快。随母树年龄的增加插穗生根能力下降主要有两方面原因，一方面是生根所必需的物质减少，另一方面阻碍生根的物质增多，特别是酚类含量升高。相同母树相同年龄的枝条，其不同部位也影响生根，通常情况下，枝条下部粗壮，木质化程度好，但芽小且发育不良；枝条上部则细弱，木质化程度低，贮存的营养物质较少，且根原基数量也少；枝条中部不仅粗壮，而且芽饱满，贮藏营养丰富，生活力强，生根、发芽都比较容易。因此枝条的下部和上部的插穗生根率较低，中部扦插成活率较高。插穗的规格（即指插穗的粗度、长度）对扦插生根的影响因树种而异，不同粗度的插穗所含的养分不同，插穗过粗或过分老化，分生能力弱；插穗过细，养分积累少。插条的生根能力在一定范围内随着插穗长度的增加而增强，当超过一定长度时生根率会急剧下降；插条过短，插条储存的养分物质不足以维系其生根和展叶；插条过长，由于保留芽较多导致萌发后蒸腾需水过多而供水不足，或因扦插过深导致插条基部易于腐烂而不利于生根。

2. 扦插环境

除了插条本身的内在因素和激素影响生根外，外在的环境因素也是插穗成活的关键，大量实践发现，影响扦插繁殖最重要的环境因素包括扦插基质、水分、温度和光照等。硬枝插条生根期间，土壤温度略高于气温利于插穗生根成活，适宜的温度有利于愈伤组织的形成和根的分化。一般树种插条从10~15℃开始生根，最适温度多在20~25℃，大多数树种在25℃时随温度的升高生根活动逐渐增强，但同时病原菌侵入也在加剧，当温度达到30℃时，生根活动开始减弱或正好保持稳定，当温度超过30℃时，插穗受病原菌侵入加快，成活率显著下降。

光照能够直接促进插穗内植物生长激素的合成以及光合作用的进行从而为扦插生根提供有利的条件。一般地，30%~50%的透光量较为合适，过度的遮阴可能会引起黄化现象，造成叶片的脱落；反之，光照过强，叶片蒸腾加强导致失水过多，水分代谢失调导致扦插苗枯萎。同时光照直接影响地表升温，因此光照过强对插穗生长不利，所以当阳光强烈时应覆盖遮阴网。

3. 插穗采集与处理

插穗切口的形状也会影响生根率，要根据树种的不同而定，一般采用插穗上切口在芽上端平剪，下切口在芽下方斜切或切成不同形状，促进切口吸水以及产生愈伤组织并生根。用生长激素处理插穗是提高插穗成活率的主要方法。生产中常用的生长激素有吲哚乙酸（IAA）、吲哚丁酸（IBA）、α-萘乙酸（α-NAA）、ABT生根粉等。薄壳山核桃硬枝扦插在12月至翌年3月间进行，采集结果母树生长健壮、无病虫害的1年生枝条，喷施500倍的多菌灵消毒液后放阴凉处晾干2~3d，切口处用石蜡：蜂蜡=10：1的质量比混合液封口，然后用塑料薄膜包裹，在4℃环境中冷藏备用；扦插进行前将枝条剪成长10~15cm的插穗，切口上平下斜，确保每一段插条上有2~3个饱满的芽，上切口在芽上方1~2cm处。采用激素浸泡或速蘸处理插穗；不同浓度IBA（0、75、150、225和300mg/kg）和NAA（0、75、150、225和300mg/kg）配成25种激素浓度组合进行浸泡处理，将0.8L混合液倒入直径为15cm的塑料盆中，将插穗30株一扎捆好直立放入溶液中，使溶液没过插穗基部3cm处，浸泡12h；将不同激素IBA（0、600、900、1200和1500mg/kg）和NAA（0、600、900、1200和1500mg/kg）配成25种激素浓度组合进行速蘸处理，使溶液没过插穗基部3cm处，速蘸20~30s，速蘸后立即进行扦插，如图3-2。

图3-2 插穗茎段和浸泡处理

4. 扦插苗床准备

（1）裸地扦插

将田土翻耕，用500倍多菌灵消毒，然后做成宽1.5m、高25cm的畦，畦土中再拌入珍珠岩和蛭石（畦土∶珍珠岩∶蛭石=4∶1∶1）重新翻耕，整平，盖膜，扦插前畦沟内灌水，保持畦土湿润，便于扦插。

（2）设施基质扦插

在大棚内，以泥炭、蛭石、珍珠岩、粒径2~3mm的山核桃外果皮粉末按照5∶3∶1∶1（体积比）混合均匀后作为基质，扦插床长宽高为25m×1.5m×0.25m，多菌灵500倍液消毒后盖膜，扦插后保持基质湿润。

5. 扦插方法及成活率统计

采用直插法，扦插深度为插穗的2/3~3/4，株间距为10cm，行间距为15cm，基质浇透水、压实后扦插。

根据本课题组研究，薄壳山核桃硬枝扦插生根率1年生插条高于2年生插条；浸泡处理，棚内扦插成活率超过60%，裸地扦插成活率超过50%（图3-3）；速蘸处理，棚内扦插成活率超过80%，裸地扦插成活率约60%（图3-4）。

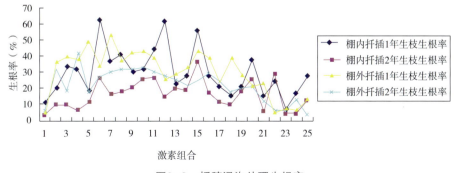

图3-3 插穗浸泡处理生根率

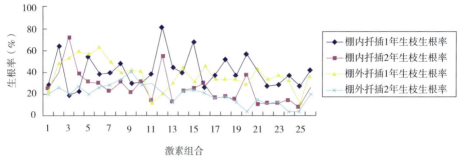

图3-4 插穗速蘸处理生根率

扦插后25d大多数插穗基部没有变化，少数插穗伤口愈合，形成愈伤组织，或在下切口上部2~3mm处出现愈伤组织（如图3-5，图3-6），但芽长势良好。插后35d，叶展开，基部发生大量愈伤组织。扦插45d后，插穗的末端1cm的范围内出现乳白色的突起幼根，幼根突破表皮，部分芽出现萎蔫现象。有少数插穗扦插40d后，根长至约1cm，扦插45d后幼根的长度长到3~5cm。通过观察，薄壳山核桃不定根的形成可划分为3个阶段，即：根的诱导阶段（0~25d）、表达阶段（25~40d）和伸长阶段（40~55d）。

薄壳山核桃插穗的横切面包括表皮、周皮、皮层、韧皮部、形成层和木质部。薄壳山核桃生根过程的解剖学观察表明，插穗内未见原生根原基，因此薄壳山核桃不具有潜伏根原基，其不定原始体属诱生根原始体。扦插后先在形成层部位生成愈伤组织，愈伤组织形成之后，在愈伤组织内部分化出根原始体，根原始体进一步生长发育伸出体外形成根，因此薄壳山核桃生根属愈伤组织生根型。

25d　　　　　　　　　35d　　　　　　　　　45d

图3-5 插穗生长过程形态变化

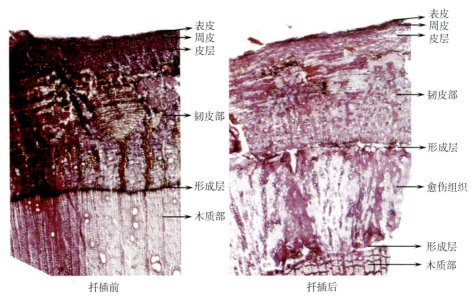

图3-6　薄壳山核桃扦条切口下端横切面

三、苗期管理

1. 裸地育苗管理

薄壳山核桃苗木出土后，为防高温灼伤苗木，在晴天中午前后，从两端或侧面掀开拱膜通风换气，以降低棚内温度。待苗高15～20cm时，及时拆除拱棚，以免灼伤苗木影响生长。幼苗生长过程中加强田间管理，是培育健壮优质苗的关键。苗木的田间管理主要按以下方法进行：一是幼苗出齐后，叶片完全展开，进入旺盛生长期，灌溉少次多量，每5～6d灌溉1次，每次要浇透。灌溉宜在早晚进行。夏季多雨时要及时排水。二是松土除草。薄壳山核桃小苗生长较慢，圃地易滋生杂草，按照"除早、除小、除了"的原则及时除草。宜在雨后或灌溉后进行，生长盛期松土，初期宜浅，后期稍深，以不伤苗木根系为准。苗木硬化期，不宜松土除草。三是施肥。在4月中旬时就可以施一定量的复合肥，等到苗木进入速生期时，就要结合灌溉追施适量的速效肥。5～8月间每15～20d撒施少量复合肥。同时，要避免单一施用氮肥，9月份以后，不再施肥，控制灌水，促使苗木木质化。四是要防止鸟类的危害和病虫害。

2. 容器育苗管理

容器苗出土后，要保持棚内的温度与湿度，6月以后，要采取搭遮阴网或揭膜等降温措施，棚内温度要控制在35℃以下，温度上升到25℃以上时，要揭除塑料拱棚。如果是秋季播种，待种子出土后，棚内温度保持在15℃以上，维持幼苗生长。

容器苗在生长过程中每隔两周喷施500倍的多菌灵。5月中旬追施尿素1次，每亩用量5～10kg，6月中旬追施尿素1次，每亩用量10～15kg，7～8月追施磷钾肥2次。除草可视具体情况进行2～4次，应与施肥灌水结合进行，浇水情况视基质干燥情况而定，当基质表面较为干燥时，适时浇透水。秋播的容器苗，于翌年4月份移至大容器内继续生长，9月份地径大于0.8cm就可以用于芽接培育嫁接苗。

3. 扦插育苗管理

扦插后搭建塑料小拱棚增温，保持在25～28℃为宜，6月以后，要采取搭遮阴网或揭膜等降温措施，棚内温度要控制在30℃以下，温度上升到25℃以上时，要揭除塑料拱棚。扦插后每隔两周喷施500倍液的多菌灵杀菌液。5月中旬追施尿素1次，每亩用量5～10kg，6月中旬追施尿素1次，每亩用量10～15kg，7～8月追施磷钾肥2次。中耕除草可视具体情况进行2～4次，应与施肥灌水结合进行。

4. 苗期主要病虫害管理

苗期常见的病害有根腐病、黑斑病、炭疽病、褐斑病、灰霉病、枝枯病等，常见虫害有金龟子、星天牛、黄缘绿刺蛾、核桃扁叶甲、核桃小吉丁、核桃举肢蛾等，主要病虫害防治方法见表3-1。

表3-1 薄壳山核桃种苗期主要病虫害种类及防治方法

病虫名称	危害部位或症状	适防期		防治方法	使用药剂	使用浓度	注意事项
		幼虫	成虫				
蚜虫	刺吸叶芽和嫩枝	4月初		喷雾 喷雾	5%吡虫啉 苦参碱	1：1000～1500 1：1000	喷雾时避免药剂进入口鼻
地下害虫（小地老虎、蛴螬）	咬断植物主侧根，苗木枯萎	4～10月		浇灌 饵料诱杀 灯光诱杀	25%根虫净 50%辛硫磷乳剂 炒菜饼、甘蔗渣拌10%吡虫啉可湿性粉剂或40%毒死蜱乳剂	500～1000倍 1：1000 10：1	早、晚 —
根腐病	根系腐烂发黑	4月中旬～6月下旬		灌根 病区边缘开沟隔离，沟内撒石灰	根腐灵 15%三唑酮可湿性粉剂	1：300 1：400～500	及时排水
立枯病	种芽腐烂，茎叶枯萎，幼苗猝死	4～5月		喷雾，并及时排水	根腐灵	1：400	每周施1～3次

第三节 组织培养育苗

由于自然杂交,后代性状发生分离,不能保持母本优良性状,导致后代性状良莠不齐,薄壳山核桃良种苗繁殖主要以传统的扦插和嫁接繁殖为主。通过器官发生途径对薄壳山核桃进行组培快繁,可以保持薄壳山核桃的优良性状,加快薄壳山核桃良种规模化育苗。通过体细胞胚胎发生途径可以应用于薄壳山核桃砧木苗规模化快繁,以及抗逆砧木遗传转化体系构建等。

Yates(1990)和Ahmed(1990)以薄壳山核桃幼胚作为外植体,研究了影响幼胚发育成完整植株的内外影响因子,如品种、胚发育时期、激素等,发现以胚乳处于液态时期的幼胚为外植体诱导率较高,且生长素或者生长素和细胞分裂素组合比单独使用细胞分裂素效果好。在薄壳山核桃体胚组织培养研究中,发现激素类型和采样时间均对体胚萌发产生影响,在自然授粉15周后,体胚的诱导率最高。Adriana在薄壳山核桃体胚萌发试验中以WPM为基本培养基并添加适量组合的植物生长素和细胞分裂素促进体胚诱导,在诱导几周后,再转入不添加任何植物激素的WPM培养基中,结果获得大量的次生胚,并诱导萌发形成植株。研究发现1/2WPM和1/4WPM是薄壳山核桃生根最佳培养基,1.0mg/L IBA和1.5mg/L $AgNO_3$ 促进根的形成。以下介绍薄壳山核桃组织培养技术的基本过程。

一、薄壳山核桃无菌茎段获得

将种子放置于培养基质(沙与土比例为1∶1)中培养,在驯化室23℃的条件下进行催芽,每天浇一次水,经过1周后,种子萌发形成植株(图3-7),萌发长至10~15cm,去除叶片,剪取2~3cm的带芽茎段作为外植体(图3-8)。

图3-7 萌发植株

图3-8 带芽茎段

二、薄壳山核桃无菌茎段诱导不定芽增殖

1. 不同消毒时间对不定芽启动培养的影响

带芽茎段经流水漂洗3h，在无菌操作台用75%酒精消毒30s，无菌漂洗3遍，采用10%次氯酸钠不同消毒时间处理后接入启动培养基。研究发现，不同消毒时间对细的薄壳山核桃带芽茎段的污染率和成活率有显著影响（表3-2）。10%的次氯酸钠消毒10min、15min、20min对不定芽的成活率和污染率有显著性差异，但消毒10min、20min对不定芽的影响差异不显著；消毒20min，污染率较高，成活率较低，且诱导出的不定芽较为细弱，长势差。消毒15min的茎段污染率最低，成活率最高，20d以后多数不定芽生长健壮。消毒10min，污染率较高，成活率较低。因此，用75%酒精消毒30s，再用10%的次氯酸钠消毒最佳时间为15min。

表3-2 不同消毒时间对细的薄壳山核桃单芽茎段诱导不定芽的影响

消毒时间（min）	外植体个数（个）	污染率（%）	成活率（%）
10	600	28.9±1.2a	35.6±2.4b
15	600	24.3±2.0b	55.5±9.4a
20	600	29.0±1.5a	24.0±2.5c

注：细的带芽茎段直径约为0.2cm。小写字母不同表示在$P=0.05$水平上具有显著性差异，下同。

不同的消毒时间对粗的薄壳山核桃带芽茎段的污染率和成活率有显著影响，由表3-3可知，对于薄壳山核桃单芽茎段来说，消毒10min、15min、20min对不定芽的成活率和污染率有显著性差异，但消毒15min、20min对不定芽的影响差异不显著。其中先用75%酒精消毒30s，再用10%次氯酸钠消毒15min和20min的污染率最低，但消毒15min的成活率最高，腋芽生长健壮，叶片展开较好，芽可伸长至约2cm，反之，消毒20min成活率较低；用75%酒精消毒30s，再用次氯酸钠消毒10min，污染率最高，且多为细菌污染，成活率最低，且芽纤细，褐化较多，长势较弱。

表3-3 不同消毒时间对粗的薄壳山核桃单芽茎段诱导不定芽的影响

消毒时间（min）	外植体个数（个）	污染率（%）	成活率（%）
10	600	40.4±3.6a	30.3±4.2b
15	600	32.4±1.6b	47.7±3.5a
20	600	32.4±1.5b	33.0±1.6b

注：粗的带芽茎段直径约为0.4cm。

2. 基本培养基对不定芽诱导的影响

以MS、DKW、改良WPM（除去谷氨酰胺）为基本培养基，附加不同浓度的生长素和细胞分裂素，研究其对不定芽诱导率及平均芽长的影响，结果表明，不同培

养基对于不定芽诱导影响有显著性差异，MS对不定芽诱导率显著低于其他两种培养基，改良的WPM和DKW诱导产生的丛生芽最多，两者间差异不显著。三种培养基对不定芽诱导率由高到低依次为DKW、改良WPM和MS。三种培养基诱导的不定芽的长度由长到短依次为改良WPM、DKW和MS，MS和DKW间平均芽长差异不显著，改良WPM芽长最长（表3-4，图3-9）。综合考虑不定芽诱导率和平均芽长，改良WPM是薄壳山核桃不定芽诱导的最佳培养基。

表3-4 基本培养基种类对于不定芽诱导的影响

培养基种类	外植体数（个）	产生不定芽外植体数（个）	不定芽诱导率（%）	平均芽长（cm）
MS	60	6	10.0±5.0b	0.16±0.06a
改良WPM	60	41	68.3±0.20a	0.23±0.05a
DKW	60	45	75.0±0.13a	0.18±0.01a

图3-9 不同基本培养基对薄壳山核桃不定芽的诱导和芽长
（自左向右依次为改良WPM、DKW和MS）

3. 植物生长调节剂对不定芽诱导的影响

选择诱导不定芽效果最佳的改良WPM作为基本培养基，添加不同浓度的6-BA（1.0mg/L、2.0mg/L、3.0mg/L）和IBA（0.1mg/L、0.05mg/L），研究植物生长调节剂对不定芽诱导的影响，结果表明植物生长调节剂种类及其配比对薄壳山核桃不定芽诱导率无显著性差异，但对平均芽长有差异性显著（表3-5）。在6种不同处理中，2.0mg/L 6-BA+0.05mg/L IBA对于不定芽的诱导效果最佳（图3-10），且当IBA浓度为0.1mg/L时，6-BA浓度超过1.0mg/L

图3-10 6种不同植物生长调节配比的植物生长状况

时，随着6-BA浓度的降低，不定芽的诱导率降低；当IBA浓度为0.05mg/L时，诱导率随着6-BA浓度的降低而增加，当6-BA浓度达到2.0mg/L时，诱导率最高，达到76.3%；当IBA浓度为0.1mg/L时，不定芽的平均芽长随着6-BA浓度的降低而降低，当6-BA浓度降低到1.0mg/L时不定芽的长度最低，生长势较弱，叶片小，且不展开；当IBA浓度为0.05mg/L，随着6-BA浓度的增加，不定芽的平均长度增加，当6-BA浓度达到2.0mg/L时，不定芽的平均长度达到最大，叶片正常展开。

表3-5 植物生长调节物质对不定芽诱导的影响

序号	6-BA（mg/L）	IBA（mg/L）	外植体数（个）	产生不定芽的外植体数（个）	不定芽诱导率（%）	平均芽长（cm）
1	3.0	0.1	60	41	68.3±0.24ab	0.18±0.02b
2	2.0	0.1	60	37	61.6±0.21ab	0.21±0.02b
3	1.0	0.1	60	32	53.3±0.16b	0.18±0.04b
4	1.0	0.05	60	45	75.0±0.15ab	0.24±0.06b
5	2.0	0.05	60	55	91.6±0.57a	0.39±0.06a
6	3.0	0.05	60	39	65.0±0.25ab	0.18±0.06b

4. 不同碳源物质对不定芽诱导的影响

碳源对不定芽的诱导也有一定的影响，组培常用的碳源物质有蔗糖和葡萄糖，但薄壳山核桃茎段萌发的试验发现，两种碳源物质对于芽的诱导效果不一样。以改良WPM培养基为基本培养基，添加2.0mg/L BA和0.05mg/L IBA，发现30g/L葡萄糖和30g/L蔗糖两种碳源物质不定芽诱导有显著性差异（图3-11）。

图3-11 碳源物质对不定芽诱导的影响

由表3-6可知，30g/L葡萄糖和30g/L蔗糖两种碳源物质对不定芽诱导的诱导率与平均芽长的都有显著性差异。添加30g/L蔗糖的培养基中不定芽的诱导率与平均芽长均较高，比30g/L葡萄糖中生长势好，茎秆较高。因此，蔗糖对薄壳山核桃不定芽诱导更为有利。

表3-6 碳源物质对不定芽诱导的影响

处理	外植体个数（个）	产生的外植体个数（个）	不定芽诱导率（%）	平均芽长（cm）
30g/L葡萄糖	60	20	33.3±7.6b	0.31±0.032b
30g/L蔗糖	60	55	91.6±5.7a	0.65±0.25a

三、薄壳山核桃茎段诱导不定芽增殖培养

以WPM为基本培养基,将初代培养中获得的不定芽从基部切下,在无菌条件下接种在添加了不同浓度的TDZ(0.05mg/L、0.1mg/L、0.15mg/L、0.25mg/L和0.5mg/L)、GA_3(1.0mg/L和2.0mg/L)和NAA(0.05mg/L和0.1mg/L)中,每15d观察一次,培养35d后统计不定芽的个数以及芽长。

不同植物生长调节剂组合对薄壳山核桃不定芽增殖影响差异极显著(表3-7),当NAA为0.05mg/L,GA_3为1.0mg/L,TDZ为0.1mg/L时,增殖率达到2.4,平均芽长为1.53cm,并且随着TDZ浓度的升高,增殖率降低,在TDZ浓度达到0.1mg/L时,不定芽增殖率最高,芽长也随之增长。TDZ作为有效的细胞分裂素,具有良好的诱导不定芽形成的能力,但是浓度过高会抑制不定芽的增殖,因此在薄壳山核桃茎段诱导不定芽的过程中,以低浓度的TDZ为宜。NAA作为生长素可以促进不定芽的伸长生长,当NAA浓度为0.05mg/L时,芽的长度均在1cm以上,且当NAA为0.05mg/L,GA_3为1.0mg/L,TDZ为0.1mg/L时不定芽长度达到最大1.53cm,不定芽生长健壮,芽长伸长明显;GA_3可以促进植物叶片展开,促进植物茎秆的伸长,但是GA_3浓度过高会抑制不定芽的增殖和芽长,在本实验中运用GA_3为1.0mg/L时,不定芽的增殖个数及芽长达到最大,随着浓度增长到2.0mg/L时芽数及芽长均降低,但是对于以上三种激素之间对于不定芽增殖的效果,有必要进行进一步研究。

表3-7 不同激素对薄壳山核桃不定芽增殖的影响

处理	NAA (mg/L)	GA_3 (mg/L)	TDZ (mg/L)	外植体数 (个)	增殖芽数 (个)	平均芽长 (cm)
1	0.05	2.0	0.05	60	91	1.25±0.29
2	0.05	2.0	0.1	60	109	1.20±0.35
3	0.05	2.0	0.15	60	105	1.21±0.21
4	0.05	2.0	0.25	60	98	1.45±0.15
5	0.05	2.0	0.5	60	101	1.40±0.29
6	0.05	1.0	0.05	60	98	1.50±0.18
7	0.05	1.0	0.1	60	144	1.53±0.25
8	0.05	1.0	0.15	60	63	1.0±0.39
9	0.05	1.0	0.25	60	101	1.15±0.17
10	0.05	1.0	0.5	60	90	0.98±0.14
11	0.1	2.0	0.05	60	83	1.5±0.25
12	0.1	2.0	0.1	60	93	0.9±0.54
13	0.1	2.0	0.15	60	77	1.0±0.14

（续）

处理	NAA （mg/L）	GA$_3$ （mg/L）	TDZ （mg/L）	外植体数 （个）	增殖芽数 （个）	平均芽长 （cm）
14	0.1	2.0	0.25	60	98	1.2±0.25
15	0.1	2.0	0.5	60	113	0.98±0.29
16	0.1	1.0	0.05	60	113	1.27±0.40
17	0.1	1.0	0.1	60	106	1.31±0.18
18	0.1	1.0	0.15	60	85	1.46±0.21
19	0.1	1.0	0.25	60	93	0.84±0.29
20	0.1	1.0	0.5	60	92	0.80±0.33

四、薄壳山核桃体细胞胚诱导

1. 基本培养基对薄壳山核桃体细胞胚诱导的影响

基本培养基可以为植物生长发育提供足够的能量与元素，由于不同的树种对于营养元素的要求不同，因此，选择适宜的培养基对于薄壳山核桃的体胚发生是至关重要的。将2012年8月份采集的薄壳山核桃幼胚分别接种在改良WPM培养基和MW培养基上，添加6-BA 0.25mg/L和2,4-D 2.5mg/L，比较两种培养基对于体胚诱导的影响，结果如表3-8所示：MW和改良WPM两种培养基对薄壳山核桃幼胚体胚诱导有显著性差异。MW培养基的诱导效果明显优于改良WPM培养基，诱导率高达76%，改良WPM培养基诱导率只有34%。因此，MW培养基更适合薄壳山核桃体胚诱导。接种在WPM培养基上的体胚在培养2周后子叶开始膨大同时诱导出的次生胚较少，且褐化较严重。接种在MW培养基上的幼胚在生长2周后，发现子叶上诱导出的次生胚较多，且褐化不严重，膨大的子叶褐化部分褐化呈现暗黄色（图3-12）。MW培养基上诱导的次生胚生长正常，而WPM上产生的次生胚畸形较多。

表3-8 基本培养基对薄壳山核桃体胚诱导的影响

基本培养基	外植体数（个）	诱导出体胚数（个）	诱导率（%）	体胚生长状况
改良WPM	50	17	34±0.084a	子叶有球状膨大的结构，但诱导出数量较少褐化部分多
MW	50	38	76±0.16b	子叶和诱导出来的次生胚没有褐化，膨大的子叶或次生胚上有部分褐化或者呈现暗黄色

图3-12 不同培养基对薄壳山核桃体胚诱导的影响（左为WPM，右为MW）

2. 不同激素组合对薄壳山核桃体胚诱导的影响

激素是诱导薄壳山核桃次生胚的重要因素，生长素与细胞分裂素配合使用，可以促进体胚的发生以及体胚的发育成熟。将2012年8月下旬采集的薄壳山核桃幼胚接种在MW培养基上，并且添加不同的植物生长调节剂组合配比，结果表明，不同浓度的生长素2,4-D与细胞分裂素6-BA组合配比对薄壳山核桃体胚的影响差异不显著（表3-9）。当6-BA浓度为0.25mg/L、2,4-D浓度为2.5mg/L时，体胚的诱导率最高，达70%。在不添加任何6-BA的培养基上，薄壳山核桃体胚也能够萌发，但是诱导率较低，仅15%~25%。可能因为单独使用2,4-D可能会增加畸形胚的几率，并且产生的胚性愈伤组织较少。6-BA的添加有利于体胚的直接发生，尤其与2,4-D配合使用可以较大幅度提高体胚的诱导率。当6-BA浓度为0.5mg/L、2,4-D浓度为3mg/L时，体胚的诱导率降低，且在影响后期体胚的正常生长，当控制在这个范围以内时体胚生长状况较好，长势较旺（图3-13）。因此稍高浓度6-BA与适量2,4-D配合使用有利于薄壳山核桃体胚的诱导。

表3-9 不同激素对薄壳山核桃体胚诱导的影响

6-BA（mg/L）	2,4-D（mg/L）	外植体个数（个）	诱导出体胚个数（个）	体胚诱导率（%）
0	2	20	3	15±0.07c
0	2.5	20	5	25±0.07bc
0	3	20	5	25±0.21bc
0.25	2	20	12	60±0.14ab
0.25	2.5	20	14	70±0.14a
0.25	3	20	6	30±0.14bc
0.5	2	20	7	35±0.21abc
0.5	2.5	20	10	50±0.14abc
0.5	3	20	8	40±0.14abc

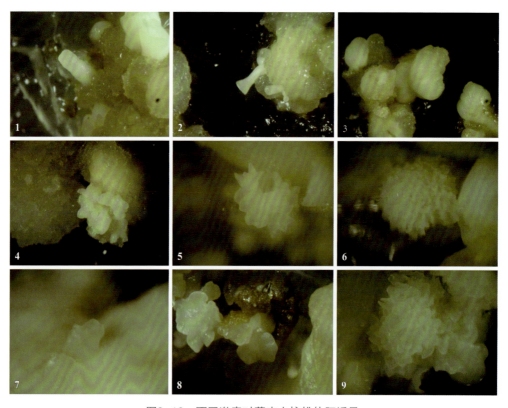

图3-13 不同激素对薄壳山核桃体胚诱导

1~9分别为：6-BA 0mg/L，2,4-D 2mg/L；6-BA 0mg/L，2,4-D 2.5mg/L；6-BA 0mg/L，2,4-D 3mg/L；6-BA 0.25mg/L，2,4-D 2mg/L；6-BA 0.25mg/L，2,4-D 2.5mg/L；6-BA 0.25mg/L，2,4-D 3mg/L；6-BA 0.5mg/L，2,4-D 2mg/L；6-BA 0.5mg/L，2,4-D 2.5mg/L；6-BA 0.5mg/L，2,4-D 3mg/L。

3. 薄壳山核桃体细胞胚增殖培养

将不同发育阶段的体胚接种在不同基本培养基（不添加激素）进行增殖培养，不同基本培养基对体胚增殖影响差异极显著（表3-10）。如表3-10所示，不同基本培养基对薄壳山核桃幼胚体细胞胚诱导增殖有不同的影响，其中，MW培养基的增殖率最高，达到84%，形成的体胚多为乳白色的，褐化少，次生胚较多，略有玻璃化，改良WPM（除去谷氨酰胺）相对MW的诱导率较低，达到54%，体胚大多数都产生于子叶膨大处，膨大的结构占多数，增殖产生的结构与MD类似，都是圆形凸起结构。DW与MS、DKW培养基的增殖率接近，分别是28%、24%和26%，DW培养基中培养的次生胚子叶花瓣形，膨大，轻微褐化，次生胚聚在一起呈暗黄色；在MS培养基中与之相似，诱导的次生胚子叶膨大，暗黄色，玻璃化，次生胚暗黄色；DKW培养基中增殖产生的次生胚结构子叶变成黄色，部分子叶为绿色，次生胚为褐色。1/2DKW与1/2WPM增殖率均较低，仅18%；1/2DKW诱导的体胚子叶有圆形突起结构，子叶暗黄色，膨大，1/2WPM增殖产生的次生胚较少，子叶褐化。因此，MW培养基是薄壳山核桃体胚诱导的最适培养基。

表3-10　不同培养基对薄壳山核桃体胚增殖的影响

基本培养基	外植体个数（个）	增殖次生胚个数（个）	增殖率（%）
改良WPM	50	27	54±0.21b
MW	50	42	84±0.08c
DW	50	14	28±0.13a
MS	50	12	24±0.11a
1/2WPM	50	15	26±0.15a
DKW	50	13	32±0.19a
1/2MS	50	9	18±0.08a
MD	50	15	30±0.16a
1/2DKW	50	9	18±0.08a

在增殖培养过程中，可以看到部分次生胚在胚轴处产生，有的体胚变绿，有的体胚上长出更多的次生胚，除了次生体胚，有一部分也会产生畸形体胚，到后期发育异常（图3-14）。

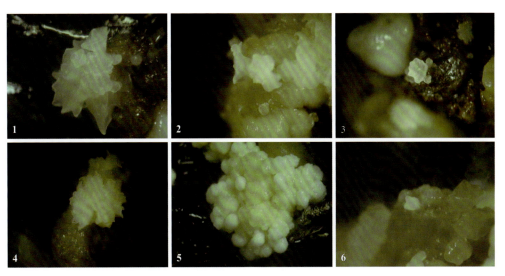

图3-14　不同培养基中薄壳山核桃的增殖

1为改良WPM；2为MW；3为MD；4为1/2 WPM；5为1/2 MS；6为1/2 DKW。

4. 薄壳山核桃体细胞胚的成熟

体细胞胚成熟是指从体胚发育开始一直到体胚萌发前的干化为止的一段时间，使体胚达到生理成熟，然后再转接到萌发培养基中进行萌发处理，将获得的子叶胚阶段的体胚放在无菌的培养皿中分别脱水1d、2d、3d、4d、5d，使其适度脱水，促进体胚成熟。成熟体胚子叶由白色转为乳白色，并且子叶变软，生长状态好，还有一部分体胚开始转为绿色并进入萌发状态。取子叶胚阶段的体胚，在无菌培养皿中，放

图3-15 体胚脱水

入干燥器中进行脱水（如图3-15），称取脱水前以及脱水之后的体胚的重量，通过减少的重量来确定体胚脱水的最佳处理时间，结果表明，不同脱水时间对体胚成熟影响差异显著（表3-11）。脱水2d体胚的成熟率最高，且转化到萌发阶段的成熟体胚最多，2d重量减少了约0.59g，并且脱水2d体胚的次生胚子叶微干燥，且柔软呈乳白色，萌发效果最佳（如图3-14a）；其次脱水3d，成熟效果较好，萌发率达30%；成熟效果最差的是脱水4d、5d。脱水1d可能是因为胚中含水量较高，脱水4d和5d可能是因为体胚失水过多，并未达到完全的生理成熟。因此，脱水2d是体胚成熟的最佳脱水时间。

表3-11 不同脱水时间对体胚失水率和萌发率的影响

脱水天数（d）	初始鲜重（g）	失去的鲜重（%）	萌发率（%）
0	6.57±0.29a	0.00±0.00f	0.00±0.00d
1	3.81±0.05b	6.30±0.64e	0.00±0.00d
2	4.26±0.15b	7.51±0.36e	0.00±0.00d
3	3.88±0.51b	13.14±1.42d	26.70±3.47c
4	3.98±0.59b	16.83±1.25c	63.40±5.85ab
5	5.11±0.64b	32.48±1.30b	66.30±5.95a
6	5.32±0.58ab	40.79±1.25a	53.07±5.60b

5. 薄壳山核桃体细胞胚萌发

（1）基本培养基对体胚萌发的影响

Cuenca（1999）确定了萌发的定义为根发生，芽和根都出现，是一个植株再生的过程。将薄壳山核桃成熟体胚接种在1/2WPM、1/2DKW、1/2MS三种培养基中，观察其对体胚萌发的影响（表3-12）。

由表3-12可知，不同培养基的萌发率差异极显著，且对产生的根数以及根长也有影响。1/2WPM培养基体胚萌发率最高，达到85%，且产生的胚根数最多，胚根长度也最大，因此，1/2WPM培养基是最适合薄壳山核桃体胚萌发的培养基。在体胚萌发的过程中畸形胚不能正常萌发，且褐化严重。在萌发过程中，体胚都是只产生很长的胚根，上胚轴只有子叶延伸，却没有芽萌动的痕迹。1/2MS培养基萌发率最低，仅有30%，1/2DKW产生的胚根相对较多，胚根长度比1/2MS培养基长（图3-16）。

表3-12　不同培养基对体胚萌发的影响

培养基接种	成熟胚数（个）	萌发率（%）	胚根数（个）	胚根长（cm）
1/2DKW	20×3	70±0.14b	7.5±0.70a	1.65±0.21a
1/2MS	20×3	30±0.14a	3.0±1.41b	0.95±0.35b
1/2WPM	20×3	85±0.07b	9.5±0.70a	1.95±0.21a

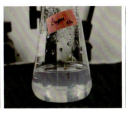

图3-16　薄壳山核桃成熟体细胞胚萌发

（2）植物生长调节剂对体胚萌发的影响

以1/2WPM为基本培养基，探讨植物生长调节剂对促进薄壳山核桃成熟体胚萌发的影响。将成熟体胚接种至萌发培养基上，添加不同浓度组合的6-BA和毒莠定（picloram），结果见表3-13。

表3-13　不同激素组合对体胚萌发的影响

处理	6-BA（mg/L）	picloram（mg/L）	萌发率（%）
1	2.0	0.01	15±0.07b
2	2.0	0.1	50±0.14a
3	2.0	1.0	20±0.14b

不同物生长调节剂组合对于体胚萌发的影响差异显著，在1/2WPM培养基上添加6-BA 2.0mg/L和picloram 0.1mg/L是最佳的体胚萌发的激素组合，在该培养基上，体胚的萌发率最高，可以达到24%。在添加细胞分类素6-BA 2.0mg/L和生长素picloram 0.01mg/L的组合中，体胚萌发率不高，生根效果最差；而在添加6-BA 2.0mg/L和picloram 1.0mg/L时，体胚的萌发率有所提高。而在picloram 0.1mg/L时胚根萌动，培养一段时间后，有较健壮的根产生（图3-17）。因此，6-BA 2.0mg/L与picloram 0.1mg/L时，生根效果相对明显，为最佳浓度和激素组合。

图3-17　激素对体胚萌发
图为6-BA 2.0mg/L，picloram 0.1mg/L

第四节 嫁接苗培育

经济林种苗培育中，通常采用嫁接技术规模化繁殖良种苗，保证了良种的优良特性。林业上常用的嫁接方法有枝接和芽接。选择砧木和接穗时应亲和性好，生长健壮，体内贮藏的营养物质多，嫁接成活率高。砧木和接穗愈合成活的过程包括：形成的薄壁细胞恢复分裂形成愈伤组织，再进一步分化出输导组织，与接穗、砧木的输导组织相通，保证养分、水分的上下流通，进而合为一体。接穗和砧木形成层的结合面越平滑、接合面积越大，越易成活。温度也是影响嫁接成活的重要因素，不同树种有不同的最适温度。一般来说，22~25℃最利于嫁接成活，过高过低都会影响成活率。嫁接时期、嫁接方法也是嫁接成活的重要因素。对于同一树种，可在不同季节采用不同嫁接方法，薄壳山核桃常用的嫁接方法有切接、方块芽接、根接和微枝嫁接等。

一、薄壳山核桃良种苗嫁接技术

1. 切接

切接是枝接的一种，利用已木质化的接穗嫁接到大小适宜的砧木上。切接是在果树良种苗规模化繁殖中最为常用的嫁接方法。优点主要有操作方便、砧木和接穗形成层容易准确对接、适宜嫁接时间长、成活率高、愈合后的嫁接苗直立性好、牢固度高。缺点是对砧木的粗度、嫁接时间有一定的要求。

（1）砧木移植

当春季温度升至10℃以上时，选取1~2年地径1.0cm以上的实生苗或扦插苗作为砧木，进行裸根移栽。移栽时需要深挖，保留根长25cm以上，要小心保护侧根，在30~40cm处截干后移栽，按株行距20cm×30cm定植。不移栽嫁接，需在嫁接前20~30d断根，用笋撬截断苗木深度20~25cm以下的主根。

（2）嫁接时间

春、夏、秋三季都可进行薄壳山核桃嫁接。在我国亚热带地区，春天温度转暖，砧木木质部韧皮部容易分离后即可进行。切接嫁接适宜时间从雨水至春分节令，气候热的地方嫁接时间适当提前，气候冷的地方嫁接时间适当推后。

（3）穗条采集与处理

选择通过省级以上审（认）定过的良种，应在省定点采穗圃采集。枝接用的穗条于落叶后到芽萌动前（整个休眠期）采集，选择粗0.6~1.5cm、生长健壮、发育良好、髓心较小、无病虫害的生长枝，采集后，用石蜡：蜂蜡=8：2的混合液封剪口，然后将穗条按长短和粗细分级，每30~50根一捆，用标签标明品种、采集时间、采集地等信息，并用塑料薄膜包裹捆扎，在4℃冷藏备用。

（4）嫁接

嫁接时先将砧木离地面约10cm处剪断，剪口平齐，沿砧木东南方向一侧1/4~1/3处竖切一刀，切口长3~4cm，略带木质部，将穗条下部两侧各削一长削面和一短削面使成楔形，长削面略长于砧木切口，随即将穗条插入砧木切口中，使穗条长削面露出少许（露白），并使两者形成层紧密对接（如穗条较小，应与砧木的一侧形成层对齐），用塑料薄膜带自下而上绑紧，仅露出接穗主芽。

除了常规的田间切接外，也可以在室内进行嫁接促进愈合，然后再定植。室内切接要对砧木进行"催醒"，一般提前10d在27℃的条件下放置2~3d，然后进行切接，绑扎后放入锯末中保存，控制温度在25~30℃，促进愈伤组织生成，约15d后，4月初即可在室外进行定植。

薄壳山核桃芽苗砧嫁接是由美国的莫尔提出的，与传统室内嫁接不同的是砧木是催芽后的种子幼苗，用劈接法嫁接，嫁接当年的苗高40~60cm。芽苗砧嫁接对接穗和后期苗木培育的要求很高，投入多，费力费时，但解决了育苗周期长的问题，可以提前1~2年出圃。

（5）嫁接后管理

①除萌：嫁接20d以后，接穗芽萌发抽梢。同时砧木会发生很多萌蘖，要及时除去，以免与接芽争夺水分和养分，使接芽生长不良，影响成活。接芽新梢长至15cm以后，若其枝上的主副芽都萌发，只需保留主芽培养成苗，将多余的芽抹除。粗壮的穗条嫁接成活后若抽生雄花和雌花，应尽早人工摘除，促进发梢。②立支柱，防风害：薄壳山核桃砧木一般为2年生苗木，较粗壮，嫁接成活后接芽生长快，新叶面积大，若不立支柱容易受风雨影响而折断。可在新梢长到10~15cm时，紧贴砧木立一支柱，支柱可用嫁接时剪下的砧木，将接穗萌芽绑在支柱上。③其他：在嫁接后的2周内，严禁灌水施肥，以免碰伤接穗。当新梢长到10cm以上时每亩追施尿素5~10kg，6月中旬每亩追施尿素10~15kg，7~8月追施磷钾肥2次。可将追肥、灌水与松土除草结合起来进行。若发现接芽处有勒痕，要及时解带松绑。

2. 方块芽接

方块芽接是利用当年生的半木质化枝条为接穗，通过剥离带有芽体的皮层组织作为接芽进行嫁接。该方法优点是操作简单、成活率高、对砧木粗度要求相对较低，当年培育到9月份粗度0.8cm以上就可以用作砧木，可缩短育苗年限，达到提早出圃的目的。缺点是操作技术要求较高、适宜嫁接时间短、管理技术要求高。

方块芽接一般在8~9月进行，砧木地径不小于0.6cm，芽接穗条应采集当年生长健壮、芽体饱满、无病虫害的半木质化枝条，剪下后立即去掉复叶，仅留长约1cm的叶柄，每20~30枝一捆，标明品种，并用塑料薄膜包裹保湿，最好随采随接。嫁接时，用双刃刀在穗条上取长3~4cm、宽0.8~1.2cm的芽片，芽要位于芽片的正中间。用双刃刀在砧木光滑处切除同芽片大小长度相同的砧木皮，同时在切口下方一侧撕下长约2cm、宽1~2mm的树皮作伤流口。把芽片贴在砧木去皮口上，用薄塑料膜包扎密封，保留一个芽外露。芽接后15d，检查成活情况，凡接芽新鲜、叶柄一碰即落就是成活芽，凡叶柄僵硬不脱落者就是未成活芽，需及时补接。检查成活的，剪除接口以上砧木，并保留2~3片复叶，可随即解除绑带，这样在当年就可以长成苗。也可以推迟嫁接时间，半个月后解除绑带，第2年再剪去砧木接口以上枝条。

因操作方法不同，又分为"丁"字形芽接、方块形芽接、套芽接等方法，一般以"丁"字形芽接法为主。

"丁"字形芽接：①不带木质部的"丁"字形芽接，一般在接穗新梢停止生长后、而砧木和接穗皮层易剥离时进行，芽接接穗应选用发育充实、芽饱满的新梢，接穗采下后，约留1cm的叶柄，将叶剪除，以减少水分蒸发，最好随采随用。先在芽上方0.5m处横切一刀，深达木质部，再在芽下方1~1.5cm处向上斜削一刀至横切口处，捏住芽片横向一扭，取下芽片；再在砧木皮部光滑处，横切一刀，宽度比接芽略宽，深达木质部，再在刀口中央向下竖切一刀，长度与芽片长相适应，切后用刀尖撬起两边皮层，迅速插入芽片，并使接芽上切口与砧木横切口密接，其他部分与砧木紧密相贴，然后用塑料薄膜条绑缚，只露叶柄和芽。②带木质部的"丁"字形芽接，实质是单芽枝接。春季砧木芽萌发时进行，接穗可不必封蜡，选发育饱满的侧芽，在芽上方背面1cm处自上而下削成3~5cm的长削面，下端渐尖，然后用剪枝剪连木质部剪下接芽，接芽呈上厚下薄的盾状芽片，再在砧木平滑处皮层横竖切一"T"形切口，深达木质部，拨开皮层，随即将芽片插入皮内，并用塑料条包扎严密，外露芽眼。接后15d即可成活，将芽上部的砧木剪去，促进接芽萌发。

"工"字形芽接：又称双开门芽接。此法比较费工，但芽片与砧木接触面积大，嫁接成活率较高，嫁接时，先用芽接刀或特制双片刀将接的芽位切出1.5~2.0cm的方形或长方形切口，芽片暂不取下，立即在砧木距离地面8~10cm处，按接芽的长短横切两刀竖切一刀成"工"字形，用刀尖将皮层向两边轻轻推开，再将芽片取下贴在砧木口内，并用切开的砧木的皮把芽片盖好，用塑料布条由下而上绑紧即可。

如果照此法切取芽片，但砧木不切成"工"字形，而是接芽片大小将砧木皮取下，迅速将芽片贴补在砧木去皮的地方并绑缚，就是通常说的方块芽接法或贴皮芽接法。

嵌芽接：在砧、穗均难以离皮时采用嵌芽接。选健壮的接穗，在芽上方1cm处向下向内斜削一刀，达到芽的下方1cm处，然后在芽下方0.5cm处向下向内斜削到第1刀削面的底部，取下芽片，在砧木平滑处，用削取芽片的同一方法，削成与带木质部芽片等大的切口，将砧木上被削掉的部分取下，把芽"嵌"进去，使接芽与砧木切口对齐，然后用塑料条绑紧。

套接：又称环状芽接、管状芽接或拧笛接，是河北省山区群众的习做法，成活率高，但较费工。柿子、板栗、核桃多用此法进行春季芽接，也用于苹果、梨、桃树的雨季嫁接。嫁接时，先将接穗上端剪掉，在1～2个饱满芽的下部环切，用手轻轻将芽套拧下，然后选择粗细与芽套一致的砧木剪断，将上端削成尖形，在与芽套长度一致的地方，将砧木环切，并剥去皮层，将芽套套在砧木去皮部分，套紧，使两者形成层紧密吻合，稍加绑缚或不绑缚均可。如果将砧木皮层竖切几刀，向下撕到预定套接部位，拧好的芽套套在砧木切口内，把撕开的破皮向上合拢，包住芽套，并用塑料布条绑缚，这种方法就叫带破皮套接法。

3. **根接**

春季起苗移栽时，剪取粗度大于1.0cm、长度大于20cm的根段作为砧木，注意根系的极性，切口在形态学上端，沿砧木东南方向一侧1/4～1/3处竖切一刀，切口长约3～4cm，略带木质部，将穗条下部两侧各削一长削面和一短削面使成楔形，长削面略长于砧木切口，随即将穗条插入砧木切口中，使穗条长削面露出少许（露白），并使两者形成层紧密接合（如穗条较小，应与砧木的一侧形成层对准），用塑料薄膜带自下而上绑紧，仅露出接穗主芽1～2个。嫁接完成后，用生根粉进行蘸根，直接种植到圃地中。其他操作与管理同切接。

4. **微枝嫁接**

微枝嫁接是以组培技术培养的无根试管苗为接穗，将组培苗作为接穗嫁接在芽苗砧上，待成活后就将其移栽到室外进行培养的一种微型嫁接技术。通过这种技术可达到脱毒培养的目的，但过程繁琐，技术要求高，目前还没有在实际生产中得到应用。

嫁接具体步骤如下：①接穗削取。接穗长2～3cm，以1～2个芽为宜。把接穗削成两个削面，一长一短，长面削掉约1/3的木质部（最好不过髓），长度约2cm，在长面的对面削一马蹄形小斜面，长度约1cm。②砧木处理。在离地面5～8cm处剪砧。选砧木皮厚、光滑、纹理直的地方，把砧木切面稍微削一削，然后在木质部的边缘向下直切。切口宽度与接穗直径相等或略宽，深约2cm。③接合。把接穗大削面向里插入砧木切口，使接穗的一边形成层与砧木的形成层对准靠齐。④绑缚。用塑料条缠紧，要将接缝和截口全部包严实，注意绑扎时不要碰动接穗。

二、嫁接苗调运与质量要求

1. 嫁接苗分级标准

砧木的高度对成活和生长影响不大,但砧木的粗度直接影响成活率及生长。嫁接苗要求嫁接口上方10cm处直径0.6cm以上为合格苗,以地径1cm以上为好。薄壳山核桃的良种嫁接苗分级标准见表3-14。

表3-14 薄壳山核桃良种嫁接苗分级标准

苗木种类	苗龄	地径(cm)		苗高(cm)		根幅(cm)	
		Ⅰ	Ⅱ	Ⅰ	Ⅱ	Ⅰ	Ⅱ
容器嫁接苗	1(2)-0	≥0.8	≥0.6	≥60	≥35		
	2(3)-0或1(2)-1	≥1.0	≥0.8	≥80	≥50		
裸根嫁接苗	1(2)-0	≥1.0	≥0.6	≥50	≥35	≥40	≥30
	2(3)-0或1(2)-1	≥1.5	≥1.3	≥80	≥50	≥50	≥40

注:1. 苗龄用阿拉伯数字表示,第1个数字表示嫁接苗原地的年龄;第2个数字表示第1次移植后培育的年数;第3个数字表示第2次移植后培育的年数,数字间用短横线间隔,各数字之和为苗木的年龄,称几年生。

2. 1(2)-0表示1年干2年根未经移植的嫁接苗;1(2)-1表示2年干3年根移植1次的嫁接移植苗。

3. 地径指嫁接口上1.0cm处的直径。

4. Ⅰ、Ⅱ分别指Ⅰ级苗和Ⅱ级苗。

2. 包装与运输

根据嫁接苗分级,相同品种按50株一捆打包,挂上标签,注明品种、等级、数量、起苗日期,不同品种需要分开打包,捆好后用蛇皮袋或塑料薄膜包扎,不宜过紧,袋内根部放少量湿布。如需远距离运输,用湿稻草绑缚根系,再用塑料薄膜包裹,防止根系失水,并尽量缩短运输时间。苗捆好后放置在阴凉处,等待运输。运输过程中,不能停放在烈日下和风大的地方,最好当日运达种植地。运输途中应用篷布覆盖,防止风吹、日晒和冻害。按《中华人民共和国植物检疫条例》携带当地相关部门开具的植物检验检疫证明。如果不能及时运输或造林,苗木需要及时进行假植。假植应选地势高、排水良好、交通方便、阴凉和不易受牲畜危害的地方,开沟50cm,严埋根系,浇透水,并覆盖遮阳网。若假植土壤干燥或时间较长,应及时浇水。

3. 育苗档案

参考GB/T 6001建档要求,实行嫁接苗培育过程技术档案存档制度,做到记录准确、资料完整、归档及时、使用方便。内容主要包括:育苗地选择和耕作情况,砧木苗培育和嫁接苗培育情况以及各阶段采取的管理措施等;各项作业的用工量和基肥、追肥和防虫害防治药物名称及用量等的使用情况;嫁接时各品种在圃地排列配置图表等。

三、不同处理对嫁接成活和生长的影响

1. 不同处理对嫁接成活率的影响

不同嫁接时间（3月28日开始至7月28日，每隔10d嫁接一次）和不同嫁接前处理方式（不断根切接、断根切接和移栽切接）对嫁接成活率有显著影响。3月28日不断根切接的成活率最高为53.3%，移栽切接的成活率最低为42.2%。4月8日到5月28日移栽切接的成活率高于断根切接和不断根切接，且4月8日三种砧木处理方式嫁接成活率均出现峰值，移栽切接的成活率最高为86.7%，断根切接成活率为77.8%，不断根切接成活率为55.6%。5月18日到7月28日断根切接与不断根切接的成活率基本持平，移栽切接的生根率从5月28日到7月28日与其他两种砧木处理方式的成活率基本一致，介于37.8%~47.7%（表3-15）。这主要是由于薄壳山核桃是深根性树种，须根系发达，5月18日移栽切接的砧木新根长出，断根切接的砧木须根发达，新根和须根吸收养分和水分的能力逐渐恢复，与主根相当，移栽和切断主根不再影响其地下养分的供给。

表3-15 不同时间、不同砧木处理方式的嫁接成活率

嫁接时间	嫁接数量	不断根切接成活率（%）	断根切接成活率（%）	移栽切接成活率（%）
2012.3.28	30/50×3	53.3±0.79	51.3±0.63	42.2±0.43
2012.4.8	30/50×3	55.6±0.46	77.8±0.6	86.7±0.138
2012.4.18	30/50×3	50.2±0.43	57.8±0.47	84.4±0.135
2012.4.28	30/50×3	43.8±0.84	44.4±0.43	82.2±0.172
2012.5.8	30/50×3	40±0.73	42.2±0.114	77.8±0.161
2012.5.18	30/50×3	42.2±0.43	40±0.73	60±0.151
2012.5.28	30/50×3	44.4±0.43	37.8±0.84	44.4±0.87
2012.6.8	30/50×3	42.2±0.43	40±0.73	42.2±0.43
2012.6.18	30/50×3	42.2±0.114	37.8±0.41	37.8±0.41
2012.6.28	30/50×3	44.4±0.113	40±0.73	40±0.73
2012.7.8	30/50×3	46.7±0.50	44.4±0.43	42.2±0.43
2012.7.18	30/50×3	48.9±0.44	37.8±0.41	47.7±0.76
2012.7.28	30/50×3	35.6±0.41	33.3±0.60	37.8±0.41

2. 不同砧木对嫁接亲和性影响

（1）不同砧穗组合对嫁接成活率影响

薄壳山核桃不同砧穗组合对嫁接成活有一定的影响（表3-16）。为简化试验分析过程，本节后续内容省略品种名称单引号。绍兴1号/绍兴1号、绍兴1号/绍兴64号、绍兴1号/绍兴35号、绍兴1号/马罕和绍兴1号/威斯顿（砧/穗，下同）5种砧穗组

合嫁接成活率有显著性差异，绍兴1号/威斯顿嫁接成活率（75.33%）显著高于绍兴1号/绍兴35号（50.00%）和绍兴1号/马罕（54.67%）。绍兴1号/绍兴1号、绍兴64号/绍兴1号、绍兴35号/绍兴1号、马罕/绍兴1号、威斯顿/绍兴1号5种砧穗组合间嫁接成活率也有显著性差异，绍兴35号/绍兴1号嫁接成活率（73.33%）显著高于马罕/绍兴1号（55.67%）和威斯顿/绍兴1号（55.33%）。

表3-16 不同砧穗组合嫁接成活率

砧木/接穗	嫁接株数	成活率
绍兴1号/绍兴1号	30×3	62.33%±0.80ab
绍兴1号/绍兴64号	30×3	66.67%±0.65ab
绍兴1号/绍兴35号	30×3	50.00%±0.30b
绍兴1号/马罕	30×3	54.67%±0.40b
绍兴1号/威斯顿	30×3	75.33%±0.00a
绍兴64号/绍兴1号	15×3	73.00%±0.200ab
绍兴35号/绍兴1号	15×3	73.33%±0.115a
马罕/绍兴1号	15×3	55.67%±0.75b
威斯顿/绍兴1号	15×3	55.33%±0.40b

（2）不同砧穗组合对苗高和地径影响

不同砧穗组合对苗高和地径产生显著影响（图3-18）。绍兴1号/绍兴64号（39.96cm）、绍兴1号/绍兴35号（39.25cm）的新梢生长量显著高于其他砧穗组合，其次是绍兴35号/绍兴1号，绍兴1号/马罕的新梢生长量最低，为19.55cm。绍兴1号/绍兴35号和绍兴35号/绍兴1号嫁接苗的地径显著高于其他砧穗组合，马罕/绍兴1号的地径最低。绍兴1号/绍兴35号嫁接苗的新梢粗度显著高于其他砧穗组合，马罕/绍兴1号嫁接苗的新梢粗度最低。

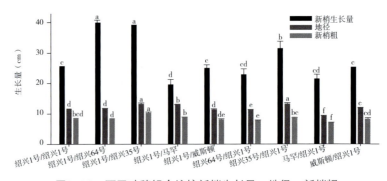

图3-18 不同砧穗组合嫁接新梢生长量、地径、新梢粗

（3）不同砧穗组合嫁接苗叶片光合生理特征

图3-19-A中，9个不同砧穗组合嫁接苗的Pn（净光合速率）随着PAR（光合有

效辐射）的增加差异变大。当PAR在$0\sim200\mu mol/(m^2\cdot s)$范围时，$Pn$的增加与光照强度是呈线性相关，而且在9个处理中没有显著差异。当PAR为$800\mu mol/(m^2\cdot s)$时，威斯顿/绍兴1号嫁接苗的Pn明显低于其他品种，绍兴35号/绍兴1号嫁接苗的Pn最高。

图3-19-B中，随着PAR增加，气孔张开程度不断增大，Gs（气孔导度）也逐渐增大。与Pn相同，9个嫁接组合中，绍兴35号/绍兴1号苗木Gs增加幅度最大，其次是绍兴1号/威斯顿，增加幅度为$0.101molH_2O/(m^2\cdot s)$。威斯顿/绍兴1号和绍兴1号/马罕的$Gs$增加趋势较平稳，差异较小。

图3-19-C中，Ci（胞间二氧化碳浓度）的变化趋势与前两者不同，它随着PAR的变大而逐渐变小。试验结果表明，绍兴35号/绍兴1号的Ci较高，其次是绍兴1号/绍兴35号。当PAR高于$800\mu mol/(m^2\cdot s)$后，Ci趋于稳定。

图3-19-D中，Tr（蒸腾速率值）随着PAR的增大而变大，变化趋势与Gs一样。绍兴35号/绍兴1号和绍兴1号/绍兴35号的Tr始终高于其他7个处理，且变化幅度相近。

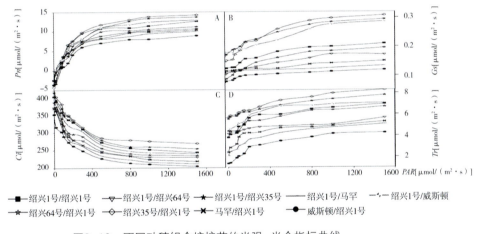

图3-19　不同砧穗组合嫁接苗的光强-光合指标曲线

（4）不同砧穗组合嫁接苗的光合生理参数

绍兴1号/绍兴1号、绍兴1号/绍兴35号、绍兴1号/绍兴64号、绍兴1号/马罕和绍兴1号/威斯顿嫁接苗的A_{max}（最大净光合速率）无显著性差异，绍兴35号/绍兴1号、绍兴64号/绍兴1号、马罕/绍兴1号和威斯顿/绍兴1号嫁接苗的A_{max}无显著性差异，但以绍兴1号为砧木的嫁接苗的A_{max}显著高于以其他四种砧木的嫁接苗。绍兴1号/绍兴35号的嫁接苗A_{QY}（表观量子效率）和L_{CP}（光补偿点）显著高于其他8种砧穗组合。马罕/绍兴1号的嫁接苗A_{QY}和L_{CP}最低。绍兴1号/绍兴35号、绍兴1号/威斯顿和绍兴35号/绍兴1号L_{sp}显著高于其他砧穗组合，绍兴1号/马罕的嫁接苗L_{sp}最低（表3-17）。

表3-17 不同砧穗组合嫁接苗的光合生理参数

砧木/接穗	A_{max} [(μmolCO$_2$/(m^2·s))]	A_{QY} (mol/mol)	L_{CP} [(μmol/(m^2·s))]	L_{SP} [(μmol/(m^2·s))]	R_d [(μmol/(m^2·s))]
绍兴1号/绍兴1号	17.072±1.615a	0.080±0.007b	35.369±2.084b	817.799±69.199bc	-2.321±0.531bc
绍兴1号/绍兴64号	16.289±1.397a	0.082±0.005b	34.983±1.696b	788.791±64.636bc	-1.171±0.661a
绍兴1号/绍兴35号	17.897±1.185a	0.149±0.027a	58.662±4.156a	1167.374±29.764a	-2.429±0.115c
绍兴1号/马罕	16.316±0.968a	0.074±0.006bc	21.012±0.002d	717.178±61.737c	-2.625±0.344cd
绍兴1号/威斯顿	15.379±2.120a	0.096±0.007b	34.008±3.464b	1077.560±125.048a	-2.700±0.450cd
绍兴64号/绍兴1号	12.777±1.502b	0.072±0.002bc	24.343±3.055cd	854.820±27.887bc	-1.622±0.411ab
绍兴35号/绍兴1号	12.360±1.615b	0.092±0.017b	34.018±2.005b	1111.385±91.986a	-1.625±0.240ab
马罕/绍兴1号	12.811±0.805b	0.073±0.008bc	14.325±2.516e	823.934±27.542bc	-2.983±0.144cd
威斯顿/绍兴1号	10.842±1.152b	0.055±0.013c	28.008±3.455c	436.369±10.136d	-3.338±0.326d

(5) 不同砧穗组合嫁接苗叶片的叶绿素荧光特性的比较

绍兴35号/绍兴1号嫁接苗的Fv/Fm（最大光合能力）最高，显著高于绍兴1号/马罕，其他砧穗组合无显著性差异（图3-20）。绍兴1号/绍兴35号嫁接苗的ETR（光合电子传递速率）显著高于绍兴1号/马罕和绍兴1号/威斯顿，绍兴1号/绍兴1号、绍兴1号/绍兴64号、绍兴35号/绍兴1号、绍兴64号/绍兴1号的嫁接苗ETR无显著性差异。

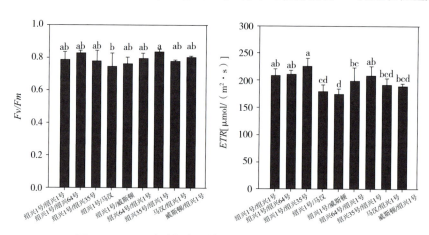

图3-20 不同砧穗组合嫁接苗叶片的Fv/Fm、ETR比较

第五节　容器嫁接苗培育

近年来，我国对薄壳山核桃种苗需求量持续增加，云南、安徽、江苏、江西、湖北等地出现了发展种植薄壳山核桃的热潮，苗木需求量越来越大。薄壳山核桃裸根育苗存在生长缓慢、适宜造林时间短、造林成活率较低、缓苗期长等问题，严重影响了产业发展。而容器育苗生长迅速，当年即可达到出圃标准，且苗木出圃造林不受季节限制，可实现规模化、集约化、短期大量提供优质种苗的要求。

容器育苗不同于常规育苗，它是将处理后的种子播种在装有营养土的容器内，再通过设施培育加快苗木生长速度，提高苗木质量。20世纪70年代国外容器育苗开始试生产，80年代迅速发展。我国早在20世纪50年代已开始应用容器苗进行造林，但工作多停留在容器的应用上，发展缓慢。70年代后期开始在全国普遍开展育苗容器类型、基质配方及培育容器苗技术的研究。近年来，我国容器育苗培育有扩大的趋势，但总体上还处于科学生产的初级阶段，缺乏容器苗生产技术的系列研究和配套使用。不同树种的容器育苗配套措施不同，薄壳山核桃容器育苗在国内研究、应用均较少，下面简述薄壳山核桃容器育苗的技术要求。

一、容器砧木培育

容器嫁接苗培育，一般直接将种子播种在容器内，等播种苗长至适宜规格直接用于嫁接；也可以将适宜嫁接规格的实生苗移栽到容器内，再进行嫁接。容器播种苗培育见本章第二节砧木培育部分；实生苗移栽具体方法如下。

1. 容器的选择

薄壳山核桃主根发达、侧根较少，容器育苗可以很好地促控根系，达到富根培养。育苗容器种类很多，一般有两种：一是无纺布袋，优点是其透水、透气性能较好，自然整根较为理想，毛细根集中在容器中下部生成，保存好的还可以二次利用，缺点是成本较高；二是塑料膜袋，优点是成本低廉，缺点是透气性能较差，内壁光滑，易导致幼苗根系出现缠绕、卷曲等问题，不可再利用。

2. 容器规格

容器规格的选择是容器育苗关键的技术之一。不同的树种不同的苗木年龄需要不同的容器规格，容器太小，满足不了苗木的生长繁育；容器太大，成本高并且浪费土地。一般而言，容器体积越大，苗木生长越好，苗木生长量越大，培育周期越长。同一容积的容器，其直径与高比不同，容器厚度不同，苗木的生长量也不同。因此，不同的树种，在不同容积中的容器用最低的成本获得合格的苗木。目前国内对不同树种不同生长年龄的容器规格筛选做得研究比较少。

薄壳山核桃根系具有"先坐下来，后站起来"的生长特性，播种后1～2年以根系垂直生长为主，根系伸长大于地上部生长，在容器选择时，应考虑高径比相对较大的规格。薄壳山核桃容器育苗时，应综合考虑成本及育苗周期等因素，培育1～2年苗木一般使用高22～24cm、上口直径14～16cm的容器。

3. 育苗基质选择

容器育苗所需的水分和营养元素全部由容器的基质提供，其育苗基质的物理化学特性决定了基质对苗木水分和营养的供给状况，并影响着苗木的生长发育。目前国内外使用的基质分为无机基质、有机基质和混合基质。无机基质一般含有营养成分较少，且可能造成容重过轻或过重，通气不良或过于疏松等弊病，有机基质为天然或合成的有机材料，如泥炭、蔗渣、秸秆、树皮和锯末等，虽含有一定养分但成分复杂，在设施滴灌条件下有机成分的分解、释放及吸收等代谢机理不明，且可能给植物营养精确调控和营养液的回收再利用带来困难。混合基质由结构性质不同的材料混合而成，可性状互补、扬长避短，充分协调水气肥状况。

学者们一致认为，泥炭是最佳基础性基质，但泥炭成本较高。因此，对于生产者来说，应该更充分利用本地的资源来配制经济有效的混合基质，满足容器育苗规模化生产的需求。到目前为止，理化性状优良、栽培效果好、可大量使用的基质仍为传统的泥炭、珍珠岩、蛭石和岩棉等，新开发的基质材料仍存在各种缺陷和不足。一些针、阔叶树的树皮碎屑、松树皮等处理得当，也可作为泥炭的替代品。基质不仅影响苗木生长，还涉及栽培管理方面，应尽量选择较轻的基质，便于移动和运输。随着苗木生产过程机械化和商品化，国际市场上已有包括专用型在内的各种牌号的配合苗圃用的基质。

基质是培育容器苗的关键，除支持、固定植株的作用外，还为植株提供稳定协调的水、气、肥结构。理想的苗圃育苗基质应具有无虫害、成本低、易获取、性质稳定、重量轻等特点，此外，孔隙度、持水率、容重等物理性质和酸碱度、阳离子交换量、可溶性盐含量等化学性质也影响着容器苗的根系形态和功能，决定了容器苗培育成败。因此，在基质选择时，一般遵循交通便利、就近取材的原则，又应满足薄壳山核桃生长所需的特殊基质环境。近几年的试验及育苗实践表明，按园土：泥炭：珍珠岩：腐熟农家肥＝4：3：1：2（体积比）比例配制，每立方米基质中加3～4kg控释肥（APEX21-7-8）的基质育苗效果较好，同时每立方米基质均匀拌入10～20g代森锌进行基质消毒。

4. 移栽

每年2～3月，选择裸地育成的实生苗，地径在0.8cm以上，起苗后将根系进行修剪，保留根系长度在15～20cm，移栽到装好基质的容器内，每个容器种1株。栽后及时浇水，使苗根与基质紧密接触；经常浇水保持基质湿度，同时加盖遮阳网利于缓苗，待移栽成活后即可用于嫁接。

二、嫁接

见本章第四节嫁接苗培育。

三、抚育管理

嫁接后，经常检查基质水分状况，保持基质见干见湿，干燥天气要及时浇水保湿，雨季及时排水。同时注意通风遮阳以免高温灼伤幼苗。生长前期以氮肥为主，结合叶面追施喷施尿素或磷酸二氢钾，浓度为0.1%～0.2%，追肥宜在早晚进行。在苗木进入速生期时要加以追肥，每隔10～15d施1次含氮量较高的复合肥，年追施3～4次；生长后期停止使用氮肥，增施磷、钾肥，促使木质化。

四、容器苗出圃与档案管理

出圃应根系发达，已形成良好根团，苗干直立，色泽正常，长势好，无机械损伤，无病虫害。容器运输相对方便，出圃前1周停止浇水，运输时避免容器挤压变形，影响土团结构。容器育苗档案管理见嫁接苗培育中的档案管理。

五、容器苗对造林成活率的影响

薄壳山核桃容器育苗限制了其主根系生长，促进地上部分生长，抑制了主根的生长，促进了侧根的生长发育，对薄壳山核桃造林成活率和缩短出圃周期都有很大的作用。薄壳山核桃常规育苗时苗木生长缓慢，当年生苗木造林利用率和造林成活率较低。容器育苗造林后缓苗期短，生长和林地郁闭快，容器苗造林成活率高（表3-18）。

表3-18 不同育苗方式对薄壳山核桃生长和造林的影响

育苗方式	苗高（cm）	地径（cm）	主根（cm）	侧根（cm）	造林率成活率（%）
无纺布袋	58.8	0.61	35.0	98.8	95.0
塑料膜袋	51.5	0.55	40.0	78.7	91.0
裸根	31.0	0.43	75.8	0-20	70.0

注：以上同为当年生苗木10月份测定值，侧根计总长。

第四章

薄壳山核桃早实丰产栽培

第一节 造林与建园

一、园地选择与准备

薄壳山核桃种植园地应选在北纬26°~42°、水源方便、交通便捷、无环境污染、地势开阔平坦、排水良好、阳光充足的平原、河谷、山地缓坡（6°~15°）。薄壳山核桃建园地要求年平均气温在15~20℃，极端最低气温>-18℃，≥10℃的年积温3300~5400℃，无霜期220d以上，年降水量1000~1600mm。园地土壤疏松肥沃，土壤层厚度1m以上，土壤pH 6.0~8.0为宜。质地过于黏重的酸性土壤、岩性土壤和质地过粗的土壤不宜种植，土层浅薄、贫瘠、保水性差的土壤也不宜种植。在低山丘陵、平原台地要求海拔在40m以上，在我国云贵高原等山地要求海拔1700m以下。薄壳山核桃坚果灌浆期为8~9月，要求水分供应充足，无灌溉条件的园地原则上不建议种植。园址选好后，依据地形、面积和种植的品种划分小区。小区的设置应以作业方便、利于机械操作、便于采收和运输等为原则。

在种植前1个月完成整地、挖穴和施基肥等前期工作。坡度小于10°的地块可直接种植；坡度10°~15°的地块，采用块状整地（图4-1）；坡度15°~20°的地块沿水平方向带状整地，带宽2~3m，带间留生草带，垦覆深度0.3m以上（图4-2）；坡度20°~25°的地块挖鱼鳞坑种植；坡度25°以上的不建议种植。9~10月挖定植穴，穴长、宽、深各80~100cm，定植密度（6~10）m×（6~10）m；每穴施入腐熟厩肥20~30kg，厩肥与表土等量混合均匀，施入穴中，回填表土，稍加踩踏。1~2月定植，定植前在穴底再拌入钙镁磷肥0.5~1.0kg，定植深度以土埋至苗木嫁接口下方10cm处为宜，培土踩实、浇足定根水。

有规模才有效益，薄壳山核桃园太小，不利于经营和销售。农村实行土地承包责任制，每户农民的土地小块分散，要建立适度规模的果园需要通过土地流转、租赁等形式。薄壳山核桃寿命长，一旦建园，要经营数十年，甚至上百年。因此，对建园的土地要做长远规划。对承包的土地，合同期限一定要足够长，避免中途变化达不到最佳经济效益甚至造成损失；对建园的土地还要做细致的规划和设计，道路、库房、灌溉设施等要统筹规划，根据土壤肥力情况对土壤进行改良。

图4-1　全垦整地

图4-2　带状整地

二、建园技术

1. 实生苗定植改接建园

直接播种培育实生苗改接建园时，行距6m，株距可根据单位面积计划定植的株数来调整。播种的技术要点可参考嫁接育苗部分内容。实生苗改接建园可结合大苗培育或采穗圃营建，根据建园的要求确定保留永久植株。临时多保留合理的植株，按照大苗培育的要求进行培育，分年挖除大苗，避免其影响永久植株的生长。结合育苗和采穗圃的经营建园时，因授粉树的要求，涉及的品种较多，容易导致品种混乱，必须绘制田间品种栽植图，以防止品种混乱。

实生砧木移植第2年，或播种2~3年后，当砧木粗度达1.5~2.5cm时进行改接。采用切接进行改接，其他嫁接方法亦可应用。切接方法可参考薄壳山核桃嫁接育苗部分。嫁接时，要合理安排主栽品种和授粉品种的配置。

2. 良种嫁接苗建园

选用经省级以上审（认）定的薄壳山核桃良种嫁接苗或经科研院所选育的、丰产潜力较大的优良无性系嫁接苗进行果园的营造。建园时除了考虑气候、立地等因素外，应特别注意品种的选择和配置。

嫁接苗除了遗传品质优良外，还要求苗木生健壮、无病虫危害、无机械损伤、主干无弯曲、根系发达、侧根5~8条。由于薄壳山核桃主根发达、侧根较少，大苗移栽除容器苗外一般较难成活，生产上多采用1（2）-0（1年干2年根未经移植的嫁接苗）或1（2）-1（2年干3年根移植1次的嫁接移植苗）的嫁接苗建园。这种苗木移栽易成活，且成本相对较低。除品种引进外，最好就近育苗，就近建园。不宜大规模、远距离调苗。

此外，我国南方尽量选择南方型品种，特别注意品种的抗病性。我国北方尽量选择北方型品种，要着重考虑品种的抗寒、抗旱性及对无霜期要求。

三、良种配置

薄壳山核桃是典型的异花授粉植物，以往造林中往往由于栽培品种单一，花期不遇，没有进行品种配置或配置不合理，造成落果严重、产量低、果实品质差、大小年明显等问题，严重制约着这一优良干果树种的推广。目前美国推广的主栽品种有'波尼''卡多'等。'波尼'的雌雄花期部分相遇，能部分自花授粉，但主要仍靠异花授粉结实。国内以往引进的品种大多数雌雄花期不相遇，都需要配置授粉树。因此选择主栽品种的同时也要考虑授粉品种搭配。主栽品种要选品质优良、商品性好，高产、稳产的优良品种，按10%~15%的比例均匀混栽两个以上授粉品种。授粉品种的雄花花期要求与主栽品种的雌花花期相遇，同时要求花粉量大、花粉活力高且本身具有较好的结实能力。一般可选择4~5个品种进行混合栽植，其中1~2个作为主栽品种，配栽2~3个授粉品种。薄壳山核桃花粉的有效授粉距离为60~90m。一般主栽品种与授粉品种成行配置，比例为3~4：1；山地梯田主栽品种与授粉品种的比例为5~6：1；若2~5个互为授粉品种的多品种配置，可以等量栽植。薄壳山核桃不同品种花期物候和推荐品种配置见表4-1和表4-2。

1. 品种配置的要素

品种配置的要素是指在配置的过程中应考虑的主要因素，包括以下方面：①品种特性。早实丰产获得收益是种植者的根本目的，因而品种的早实性和丰产性是品种配置的首选条件。②品种数量。薄壳山核桃雌雄异熟，在果园中为保障良好的授粉受精效果，品种的数量不能太少。同一果园内品种配置的数以3~5个为宜，一般不少于3个；在一个范围较大的产区内，品种数量可以更多一些。③花期相遇。花期相遇要求主栽品种雌花的可授粉期与授粉品种雄花的散粉期相遇，授粉品种应选择花粉量大、花期长的品种；反之，授粉品种雌花的可授粉期与主栽品种雄花的散粉期亦一致。④果实成熟期。果实成熟期分为早、中、晚3种类型。果实成熟期的早晚与花期的早晚不完全一致，配置时将果园的品种设计为早、中、晚3类成熟期，错开采收时间，能合理调配劳动力。⑤果型与品质。果型考虑的是坚果的大小，品质考虑的是出仁率及果仁的色泽、风味、营养含量，直接影响着果品的销售价格。

表4-1 薄壳山核桃不同品种花期物候

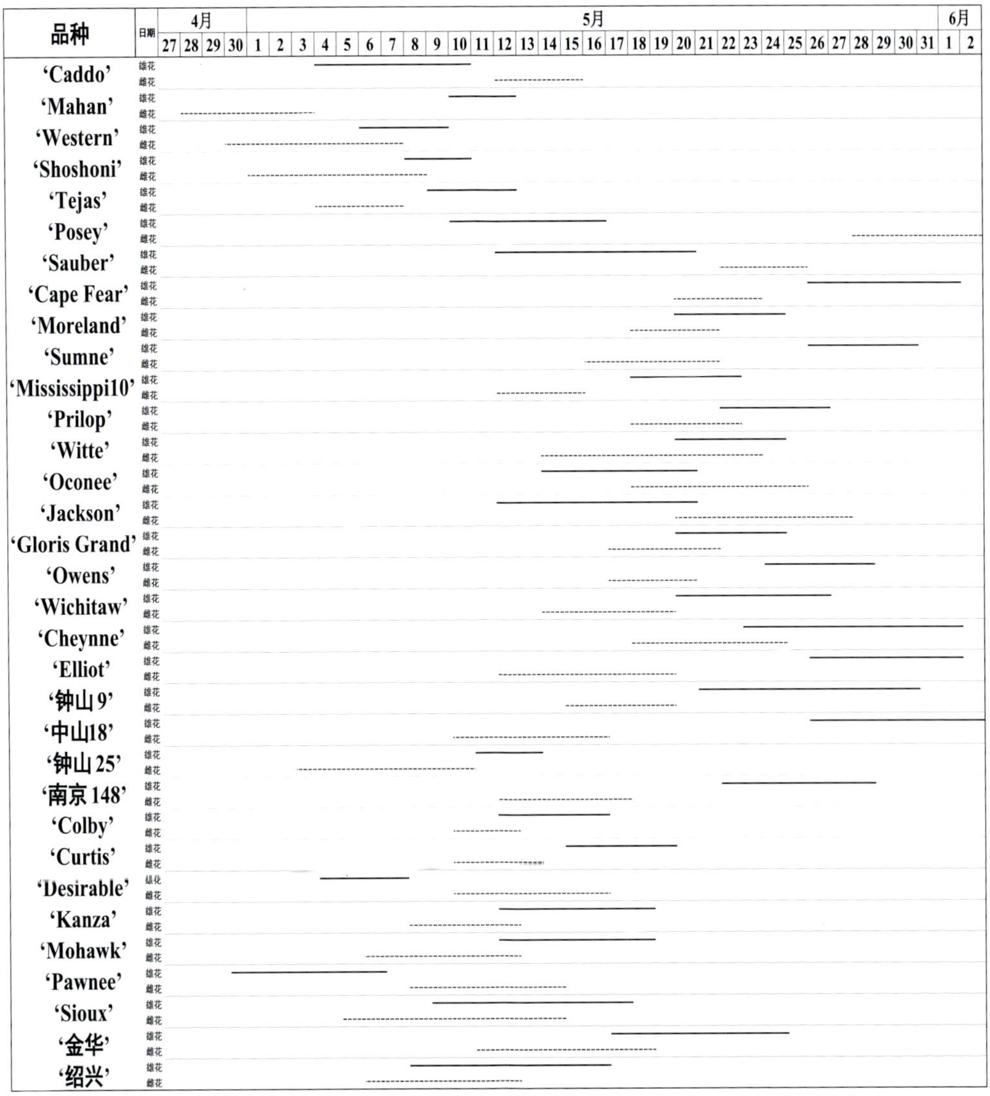

表4-2 推荐的授粉品种及其花期配套的品种

授粉树品种名称	品种名称
巧克陶（Choetaw）	德西拉布(Desirable)、贾尔斯（Giles）、威斯顿·施莱（Western Schley）、切尼（Cheyenne）
切尼（Cheyenne）	科尔比（Colby）、金奥瓦（Kiowa）、马罕（Mahan）、梅尔罗斯（Melrose）、波尼（Pawnee）

（续）

授粉树品种名称	品种名称
卡多（Candy）	Cape Fear（凯普费尔）、切尼（Cheyenne）、Peruque（佩鲁奎）、Giles（贾尔斯）、Western Schley（威斯顿·施莱）、巧克陶（Choctaw）、德西拉布（Desirable）、福克特（Forkert）、杰克逊（Jackson）、金奥瓦（Kiowa）、莫霍克（Mohawk）、肖斯霍尼（Shoshoni）、萨默（Sumner）、马拉迈克（Maramec）
凯普-费尔（Cape Fear）	切尼（Cheyenne）、德西拉布（Desirable）、科尔比（Colby）、凯普·费尔（Cape Fear）、巧克陶（Choctaw）、马拉迈克（Maramec）、埃利奥特（Elliott）、福克特（Forkert）、佩鲁奎（Peruque）、贾尔斯（Giles）、杰克逊（Jackson）、霍马（Houma）、金奥瓦（Kiowa）、梅尔罗斯（Melrose）、波尼（Pawnee）、施莱（Schley）、斯图尔特（Stuart）、威其塔（Wichita）
科尔比（Colby）	切尼（Cheyenne）、马拉迈克（Maramec）、马罕（Mahan）、德西拉布（Desirable）、梅尔罗斯（Melrose）、埃利奥特（Elliott）、贾尔斯（Giles）、杰克逊（Jackson）、金奥瓦（Kiowa）、莫霍克（Mohawk）、施莱（Schley）、肖斯霍尼（Shoshoni）、斯图尔特（Stuart）、威其塔（Wichita）
Creek	埃利奥特（Elliott）、韦斯顿·施莱（Western Schley）、西奥克斯（Sioux）、斯图尔特（Stuart）
德西拉布（Desirable）	金奥瓦（Kiowa）、马罕（Mahan）、梅尔罗斯（Melrose）、波尼（Pawnee）、施莱（Schley）、肖斯霍尼（Shoshoni）、斯图尔特（Stuart）、威其塔（Wichita）
埃利奥特（Elliott）	卡多（Candy）、德西拉布（Desirable）、波尼（Pawnee）、奥康纳（Oconee）
Excel	卡多（Candy）、Creek、凯普费尔（Cape Fear）、德西拉布（Desirable）、奥康纳（Oconee）、波尼（Pawnee）
福克特（Forkert）	凯普费尔（Cape Fear）、埃利奥特（Elliott）、金奥瓦（Kiowa）、萨默（Sumner）
Gloria Grande	凯普费尔（Cape Fear）、德西拉布（Desirable）、埃利奥特（Elliott）、施莱（Schley）、斯图尔特（Stuart）
坎扎（Kanza）	卡多（Candy）、德西拉布（Desirable）、奥康纳（Oconee）、波尼（Pawnee）
金奥瓦（Kiowa）	凯普费尔（Cape Fear）、德西拉布（Desirable）、波尼（Pawnee）、卡多（Candy）
奥康纳（Oconee）	凯普费尔（Cape Fear）、施莱（Schley）、斯图尔特（Stuart）
波尼（Pawnee）	福克特（Forkert）、Gloria Grande、金奥瓦（Kiowa）、施莱（Schley）、斯图尔特（Stuart）、萨默（Sumner）、西奥克斯（Sioux）、坎扎（Kanza）
西奥克斯（Sioux）	卡多（Candy）、凯普费尔（Cape Fear）、德西拉布（Desirable）、波尼（Pawnee）、奥康纳（Oconee）、施莱（Schley）
斯图尔特（Stuart）	凯普费尔（Cape Fear)、Creek、德西拉布（Desirable）、埃利奥特（Elliott）
萨默（Sumner）	凯普费尔（Cape Fear）、德西拉布（Desirable）、奥康纳（Oconee）

注：表中省略品种名称单引号。

2. 品种配置的方案

（1）配置品种的生物学特性比较与筛选

耿国民（2011）提出了薄壳山核桃生产中常用的品种配置方案，选用'Cheyenne'（切尼）、'Desirable'（德西拉布）、'Mahan'（马罕）、'Mohawk'（马荷克）、'Shoshoni'（肖斯尼）建园，各品种在美国当地的生物学特性简介如下。

①'Cheyenne'（切尼）：雄先型，雄花散粉期早，为4月15日～4月25日；雌花可授期中等偏晚，约为4月24日～5月3日。果熟类型为中晚熟，坚果较小，平均106粒/kg，平均出仁率为58%。该品种的主要优点是雄花散粉期最早，具有较强的早实性和丰产性。

②'Desirable'（德西拉布）：雄先型，雄花散粉期早，为4月18日～4月29日；雌花可授期中等偏晚，约为4月27日～5月7日。果熟类型为中晚熟，坚果较大，平均84粒/kg，平均出仁率为54%。该品种的主要优点是雄花散粉期较早，且花粉量大，丰产稳产，坚果也较大。

③'Mahan'（马罕）：雌先型，雌花可授期较早，约为4月17日～4月27日；雄花散粉期为中等偏晚，为4月26日～5月10日。果熟类型为晚熟，坚果大，平均70粒/kg，平均出仁率为59%。该品种的主要优点是坚果较大，出仁率较高，具有较强的早实性和丰产性。

④'Mohawk'（马荷克）：雌先型，雌花可授期早偏中，约为4月24日～5月6日；雄花散粉期中等，为5月1日～5月9日。果熟类型为中晚熟，坚果大，平均71粒/kg，平均出仁率为59%。该品种的主要优点是坚果很大，出仁率较高，早实性和丰产性好。

⑤'Shoshoni'（肖斯霍尼）：雌先型，雌花可授期早偏中，约为4月21日～5月4日；雄花散粉期中等，为5月2日～5月7日。果熟类型为早中熟，坚果中等偏大，平均90粒/kg，平均出仁率为53%。该品种的坚果较大，具有较强的早实性和丰产性。

在确定了配置品种后，还需要进一步确定各品种的种植比例。各品种在果园中所占比例是由种植者调整决定的，它反映了种植者对某品种性状的需求程度。本方案涉及5个品种，所选用的'Cheyenne''Desirable''Mahan''Mohawk'和'Shoshoni'种植比例建议为1∶1∶4∶2∶2或（1～1.5）∶（1～1.5）∶（2～4）∶2∶2。

但在实际生产中，应选用当地适栽的良种进行配置。

（2）配置方案的特点

①5个品种均具有丰产性，其中有4个品种具有很强的早实、丰产的特性，符合果用栽培的首选条件。②品种间花期吻合度较好，雄花最早的散粉期为4月15日，最晚的为5月10日。而此方案中的品种雌花可授期最早为4月17日，最晚5月7日，被上述散粉期全覆盖。几乎在每个品种的雌花可授期都有2个品种的雄花处于散粉期。而且方案中选择了散粉早的品种'Cheyenne'和花粉量大的品种'Desirable'。③配置品种数5个，从数量的角度来说能满足异花授粉的要求。④坚果果型总体较大，符合当前薄壳山核桃主导市场的需要，5个品种坚果平均84.12粒/kg，预期果品上市后会更受青睐，销售单价较高。⑤5个品种的果实成熟期包含了早、中、晚3种，错开了采收时间。这对于劳动力紧张的产区颇为重要。

3. 授粉品种配置原则

在美国，薄壳山核桃按气候与地理位置分为东部品种、南部品种、西部品种和北部品种，适应性各不相同，因此配置的品种必须适应当地的自然条件，以经过区域试验的良种为最佳。配置的授粉品种要求雄花散粉期与主栽品种的雌花可授期基本一致，且花粉量大；以授粉树雌花可授期与主栽品种的雄花散粉期基本一致为好，这样能达到相互授粉，提高产量。配置的授粉树是具有早实性和丰产性的良种，尽快进入投产期，树体尽量矮化，以便采收。

四、栽植时间与密度

由于薄壳山核桃树体高大，生命周期长，单位面积上种植的个体数不能太多。在美国，由于田间各种工作都实现了机械化，行距要求较大；建园时，如果密度大，虽然丰产期来得早，但增加苗木开支，更重要的是大大增加用工支出，以后还要疏除。因此，在美国习惯大树稀植。建园初植密度一般是6m×6m，每公顷定植约277株。根据郁闭情况，一般第15年第1次疏伐1/3或1/2；约20年后，疏伐第2次；约40年后，疏伐第3次，每次疏伐1/3或1/2。建园后20~40年的密度通常是每公顷120株。

合理的密度能达到最佳效益，发挥群体优势，达到丰产、早产、优质、高效。合理的群体结构对土地和空间利用率最高，每个可单株发挥最大的作用。确定种植密度时要考虑品种特性、立地条件和经营方式等因素。我国人多地少，应结合我国的国情，种植密度可适当加大，为尽早实现早果丰产，可采用计划密植的方式，初植密度每公顷277株，以后根据树体发育及果园郁闭度的情况适时适量疏伐。初植密度过大，如果树体控制不当或不及时疏伐，会引发病虫害的重度发生，大大降低坚果的产量和品质，同时还会造成大小年明显、空瘪籽增加等情况的发生。这时需进行错位移栽或间伐，即行内隔株，行间错位移栽或间伐。薄壳山核桃结果树在休眠期带土移栽，当年就能少量挂果，到第4年产量可恢复到移栽前的70%。

间作能收到较好的效益，建园时可采取大行距、小株距稀植的模式。各地的栽培条件差异较大，肥水条件、管理水平等也存在着较大差异，计划密植条件下的初植密度、疏伐强度的确定，可参考表4-3。疏伐的时间可根据果园的郁闭情况确定。定植时可采用三角形、正方形或长方形配置。考虑以后的间伐，要区别永久株和临时株，临时株可定植结果早的品种；授粉树的布置要考虑以后间伐，间伐后依然能保证充分的授粉受精。疏伐时可隔株进行，亦可隔行疏伐，只要空间分布大致合理，尽量疏除生长差、树形差、结果差和病虫危害较重的单株。

表4-3　薄壳山核桃建园初植密度和后期的疏伐（每次疏伐1/2）

初植株行距（m）	每公顷株数（株）	第1次疏伐株行距（m）	每公顷株数（株）	第2次疏伐株行距（m）	每公顷株数（株）
4×4	624	4×8	312	8×8	156
4×5	500	4×10	250	8×10	125
4×6	416	8×6	208	8×12	104
5×6	333	10×6	166	10×12	83
6×6	277	12×6	139	12×12	69

第二节　果用林早实丰产栽培技术

一、我国薄壳山核桃栽培概况

我国引种薄壳山核桃始于19世纪末，1900年由美国传教士邵女士从美国带来少量薄壳山核桃种子，在江阴培育苗木10株试种。孙宏宇认为最早引入是清代光绪初年（1886年），但多数人认为是1900年至1904年，引种于江苏江阴、上海和南京等地的城市庭院和基督教堂院内。后来福建的福州、莆田，浙江的绍兴、金华、嘉兴、杭州也陆续引入。19世纪60年代以前，基本上都是引种种子，直到1965年，法国植物病理学家访华时，赠送了'Mahan''Elisbe'两个品种的苗木，分别栽植于广东、福建、浙江等地，后被多处引种栽植。目前我国栽培广泛，江苏、上海、浙江、安徽、福建、江西、湖南、湖北、云南、四川、北京、河南等22个省（自治区、直辖市）都有栽培，但大都较零散。江苏省南京市，在20世纪50年代初期，由南京市园林局及中央林业试验所响应国家城市绿化和经济林果相结合的号召，引进薄壳山核桃种子繁殖苗木，定植于南京市内的不少街道，同时在盐城建湖、盐都以及扬州市郊也有栽植。薄壳山核桃在我国生长良好，据调查生长于江苏江阴的薄壳山核桃，15年生树高21～25m，胸围60cm，1904年种植的1株，1964年砍伐时地径超过120cm；栽培于南京大学的1株，52年生时采果113.5kg；1901年栽培在安徽舒城基督教堂院内的1株，2016年其胸围262cm，树高25m，树冠近400m^2。20世纪80年代，浙江林学院、江苏省植物研究所、中南林学院相继从美国东南部、西部和北部引进了主栽品种的种子和穗条，建立了种质资源保存库，筛选出了36个无性系，分别嫁接在湖南、浙江、江西和云南等协作点。经过科技工作者的长期努力，20世纪80年代初，我国选出了3个优良无性系，也肯定'马罕'在中国的适应性，建成了2公顷以上的薄壳山核桃园，在浙江建德林场、金华以及安徽黄山市等地的实生树，15年生以前，树高年平均生长量达1m以上，胸径年平均生长量达1.3cm，但结果不理想，最主要原因是雌雄花期不相遇，不能正常授粉，所以高产稳产的单株很少，再加上管理粗放，病虫滋生，无法成为商品果用林。近年来，在浙江、云南、江苏等地开始较大规模的果用林基地发展，但在选择优良品种及合理搭配授粉品种上仍处在起步阶段。

薄壳山核桃在我国引种历史已经超过了一个世纪，引种地遍及20多个省市，在栽培生产中存在以下几个方面问题。

(1) 结实迟，产量低，种植经济效益差

我国早期引种的薄壳山核桃以实生苗为主，或品种单一，花期不遇，产量低，高产稳产的比例很小，即使是优良品种的实生后代也是如此。1978年至1991年浙江林学院王白坡从美国得克萨斯州的美国薄壳山核桃试验站引进'巴顿'（Barton）、'皆乐奇'（Cherokee）等13个优良品种的种子育苗试种，后代产量较高且稳产的单株仅占总株数的0.3%，且后代果实普遍变小。农民种植薄壳山核桃没有效益，但其生长快，材质优良，不等结实就将其砍伐，因此至今薄壳山核桃仅在浙江建德林场、余杭长乐林场等少数国有林场有小面积保留。以色列、澳大利亚、南非等国引种之所以成功，都是得益于多个优良品种的引进，如以色列、澳大利亚在引种之初，就建立了良种品种园和采穗圃，筛选培育优良品种的无性系苗木。

(2) 品种少，优良品种更少

自20世纪30年代以来，美国已培育薄壳山核桃品种上千个，按气候与地理位置将薄壳山核桃品种划分为东部品种、南部品种、西部品种和北部品种，西部品种群耐干旱，但不抗病，北部品种群抗寒、抗旱，东部品种群、南部品种群则怕旱怕寒。美国各州在发展薄壳山核桃生产规划中，首先是选择适合当地生态条件和经济价值较高的品种，而我国在近一个世纪引种实践过程中很少考虑品种原产地与引种地的适应性问题，带有了很大的盲目性。加上已经结实的植株有限，采种育苗后栽植，后代性状分离明显，果实小。尽管我国目前已经选出了一些优良无性系，引进了诸如'马罕'等一些优良品种，但品种还是不多，加上这些品种本身也有某些不足，生产上难以推广。

(3) 种植分散，疏于管理，不重视立地条件选择

薄壳山核桃引种成功的国家在引种中除了重视良种选择外，还非常注意园地的选择、集中连片和规范管理以及集约化经营；而我国多零星种植、疏于管理，也不重视立地条件的选择。薄壳山核桃品种选择要根据当地的土壤条件包括pH值、土壤质地、地下水位等，气候条件包括积温、无霜期长短、冬季最低温度、降水量等，同时还要考虑坚果品质、抗病性和抗寒性等性状。最佳应在土层深厚肥沃、土壤呈微酸性至中性，透水性和保水性都好的沿河两岸冲积土和平原低丘的沙壤至粘壤土，而不适于贫瘠的山地栽培。以土壤pH值来说，薄壳山核桃要求6.0～7.5之间，低于6.0以下就

要通过施用石灰等方法来改良。而我国南方的引种地pH值都在6.0以下，有的甚至是4.0~5.0，不少种植地都会失败。另外我国东南部，花期雨水偏多，导致授粉受精不良，是低产的又一个重要原因，从浙江来看，薄壳山核桃低产不是没有雌花，也不是没有雄花，大多是雌雄花异熟，落花落果严重，坐果率低。1972年至1975年浙江林学院对校园中的12株薄壳山核桃进行了连续4年的人工授粉，但都由于花期雨水多，空气湿度大，坐果率最高的达28.4%，一般在10%以下，花多果少现象十分普遍。

（4）病虫害严重，管理困难

薄壳山核桃引种到我国以后，随着引种数量的增加，特别是近年来开始大力发展，种植面积不断增加，病虫害越来越多，特别是蛀干害虫与食叶害虫危害十分严重，种类达到了几十种。受害严重的薄壳山核桃植株，树干、树枝遇风折断，树叶被吃光，无法正常结实，更严重的甚至全株枯死。由于种植分散，病虫害发生时危害的时间长、范围广，几乎尚无有效的防治方法。

二、肥水管理

在美国，薄壳山核桃种植者常根据叶片样品的分析结果来判断树体的养分需求，再适量施肥。水分管理对薄壳山核桃的生长发育也十分重要。1年中根系生长（3月底~4月初）、果实灌浆（6~7月）、果仁发育（7月下旬~9月）和果实开裂（10月），都是水分管理的关键阶段。在之后几个阶段中的任何1个阶段出现水分胁迫，均会引起落果或僵果，甚至影响到翌年产量。薄壳山核桃成年树每年每株需水量不少于400kg。美国薄壳山核桃种植者都很重视水分管理，无论是野生林地还是果园，均有配套的灌溉系统。

施肥多在11月至翌年2月间进行。在幼树生长时需要经常地施少量氮肥，但在生长季节后期应停施氮肥，否则导致幼树徒长而受冻害。成年大树应在花蕾绽放前给其按树冠直径施硫酸铵或硝酸盐，并在5月下旬至6月下旬，再施以第2次氮肥。在美国，薄壳山核桃缺锌往往会导致树叶发黄，枝多分权甚至会使顶梢枯死，由于美国土壤中普遍缺锌，树冠喷施适量的锌制剂是十分必要的。

1. 施肥管理

施肥可依据薄壳山核桃树体外部形态判断树体营养元素的丰歉，也可进行营养诊断，分析树体元素的盈亏。薄壳山核桃施肥要因地制宜，适时、适量、科学施肥，要充分发挥肥效，节省用肥。

薄壳山核桃施肥应以有机肥料为主，配合施用适量化肥；以土壤施肥为主，配合根外追肥。根据无公害、绿色或有机薄壳山核桃生产目标，严格按照标准科学施肥。

（1）施肥量

不同树龄薄壳山核桃树对肥料的需求不同。幼树吸收氮量较多，对磷和钾的需求量较少，施肥时应以氮肥为主；盛果期以后，对磷、钾肥的需要量相应增加，在施氮肥的同时，注意增施磷、钾肥。无论是幼树还是成年树，均以施农家肥为主，配合适量化肥。

薄壳山核桃幼树栽植第二年起，每年施肥3次，2～3年生在3月中下旬、5月上旬分别株施硫酸钾型复合肥（N：P_2O_5：K_2O为15：15：15）50～80g，9～10月株施充分腐熟有机肥10～15kg；4年生以后至投产前N：P：K比例为5：2：3，3月中下旬、5月上旬分别株施复合肥100～200g，9～10月株施充分腐熟有机肥20～30kg。盛果期N：P：K比例为2：1：2，根据树体大小和产量确定施肥量，提倡测土配方精准施肥，以株产5kg坚果的树，每年施硫酸钾型复合肥（N：P_2O_5：K_2O为15：15：15）1.0～1.5kg，腐熟有机肥20～30kg测算施肥量。基肥以腐熟有机肥为主，占总施肥量的65%～70%；追肥以复合肥为主，占总施肥量的30%～45%。

（2）施肥时期

春、秋季施基肥，以秋季为好，在薄壳山核桃采收后到落叶前完成。基肥以迟效性农家肥为主，如厩肥、堆肥、绿肥、秸秆肥、糟渣肥、泥肥等。秋施基肥，由于温度较高，利于伤根的愈合和新根的形成与生长，利于农肥的分解和吸收，对提高树体营养水平，促进翌年花芽的继续分化和生长发育均有明显的效果；追肥是对基肥的一种补充，以速效性肥料为主，主要在树体生长期施入。追肥一般每年进行2～3次。第一次，是在薄壳山核桃开花前或展叶初期进行，以速效氮为主，主要作用是促进开花坐果和新梢生长，追肥量应占全年追肥量的50%。第二次追肥，在幼果发育期（6月份），仍以速效氮为主，主要作用是促进果实发育，减少落果和促进新梢的生长与木质化以及花芽分化，追肥量占全年追肥量的30%。第三次追肥，在坚果硬核期（7月份），以氮、磷、钾复合肥为主，主要作用是供给核仁发育所需的养分，保证坚果充实饱满，追肥量占全年追肥量的20%。此外，有条件的地方，可在果实采收后追施速效氮肥，其作用是恢复树势，增加树体养分储备，提高树体抗逆性，为翌年的生长结果打下良好的基础。

（3）施肥方法

1）放射状施肥

从树冠边缘的不同方位开始，向树干方向挖4～8条放射状的施肥沟，沟宽20～40cm，深30cm左右（基肥稍深，追肥较浅），沟长与树冠半径相近，沟深由冠内向冠外逐渐加深。沟挖好后，将肥料与土壤充分拌匀填入沟内，然后覆土。每年施肥沟的位置要变更。该方法用于长势强、树龄较大的树。

图4-3 放射状施肥

2) 环状施肥

适用于幼树。具体方法是：沿着树冠的外缘，挖一条深30～40cm、宽40～50cm的环状施肥沟，施肥沟可挖半环，也可挖全环，挖半环的需轮流开挖，一年一个方位。将肥料与土壤拌匀填入沟内，然后覆土。基肥可深施，追肥可浅施。

图4-4 环状施肥

3) 叶面施肥

叶面喷肥是一种经济有效的施肥方式。其原理是通过叶片气孔和细胞间隙，使养分直接进入树体内。用肥少，见效快，利用率高，而且可与多种农药混合喷施，对缺水少肥地区尤为实用。通常用作叶面施肥的肥料种类和浓度：尿素0.3%～0.5%，过磷酸钙0.5%～1%，硫酸钾0.2%～0.3%，磷酸二氢钾0.3%～0.5%，硼酸0.1%～0.2%，钼酸铵0.5%~1%，硫酸铜0.3%~0.5%。

喷肥时间可根据需要分别在开花期、新梢快速生长期、花芽分化期及采收后进行，宜在晴天的上午10时前和下午3时喷施，阴雨或大风天气不宜喷施。

2. 水分管理

薄壳山核桃树体高大，叶片宽阔，蒸腾量大，因此，需水量也大。另外，薄壳山核桃喜湿润，抗旱力较弱，及时灌溉是增产的一项有效措施。

浇水时期和次数依据土壤含水量和薄壳山核桃物候期决定。年降雨量1000~2000mm，降雨分布均匀则可满足树体需要。一般可分为以下几个时期：萌芽前后，若春旱少雨，可进行灌水；开花后和花芽分化前，花芽分化、果实迅速膨大，若干旱应及时灌水。尤其在种仁充实期（8月份），应灌一次透水，确保核仁饱满；果实采收后，即施基肥后需大水灌透。

另外，树下覆草是一种有效的节水措施。树下用鲜草、干草、碎秸秆覆盖地面，一般厚度为5~10cm，以不露地表为准。实践证明，树下覆草能减少地表水分蒸发，保持土壤湿度，抑制杂草生长，且覆盖物腐烂后，能增加土壤有机质，改善土壤结构，提高土壤肥力。

现阶段，叶片营养诊断应用于树体营养状况的诊断，取代了传统的土壤养分分析。叶片是整个树体上对土壤矿质营养反应最敏感的器官，它的矿质营养状况可以代表树体对土壤矿质营养的吸收利用状况。它既是地下运输来的矿质营养的贮存库，又是果实生长发育所需矿质营养的供给源，是果树同化代谢功能最活跃部位。

薄壳山核桃在美国有悠长的栽培历史，受到了高度的重视，研究较为深入，且制定的叶片营养标准（表4-4），对我国薄壳山核桃栽培管理有很大帮助。

表4-4 国外薄壳山核桃叶片营养诊断标准

元素	缺乏	低	可接受范围	最佳	过高（毒害）
N（%）	<1.7	1.7~2.4	2.5~4.0	3.0	>4.0
P（%）		<0.12	0.12~0.3	0.2	>0.4
K（%）	<0.36		0.75~1.25	1.1	>3.5
Ca（%）		<0.7	0.7~1.5	1.1	
Mg（%）			0.3~0.6	0.5	
Fe（mg/kg）		<50	100~300	200	
Cu（mg/kg）		2~4	10~30		>250
Zn（mg/kg）	<30		80~500	100	
Mn（mg/kg）			40~300	100	>2500

薄壳山核桃叶片中大量及微量元素含量都在一定范围内，含量过多或过少都会影响其正常生长发育。以大量元素氮、磷、钾为例，氮元素是影响薄壳山核桃生长最重要也是最易缺失的元素，一旦缺失氮素，叶片浅绿直至黄色，花发育不良甚至不育，坚果产量少，大部分坚果小并且会提早落；而过量的氮又会使得树中其他元素的含量下降，最突出是钾，其次是磷。由于过多的氮刺激营养生长会稀释可利用的钾和磷，如果叶片中钾含量已经接近了最低水平，大量施用氮肥会导致钾的不足，称为"氮焦"。"氮焦"会引起严重的落叶，首先表现在枝条的基部叶片，并逐渐向上扩散，同样的，每个叶片的基部小叶也会受到影响，然后到顶生小叶，最终小叶和叶轴（小叶与叶片连接处）脱落。

钾肥是继氮肥之后对薄壳山核桃产量影响较大的元素，它也是薄壳山核桃生理生长所必需的，但相对于氮，它与其生长关系较小。钾与碳水化合物的运输、渗透调节、酶的活性以及植物其他生理过程有关。钾的含量直接影响果实中果仁的含油量，外壳中钾的浓度可直接影响果实成熟时的开裂程度。在氮和钾不平衡时通常会引起钾不足。钾不足首先表现在老叶上，表现出不规则变色。随着叶片中钾含量减少和季节的变换，变色越来越显著，并在茎和叶片中蔓延，这一阶段的颜色更接近于古铜色；随后，变为浅黄色，这往往被误认为氮素缺乏症，然而此时叶片中氮素含量很高。钾缺乏引起的变色，色斑没有规则，且与氮缺乏引起的变色有很多的区别。在这一阶段，坏死斑点在幼叶上出现，而氮缺乏则不会出现。若叶片中钾的含量继续减少，叶片边缘会开始干枯，随后扩展到小叶边缘的大部分或全部，在发黄叶片上的坏死斑点也开始逐渐扩大，叶片变干，有时坏死斑点在茎上也会发现。薄壳山核桃树果期树体的大部分器官中的钾素都转运至果实，导致叶片钾缺乏加剧。在收成好的年份，叶片先端和边缘会发生干枯，因为此时树上大多数的钾素都在果实中。钾缺乏加之丰收的负担可能会引起过早的树体落叶和树枝枯死。与此同时，钾缺乏会产生小而不饱满的果实，对寒冷及病害抵抗力也降低。

磷是一个常量营养元素，也是形成木材和坚果必需的重要元素。在薄壳山核桃中，缺磷是极其罕见的，因此很难有明确的诊断来说明植物是否缺磷。但当缺磷严重时，幼叶则会在春季时发黄或表现为萎黄病，茎变细，果实干瘪，叶片成烧焦状后落叶。叶片磷浓度低也会降低树木对寒冷天气的抵御能力。当氮充足而磷缺乏时，新叶的生长颜色可能呈现黑暗或紫色色调。充分掌握树体各器官中营养元素的周年动态变化规律，尤其是叶片中的营养元素变化规律，能第一时间了解薄壳山核桃各个关键物候期的树体营养状况，方便管理者及时科学诊断与合理建议施肥。

在浙江建德，以15年生薄壳山核桃'Mahan'为材料，研究了树体各器官中营养元素在各阶段的动态变化。

3. 树体各器官营养元素动态变化

（1）薄壳山核桃'Mahan'叶片大量元素含量的动态变化

1）薄壳山核桃叶片N含量的动态变化

叶片从4月初到5月份基本完成生长，N元素（用元素符号表示，下同）含量从3.08%降低到2.00%，降低了约1/3；5～6月为果实缓慢生长期，叶片N含量从2.00%下降至1.91%，下降了0.09%，该阶段，氮百分含量维持在一个较低水平；6月底7月初果实进入迅速膨大期后，N含量变化较小，直到9月27日含量变为1.64%，3个月时间内氮含量仅降低了0.27%，下降速度只有生长期的2.5%；果实采收后10月28日N含量下降至1.34%。薄壳山核桃在不同物候期叶片N元素含量差异均达到极显著水平，N元素平均含量为2.02%，变异系数均值为8.90%，其中开花授粉期变异系数最大为13.37%。

2）薄壳山核桃叶片P含量的动态变化

P在叶片生长中变化规律同N相近，4月初开始长出的幼叶中P含量最高，达到0.39%，到5月12日，含量降低到0.19%，下降了0.2%，下降速度最快；5～6月下降速度较前一个月变慢，6月20日，P含量只有0.14%，下降量为0.05%；6～10月，P含量变化最慢，到采收时，降低到最低点，为0.10%，3个月时间降低了0.04%。薄壳山核桃在不同物候期叶片P元素含量差异均达到极显著水平，P元素平均含量为0.15%，变异系数均值为19.94%，其中开花授粉期变异系数最大为30.05%，是大量元素中变异系数最大的。

3）薄壳山核桃叶片K含量的动态变化

K在叶片生长中变化规律不同于N、P变化，整体呈先下降后上升趋势。4月21日叶片生长初期含量最高为1.52%，到7月6日降至最低含量1.03%，下降了0.49%，在4～5月叶片生长期，K元素含量降低速度最快；5～6月下降速度较上一个月变慢，6月20日含量为1.05%；6～7月变化速度最慢，下降了0.02%；7～10月，K含量开始逐渐上升，直至果实采收时K含量为次高值1.42%。薄壳山核桃在不同物候期叶片K元素含量差异均达到极显著水平，变异系数均值为11.31%，其中果实膨大期变异系数最大为16.09%。

4）薄壳山核桃叶片Ca含量的动态变化

叶片Ca含量随着时间的推移不断积累，从最初的最低值0.66%直到果实采收前后达到的最高值1.29%。但在8月30日至9月16日，Ca元素含量有所下降，随后又回升。薄壳山核桃在不同物候期叶片Ca元素含量差异均达到极显著水平，叶片Ca元素平均含量为1.06%，变异系数均值为9.76%，其中开花授粉期变异系数最大为15.08%。

5）薄壳山核桃叶片Mg含量的动态变化

叶片Mg含量变化规律较平稳，在叶片生长发育初期到坐果期（4月21日到6月20日）含量有所上升，4月21日，Mg的含量是0.36%，到6月20日是最高点，为0.43%，此时叶片在果实生长初期，果仁开始填充初期Mg含量最高，然后有所下降。在7月后，Mg含量数值变化较小，基本维持在0.29%~0.39%。薄壳山核桃在不同物候期叶片Mg元素含量差异均达到极显著水平，Mg元素平均含量为0.37%，变异系数均值为12.21%，其中果实成熟期变异系数最大，为22.33%，在果实成熟期大量元素中变异系数最大。

综上所述，薄壳山核桃叶片大量元素的含量高低依次排序为N＞K＞Ca＞Mg＞P，叶片大量元素含量随生长季节发生显著变化，N、P元素变化趋势基本一致，都以4月份展叶期含量最高，随后持续下降；Ca元素与之相反，4月份含量最低，随后持续上升；K元素是先下降后上升，而Mg元素是先上升后下降，拐点最值都处在6月底7月初，即果实生长缓慢期转向果实迅速膨大期间，该时期也是元素吸收、转运及分配的关键时期。但是不同营养元素的含量随季节变化的变化幅度不同，以N的变化幅度最显著（表4-5，表4-6，图4-5）。

表4-5 薄壳山核桃4个物候期叶片大量元素含量的多重比较

物候期	元素				
	N（%）	P（%）	K（%）	Ca（%）	Mg（%）
开花授粉期	2.61±0.13a	0.26±0.09a	1.35±0.07a	0.66±0.08c	0.38±0.03b
坐果期	2.04±0.06b	0.14±0.02b	1.15±0.07b	1.06±0.04b	0.42±0.03a
果实膨大期	1.78±0.05c	0.09±0.02c	1.14±0.10b	1.29±0.06a	0.36±0.04b
果实成熟期	1.54±0.09d	0.1±0.06c	1.37±0.08a	1.26±0.08a	0.33±0.08c

注：开花授粉期为2012年4月20日至5月15日；坐果期为2012年5月20日至6月30日；果实膨大期为2012年7月5日至8月30日；果实成熟期为2012年9月15日至10月30日。下同。

表4-6 薄壳山核桃4个物候期叶片大量元素含量的变异系数（%）

物候期	元素				
	N	P	K	Ca	Mg
开花授粉期	13.37	30.05	9.98	15.08	7.70
坐果期	6.31	7.51	9.31	5.58	6.31
果实膨大期	5.81	12.80	16.09	8.38	12.48
果实成熟期	10.11	29.41	9.87	9.98	22.33
平均	8.9	19.94	11.31	9.76	12.21

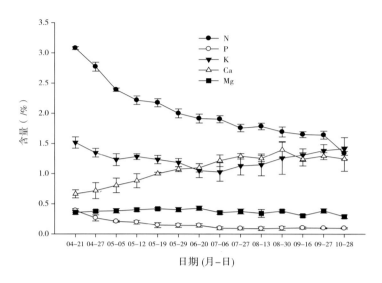

图4-5 薄壳山核桃'马罕'叶片大量元素的动态变化

（2）薄壳山核桃'Mahan'叶片微量元素含量的动态变化

微量元素是指植物正常生长和发育必不可少而又需要量很小的一类矿质元素，它在农业生产上已显示出越来越重要的作用。虽然植物体内微量元素的含量一般只有百万分之一到十万分之一，但在植物生长发育的过程中，它们却扮演着十分重要的角色。它们在植物体内多为酶或辅酶的组成成分，参加糖和氮的代谢氧化还原过程，影响着植物光合作用、呼吸作用的过程，同时，还可以提高作物对病害和不良环境的抗性。

1）薄壳山核桃叶片Fe含量的动态变化

Fe含量动态变化与K元素相似，呈先下降后上升的趋势，但Fe元素波动幅度较大，4月21日含量最高，达到83.14mg/kg，7月中上旬至8月下旬（果实膨大期）开始下降至果实成熟期（9月16日）最低，为25.13mg/kg，此后又上升至较高水平，10月28日达到66.47mg/kg。薄壳山核桃在开花授粉期与其他关键物候期相比，叶片Fe元素含量差异达到极显著水平，而后几个物候期间，叶片Fe元素含量无显著性差异。薄壳山核桃叶片Fe含量在开花授粉期均值为74.28mg/kg，整个生长发育过程均值为52.43mg/kg，变异系数均值为36.37%，是微量元素中变异系数均值最大的元素，其中果实成熟期变异系数最大为44.57%。

2）薄壳山核桃叶片Cu含量的动态变化

Cu含量在4月21日达到最高，为20.88mg/kg，在之后的一个月内迅速下降至5月19日（花期与坐果期）的最低，仅6.29mg/kg，说明开花授粉期对Cu的消耗较大，在5月29日（坐果期）立即上升至含量次高值12.89mg/kg，而后又缓慢下降至5.89mg/kg。薄壳山核桃在不同物候期叶片Cu元素含量差异均达到极显著水平，Cu含量均值为

9.01mg/kg，变异系数均值为25.25%，其中坐果期变异系数最大为44.68%。

3）薄壳山核桃叶片Zn含量的动态变化

Zn是一些酶的组成成分，并与叶绿素的合成和碳水化合物的转化有关，能提高光合作用，有利于光合效率的提高。Zn的含量变化规律与Cu元素相似，但波动更大，4月21日达到最高，为129.98mg/kg，此后下降至5月4日的91.74mg/kg，随后升至含量次高值5月12日（雄花序脱落期）的128.75mg/kg，之后上下波动直至维持在90mg/kg的水平。薄壳山核桃在开花授粉期与之后关键物候期比较，叶片Zn元素含量差异达到极显著水平，而后几个物候期间，叶片Zn元素含量无显著性差异。Zn元素在开花授粉期含量均值为116.69mg/kg，整个生长发育过程均值为94.15mg/kg，变异系数均值为21.43%，其中开花授粉期变异系数最大为37.49%。

（4）薄壳山核桃叶片Mn含量的动态变化

Mn在植物的光合作用中起着重要作用。植物叶绿体中含有丰富的Mn，缺Mn会导致叶绿素含量减少，光合作用降低。Mn是某些脱氢酶、氢氧化铁还原酶的组成成分，能参加糖代谢中的水解和基团转移，改变碳水化合物的合成与运输，特别是能加速糖由叶部向结实器官的运输。此外，Mn对植物的氮素营养有良好影响，在植物体内的氧化还原过程和含氮物质的合成过程中起着一定作用。

Mn的含量在4~10月间波动幅度不大，整体呈先缓慢下降而后上升直至最高，4月21日含量为650.86mg/kg，5月12日下降至最低，为500.07mg/kg，而后上升直至10月28日达到最高，为1016.48mg/kg。薄壳山核桃在不同物候期叶片Mn元素含量差异均达到极显著水平，Mn元素含量均值为735.76mg/kg，变异系数均值为23.34%，其中开花授粉期变异系数最大为32.03%。

综上所述，薄壳山核桃叶片微量元素的含量高低依次排序为Mn>Zn>Fe>Cu，叶片微量元素含量随生长季节发生显著变化，Fe、Zn元素变化趋势基本一致，呈波动趋势；Cu元素是下降上升再下降；Mn元素则是先下降后上升。但是不同营养元素的含量随季节变化的变化幅度不同，以Fe、Zn的波动幅度最大（表4-7，表4-8，图4-6）。

表4-7 薄壳山核桃4个物候期叶片微量元素含量的多重比较（mg/kg）

物候期	元素			
	Fe	Cu	Zn	Mn
开花授粉期	74.28±3.50a	13.32±1.06a	116.69±8.29a	590.41±37.53c
坐果期	47.45±4.08b	9.4±1.12b	79.25±2.71b	582.02±32.26c
果实膨大期	41.76±3.41b	6.88±0.32c	89.81±3.49b	801.74±37.99b
果实成熟期	46.22±4.33b	6.44±0.24c	90.85±3.00b	968.86±35.25a

表4-8 薄壳山核桃4个物候期叶片微量元素含量的变异系数(%)

物候期	元素			
	Fe	Cu	Zn	Mn
开花授粉期	25.83	22.96	37.49	32.03
坐果期	34.83	44.68	14.51	23.52
果实膨大期	40.28	17.96	19.71	22.39
果实成熟期	44.57	15.01	14.01	15.43
平均	36.67	25.15	21.43	23.34

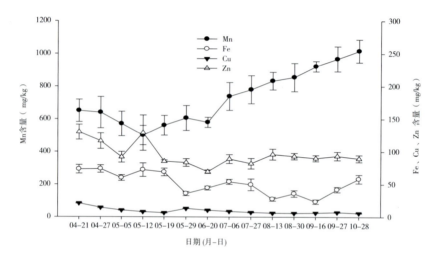

图4-6 薄壳山核桃'马罕'叶片微量元素的动态变化

(3)薄壳山核桃'Mahan'叶片矿质元素相关性分析

对薄壳山核桃9种矿质元素含量进行相关性分析(表4-9),表明叶片N、P、K三大营养元素间具有较高的相关性,其中N与P呈极显著正相关,相关系数为0.945,P与K呈显著正相关,相关系数为0.545,说明叶片P与N、K元素的吸收相互间具有促进作用。微量元素Fe、Cu、Zn、Mn相互之间及其与大量元素间也存在较强的相关性。其中,N与Fe、Zn、Mn,P与Fe、Zn、Mn,Ca与Cu之间呈极显著正相关,P与K、K与Mn、Fe与Mn呈显著正相关,存在协同关系,N与Ca、Cu,P与Ca,Ca与Fe、Zn,Mg与Cu之间呈极显著负相关,Ca与Mn之间呈显著负相关,存在拮抗关系。说明薄壳山核桃树体内各种营养元素间会存在不同程度的协同或拮抗关系,某种元素过多可能会促进或限制其他元素的有效吸收与积累。

表4-9 薄壳山核桃'马罕'叶片9种矿质营养元素相互间的相关性

元素	N	P	K	Ca	Mg	Fe	Cu	Zn	Mn
N	1								
P	0.945**	1							
K	0.318	0.545*	1						
Ca	−0.927**	−0.914**	−0.369	1					
Mg	0.342	0.165	−0.379	−0.281	1				
Fe	0.679**	0.688**	0.351	−0.754**	0.259	1			
Cu	−0.682**	−0.52	0.272	0.710**	−0.734**	−0.537*	1		
Zn	0.849**	0.896**	0.368	−0.772**	0.18	0.464	−0.455	1	
Mn	0.663**	0.724**	0.636*	−0.635*	−0.111	0.576*	−0.232	0.51	1

注：*和**分别表示在0.05和0.01水平上显著相关。

薄壳山核桃N、P元素在叶片生长过程中不断下降，叶片开始生长时含量最高，以后随着新梢旺长，叶龄增加和花芽分化，幼果迅速发育，各个器官对N、P的竞争加剧，叶片的N、P元素含量逐渐减少，在果实采收时测定的N、P含量最低。其4~5月的叶片生长期下降速度最快，之后下降缓慢，从7月份开始，叶片P含量属于低浓度范围，而N元素在10月份下降较快，后期N含量小于1.7%，将会影响薄壳山核桃果实的生长发育，因此在果实膨大期应及时补充N、P肥。果实采收后，叶片N、P含量继续下降，保证其低含量进入落叶休眠期，含量过高可能会引发薄壳山核桃二次生长，不能及时进入休眠期而造成寒害。N元素含量均值在大量营养元素中最大，说明薄壳山核桃对于N元素需求最大。

Ca元素随着时间的推移不断积累，到果实采收前后达到最大值。研究地土壤Ca供应充足（土壤为石灰岩发育形成的壤土），Ca在叶片生长发育过程中不断积累，加之Ca元素是较难移动的元素，Ca的含量不断升高直至果实采收前后达到最高，为1.29%。

叶片Fe含量在叶片生长发育期处在最适浓度范围内，待叶面积不再扩张，Fe含量低于最适浓度下限，进入果实发育期后，Fe含量处于低浓度范围，对薄壳山核桃栽培而言，已处于Fe元素供应不足阶段。而叶片的Zn含量在整个生长发育过程中基本都处在最适浓度范围内，只有在生理落果期低于最适范围下限，对薄壳山核桃来说，Zn供应不足，严重影响其生长发育。

雌雄花序发育状况直接关系到果实的产量高低和品质好坏。了解雌雄花序发育动态，掌握雌雄花序营养动态变化，对控制花量、提高花质、减少落花落果、确保果实的产量和质量具有重要的意义。

花芽与叶芽一样，早春活动所需营养均为上年贮藏营养。在芽萌动期，即开始活动时，雄花序芽中的矿质元素含量与雌花序芽相比，N、P、K、Ca含量基本一致，Mg、Mn含量偏低，Fe、Zn、Cu的含量较高（表4-10）。

表4-10 '马罕'开始萌动期花序矿质元素含量

植物营养元素	雌花序	雄花序
N（%）	1.94	1.78
P（%）	0.18	0.15
K（%）	0.52	0.49
Ca（%）	1.22	1.40
Mg（%）	0.33	0.24
Fe（mg/kg）	158.06	496.76
Mn（mg/kg）	848.42	697.62
Cu（mg/kg）	12.89	16.82
Zn（mg/kg）	89.50	112.38

（4）薄壳山核桃'Mahan'雌雄花序中大量元素含量的动态变化

1）薄壳山核桃雌雄花序中N含量的动态变化

N元素含量在雌雄花序生长过程中先上升后下降。雌雄花序在开始生长初期，即3月24日至4月7日这半个月间上升地非常迅速，分别从1.94%和1.78%升到4.52%和4.07%，在接下去的半个月内雌花序中N含量持续平稳地上升至4月21日最高值4.58%，而雄花序至4月27日，含量降幅最大，主要与此时期雄花序生长量的生长节律最快相对应。雄花序散粉前一周（4月27日），雌雄花序中的N元素含量开始下降，分别从4.03%和2.72%降至授粉两周后的最低含量2.70%和1.97%（图4-7）。

2）薄壳山核桃雌雄花序中P含量的动态变化

P元素含量在雌雄花序生长过程中同N元素一样。雌雄花序在开始生长初期，即3月24日至4月7日这半个月间上升地非常迅速，分别从0.18%和0.15%升至0.53%和0.53%，雌花序在接下去的半个月内持续平稳地上升至最高值0.54%，而雄花序至4月27日，含量降幅最大，主要与此时期雄花序生长量的生长节律最快相对应。雄花序散粉前一周，雌雄花序中的P元素含量开始下降，分别从0.41%和0.23%降至授粉两周后的最低含量0.20%和0.12%，可能与P元素大量从雄花序中转移到了其他器官中有关，因此含量会下降。

3）薄壳山核桃雌雄花序中K含量的动态变化

K元素含量在雌花序生长过程中先上升后平缓小幅度下降，而在雄花序则是持续上升。雌雄花序在开始生长初期，即3月24日至4月7日这半个月间上升地非常迅速，分别从0.52%和0.49%升至1.44%和1.28%，在接下去的一个多月内雌花序中K元素含量开始持续平缓小幅度地下降至1.10%。

4）薄壳山核桃雌雄花序中Ca含量的动态变化

Ca元素含量在雌雄花序生长过程中先下降后上升。雌花序在开始生长初期，即3月24日至4月21日这一个月间下降得非常迅速，从1.22%降为0.42%，在接下去时间内又持续平稳地上升至次高值0.94%；而雄花序在开始生长初期，即3月24日至4月7日这半个月间下降得非常迅速，从1.40%降为0.37%，4月7日至5月5日，继续较平缓地下降，从0.37%降至0.20%，随后一周又缓慢地上升至0.31%。

5）薄壳山核桃雌雄花序中Mg含量的动态变化

Mg元素含量在雌雄花序生长过程中变化较为平缓，雌花序Mg元素含量范围波动在0.33%至0.38%间，而雄花序在4月有小幅升到最高含量0.28%的情况，而后开始缓慢下降至0.20%，可能与该时期雄花序生长量相对平缓有关。雄花序Mg含量波动范围一直在0.20%至0.28%间。

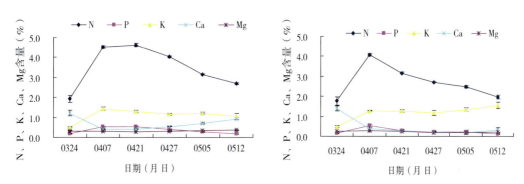

图4-7 薄壳山核桃'马罕'雌雄花序中大量元素的动态变化（左：雌，右：雄）

（5）薄壳山核桃'Mahan'雌雄花序中微量元素含量的动态变化

1）薄壳山核桃雌雄花序中Fe含量的动态变化

Fe元素含量在雌雄花序生长过程中呈逐渐下降的过程。在开始生长初期，雌雄花序中Fe元素含量最高，分别为158.06mg/kg和496.76mg/kg，且雄花序中的含量是雌花序的3倍。从3月24日到4月7日，Fe元素含量在雌雄花序中的降幅最大，分别降低了31.84%和44.30%，而后开始缓慢下降至最低值，分别为47.37mg/kg和165.48mg/kg（图4-8）。

2）薄壳山核桃雌雄花序中Cu含量的动态变化

Cu元素含量在雌花序生长过程中先上升后下降，而在雄花序生长过程中先上升后下降再上升。雌雄花序在开始生长初期，即3月24日至4月7日这半个月间上升地非常迅速，尤其是雄花序，分别从12.89mg/kg和16.82mg/kg升至24.22mg/kg和33.13mg/kg。雌花序在接下去的时间内持续平稳地下降至最低值2.02mg/kg。

3）薄壳山核桃雌雄花序中Zn含量的动态变化

Zn元素含量在雄花序生长过程中变化起伏较大，呈"下降–上升–下降–上升–下降"趋势，波动范围在103～133mg/kg。说明雄花序在生长发育过程中Zn元素含量很稳定。

4）薄壳山核桃雌雄花序中Mn含量的动态变化

Mn元素含量在雌花序生长过程中有一个"下降–上升–下降–上升"的过程，在雄花序生长过程中先下降后上升。雌雄花序在开始生长初期，Mn元素含量都是最高的，分别为848.42mg/kg和697.62mg/kg，而后骤降至516.09mg/kg和424.17mg/kg，随后雌花序中Mn含量介于500～560mg/kg，而雄花序持续平稳地降至199.48mg/kg。但在进入雄花序脱落期间，雌雄花序中Mn元素含量又开始有所上升，分别升至556.59mg/kg和291.47mg/kg。

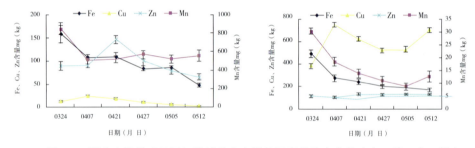

图4-8 薄壳山核桃'马罕'雌雄花序中微量元素的动态变化（左：雌，右：雄）

（6）薄壳山核桃'Mahan'雌雄花序营养元素相关性分析

1）薄壳山核桃雌花序营养元素相关性分析

对薄壳山核桃样树雌花序的营养元素含量进行相关性分析（表4-11），表明雌花序中三大营养元素N、P、K间具有较高的相关性，其中N与P呈极显著正相关，相关系数为0.976，N与K呈显著正相关，相关系数为0.858，说明薄壳山核桃雌花序中N与P、K元素的吸收相互间具有促进作用。微量元素Fe、Cu、Zn、Mn与大量元素间也存在一定的相关性。其中，Ca与Mn间呈显著正相关，存在协同关系，N与Ca、P与Ca、K与Mn之间呈极显著负相关，K与Ca、Mg与Zn之间呈显著负相关，存在拮抗关系。说明薄壳山核桃树体雌花序内各种营养元素间会存在不同程度的协同或拮抗关系，N、P、K元素相互间起促进作用，Ca与N、P、K间起抑制作用。

表4-11　薄壳山核桃'马罕'雌花序中9种矿质营养元素相互间的相关性

元素	N	P	K	Ca	Mg	Fe	Mn	Cu	Zn
N	1								
P	0.976**	1							
K	0.858*	0.762	1						
Ca	−0.988**	−0.944**	−0.911*	1					
Mg	−0.663	−0.767	−0.205	0.583	1				
Fe	−0.179	0.031	−0.545	0.261	−0.516	1			
Mn	−0.744	−0.606	−0.965**	0.817*	0.043	0.715	1		
Cu	0.629	0.774	0.305	−0.548	−0.754	0.563	−0.052	1	
Zn	0.63	0.709	0.237	−0.542	−0.894*	0.352	−0.144	0.585	1

注：*和**分别表示在0.05和0.01水平上显著相关。

2）薄壳山核桃雄花序营养元素相关性分析

对薄壳山核桃样树雄花序的营养元素含量进行相关性分析（表4-12），表明雄花序中三大营养元素N、P、K间只有N与P具有较高的相关性，呈极显著正相关，相关系数为0.966，说明薄壳山核桃雄花序中N与P元素的吸收具有促进作用。Ca与Fe、Ca与Mn、Fe与Mn也存在极显著正相关。而K与Ca、K与Fe、K与Mn之间呈极显著或显著负相关，存在拮抗关系。说明薄壳山核桃树体雄花序内各种营养元素间会存在不同程度的协同或拮抗关系，N、P元素相互间起促进作用，K与Ca、Fe、Mn间起抑制作用。

表4-12　薄壳山核桃'马罕'雄花序中9种矿质营养元素相互间的相关性

元素	N	P	K	Ca	Mg	Fe	Mn	Cu	Zn
N	1								
P	0.966**	1							
K	0.324	0.172	1						
Ca	−0.469	−0.288	−0.918**	1					
Mg	0.621	0.721	−0.249	0.306	1				
Fe	−0.234	−0.055	−0.950**	0.961**	0.473	1			
Mn	−0.212	−0.026	−0.862*	0.953**	0.575	0.966**	1		
Cu	0.635	0.563	0.795	−0.648	0.376	−0.602	−0.429	1	
Zn	−0.346	−0.553	0.449	−0.522	−0.798	−0.608	−0.709	−0.106	1

注：*和**分别表示在0.05和0.01水平上显著相关。

3）薄壳山核桃雌雄花序间营养元素相关性分析

雌花序全P与雄花序全N、雌花序全Mn与雄花序全Ca、雌花序全Fe与雄花序全Fe呈极显著正相关；雌花序全N与雄花序全N、雌花序全Cu与雄花序全P、雌花序全Cu与雄花序全Mg、雌花序全Mn与雄花序全Fe、雌花序全Fe与雄花序全Mn、雌花序全Mn与雄花序全Mn呈显著正相关；雌花序全Ca与雄花序全N、雌花序全Fe与雄花序全K、雌花序全Mn与雄花序全K、雌花序全K与雄花序全Ca呈极显著负相关。

雌雄花序在3月底至4月初的生长旺盛期需要N、P素营养比较多，所以其含量上升速度最快，随后由于已满足其自身发育需求，4月中下旬至5月中旬含量有明显下降，但是下降幅度比较平稳。4~5月雄花序生长旺盛期，雄花序中开始大量积累K元素，因为K元素对花粉萌发等方面有重要作用。Ca前期的含量最高可能是因为试验样地的土壤本身属于石灰岩性，所以植株体内Ca元素含量丰富，到达一定程度后，植株进行自我调节，降低Ca元素的含量以保证雌雄花序发育过程的正常进行，以此到达雌雄花序所需Ca元素的最佳平衡含量。在花期，雌雄花序对N、P的需求量最大。

雄花序中Cu含量在4月7日至4月27日这20d内，下降了近31%，可能与此时期雄花序生长量的生长节律最快相对应，而进入雄花序脱落期后含量又有所上升。而Zn元素含量在雌花序生长过程中有一个峰值，即雄花序散粉前两周（4月21日），突然上升至146.16mg/kg。说明Zn元素对器官的发育具有积极作用。

雄花序未开始生长前，雄花序中各元素量为上一年薄壳山核桃雄花序芽积累的结果。在雄花序开始活动，即芽萌动到展叶期，K、Zn的含量随发育过程加长而不断增加，其中K含量持续上升，可能与散粉后花粉在柱头上的萌发等对K元素含量较高有关；Ca、Fe、Mn的含量一直降低，直到发育的最后时期，Mn含量有所增加；至展叶前，N、P、Cu含量的分配是以花芽为生长中心而迅速积累，而后逐渐下降，但Cu含量在雄花序脱落期有所回升。

在雌花序中，受精前，大部分营养元素（N、P、K、Mg、Cu、Zn）含量均表现增加趋势，可能为受精过程提供充足的养分。授粉受精后，子房开始发育，在这种情况下，子房组织中激素增加，代谢活动旺盛，生长加快。

（7）薄壳山核桃'Mahan'细根中大量元素含量的动态变化

细根是指林木根系较细、木质化程度较低且具有吸收水分和养分功能的那部分根系。细根是森林生态系统养分库中重要的动态组成部分，在整个系统能量流动和物质循环中起着极为关键的作用，尤其是细根中N、P、K养分的含量，是森林生态系统中养分收支平衡和生长状况的重要指标。

薄壳山核桃细根大量元素含量如图4-9所示，细根中的N、P、K、Ca、Mg含量在3月份的初始值依次为N（0.99%）＞Ca（0.51%）＞Mg（0.32%）＞P（0.12%）＞

K（0.07%），N、P、K、Ca、Mg含量年均值依次为0.88%、0.16%、0.08%、0.65%和0.32%，N含量明显高于其他大量元素，Ca含量其次，K含量始终处于最低。说明细根中N、Ca的积累更多，而土壤肥沃更有利于细根对N、Ca的吸收。从整年的变化趋势来看，细根中N含量的动态变化呈"下降-上升-下降-上升"趋势，而Ca含量的动态变化刚好与N含量趋势相反，呈"上升-下降-上升-下降"趋势，但两者的最值拐点时间都一致，分别为6月30日、7月28日和9月27日，刚好对应薄壳山核桃物候期中的果实迅速膨大初期、果实硬核初期和果实成熟初期。其他大量元素含量变化趋势较为平缓，波动不明显，且趋势较为一致，呈小幅度"上升-下降-上升-下降-上升"趋势，最值拐点依次对应为雌花序可授期、果实坐果期、果实硬核期和果实成熟初期。细根中的N、P、K、Ca、Mg含量在10月份依次为N（0.95%）＞Ca（0.61%）＞Mg（0.32%）＞P（0.20%）＞K（0.09%）。

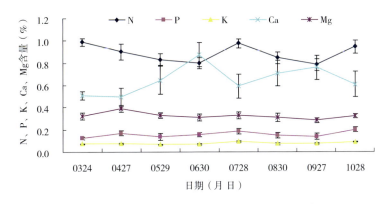

图4-9 薄壳山核桃'马罕'细根中大量元素的动态变化

（8）薄壳山核桃'Mahan'细根中微量元素含量的动态变化

薄壳山核桃细根微量元素含量如图4-10所示，细根中的Fe、Cu、Zn、Mn含量在3月份的初始值依次为Fe（1359.15mg/kg）＞Mn（134.11mg/kg）＞Zn（80.23mg/kg）＞Cu（8.98mg/kg），Fe、Cu、Zn、Mn含量年均值依次为1450.41mg/kg、7.45mg/kg、56.80mg/kg和112.77mg/kg，Fe含量明显高于其他微量元素含量，Mn含量其次，Cu含量始终处于最低。说明细根中Fe、Mn的积累更多，而土壤肥沃有利于细根对Fe、Mn的吸收。从整年的变化趋势来看，细根中微量元素的变化波动幅度较大，Zn、Mn含量在全年初期呈下降趋势，而Fe、Cu含量呈不同程度的上升趋势。在5月29日，即果实坐果期，Mn含量开始回升，直至8月30日（果实硬核期）出现次高值126.27mg/kg，在6月30日（生理落果期），Fe含量开始急剧下降至最低值1033.08mg/kg，可能与生理落果有关，之后Fe含量开始回升至次高值1619.10mg/kg，进入果实硬核期后，Fe含量又开始下降，直至果实成熟期才开始回升。Cu元素含量在6月30日（生理落果期）和8月30日（果实硬核期）有两个较低值，分别为3.97mg/kg和

2.71mg/kg。细根中的Fe、Cu、Zn、Mn含量在10月份依次为Fe（1539.38mg/kg）＞Mn（101.66mg/kg）＞Zn（52.30mg/kg）＞Cu（11.19mg/kg）。

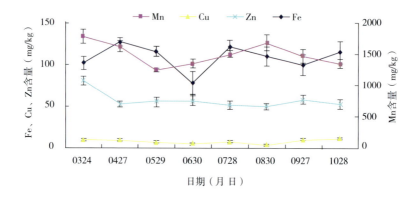

图4-10　薄壳山核桃'马罕'细根中微量元素的动态变化

（9）薄壳山核桃'Mahan'细根营养元素相关性分析

对薄壳山核桃样树细根的营养元素含量进行相关性分析（表4-13），表明细根中三大营养元素N、P、K中只有P与K间具有极显著正相关，相关系数为0.808，说明薄壳山核桃细根中P与K元素的吸收相互间具有促进作用。其他元素N与Ca、P与Zn、Ca与Mg、Ca与Fe之间呈显著负相关，存在拮抗关系。说明薄壳山核桃细根内各种营养元素间会存在不同程度的协同或拮抗关系，某种元素过多可能会促进或限制其他元素的有效吸收与积累。

表4-13　薄壳山核桃'马罕'细根中9种矿质营养元素相互间的相关性

元素	N	P	K	Ca	Mg	Fe	Mn	Cu	Zn
N	1								
P	0.329	1							
K	0.587	0.808**	1						
Ca	−0.787*	−0.167	−0.23	1					
Mg	0.384	0.322	0.016	−0.680*	1				
Fe	0.482	0.465	0.373	−0.773*	0.634	1			
Mn	0.444	−0.312	−0.23	−0.486	0.176	0.143	1		
Cu	0.347	0.261	0.324	−0.496	0.106	0.326	−0.015	1	
Zn	0.31	−0.674*	−0.327	−0.265	−0.168	−0.354	0.45	0.261	1

注a：*和**分别表示在0.05和0.01水平上显著相关。

薄壳山核桃细根大量元素含量高低顺序为N＞Ca＞Mg＞P＞K，微量元素Fe的含量特别高，其次是Mn＞Zn＞Cu，微量元素含量季节变化比大量元素复杂。薄壳山核桃根系中的大量元素N、Mg含量在春季高，夏季低，其中N含量在坐果期和灌浆期最低，说明在该时期细根吸收N含量最少，即能转运输送至果实等其他器官的N含量最少，这可能与薄壳山核桃6月底果实缺N导致落果有关；P、K含量在春季低，秋季高，Ca含量在春季低，夏季高，根系中微量元素含量在夏季低，在6月底坐果期，Fe含量最低，也可能与该时期的落果有关，另外Fe、Mn、Zn含量春季高，Cu含量秋季高。

（10）薄壳山核桃'Mahan'果实中大量、微量元素含量的动态变化

1）薄壳山核桃'Mahan'果实中营养元素含量的动态变化

在薄壳山核桃'马罕'果实发育过程中，整果大量元素N、P、Ca、Mg含量的周年动态变化趋势基本一致，随着果实的生长发育逐渐下降，以幼果期（6月10日）含量最高，分别为1.89%、2.75%、8.03%和2.36%，6月30日（果实缓慢生长期）之前N、P元素含量下降幅度最大，分别下降至1.14%和2.40%，8月30日（果实硬核期）之前Ca元素含量下降幅度最大，下降至4.48%，以后N、P、Ca元素含量下降速度减缓，而Mg元素含量下降幅度始终较均匀。到果实成熟初期（10月6日）N、P元素含量最低，分别为0.80%和1.95%，而后分别小幅上升至0.96%和2.37%，果实成熟末期（10月28日）Ca、Mg元素含量最低，分别为4.16%和1.15%。而整果大量元素K含量的周年动态变化趋势与其他大量元素相反，随着果实的生长发育逐渐上升，以幼果期（6月20日）含量最低，为6.01%，果实成熟期（10月12日）含量最高，为8.91%。在整个生长发育过程中，整个果实内各大量元素含量高低依次排序为：K＞Ca＞P＞Mg＞N（图4-11）。

整果微量元素Fe、Mn、Cu、Zn含量的周年动态变化趋势近似一致，随着果实的生长发育逐渐下降，以幼果期含量最高，分别为272.21mg/kg、820.09mg/kg、12.91mg/kg和66.68mg/kg，7月28日（果实硬核初期）之前Fe元素含量下降幅度最大，下降至45.79mg/kg，8月30日（果实硬核末期）之前Mn、Zn元素含量下降幅度最大，分别下降至254.42mg/kg和25.16mg/kg，以后Fe、Mn、Zn元素含量下降速度减缓，但在10月6日、10月12日和10月6日分别有一峰值为124.13mg/kg、272.73mg/kg和50.11mg/kg，而Cu元素含量下降幅度始终较均匀。到果实成熟期（10月12日）Cu、Zn元素含量最低，分别为2.02mg/kg和26.20mg/kg，而后分别小幅上升至2.94mg/kg和29.96mg/kg，果实成熟末期（10月28日）Fe、Mn元素含量最低，分别为38.12mg/kg和215.29mg/kg。在整个生长发育过程中，整个果实内各微量元素含量高低依次排序为：Mn＞Fe＞Zn＞Cu。

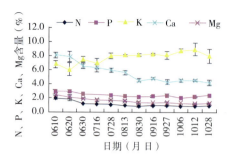 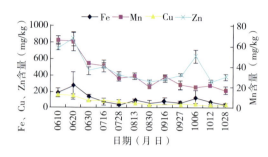

图4-11 薄壳山核桃'马罕'果实中大量及微量元素的动态变化

2）薄壳山核桃'Mahan'种仁中营养元素含量的动态变化

种仁在果实发育过程中大量元素N、P、K、Ca、Mg含量的最低值均处于或接近8月30日（果实硬核期）。8月30日至9月8日（胚生长到最大），大量元素N、P、K、Ca、Mg含量都呈上升趋势，其中K含量上升幅度最大。各大量元素含量最高值分别是K含量在9月8日最高为11.56%，Ca含量在9月21日最高为3.55%，N含量在9月27日（胚充实整个胚囊）最高为8.40%，P、Mg含量在10月28日的果实成熟末期最高，分别为6.98%和2.67%。10月6日（外果皮易分离）至10月28日，大量元素N、P、K、Ca、Mg含量都呈"下降-上升"趋势，其中N、P、K含量升降幅度最大。Mg元素含量在果实发育过程中变化波动最小，其次是Ca元素含量。在整个生长发育过程中，种仁内各大量元素含量高低依次排序为：K＞P＞N＞Ca＞Mg（图4-12）。

种仁在果实发育过程中微量元Fe、Mn含量的变化趋势一致呈"多峰多谷"型，而Cu、Zn含量的变化趋势一致近似呈上升状。Fe、Mn、Cu、Zn这4种微量元素的变化趋势共同点在果实成熟期（10月6日至10月28日），都呈先下降后上升趋势。Fe、Cu元素最高含量值均在10月6日，分别为115.21mg/kg和46.76mg/kg，Zn、Mn元素最高含量分别在9月21日和10月28日，为719.93mg/kg和150.67mg/kg。Cu元素含量在果实发育过程中变化波动最小，其次是Zn元素。在整个生长发育过程中，种仁内各微量元素含量高低依次排序为：Mn＞Zn＞Fe＞Cu。

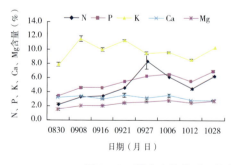 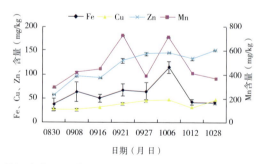

图4-12 薄壳山核桃'马罕'种仁中大量及微量元素的动态变化

3）薄壳山核桃'Mahan'果壳中营养元素含量的动态变化

果壳在果实发育过程中大量元素P、Mg含量的最高值均处于8月30日（果实硬核期），分别为0.05%和0.14%。N、K元素含量的变化均呈"下降-上升-下降"趋势，而Ca元素含量的变化呈"下降-上升-下降-上升"趋势（图4-13）。9月下旬，大量元素N、K、Ca含量处于或接近最低值，分别为0.12%、0.38%和0.79%。10月6日（外果皮易分离）至10月28日，大量元素N和Mg含量的变化趋势刚好相反，N含量呈"上升-下降"趋势，而Mg含量呈"下降-上升"趋势，大量元素K和Ca含量的变化趋势也刚好相反，K含量呈"上升-下降"趋势，而Ca含量呈"上升"趋势，P含量在果实成熟期变化不大，基本维持在0.02%。P元素含量在果实发育过程中变化波动最小，其次是Mg元素含量。在整个生长发育过程中，果壳内各大量元素含量依次排序为：Ca＞K＞N＞Mg＞P。

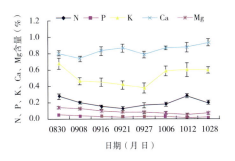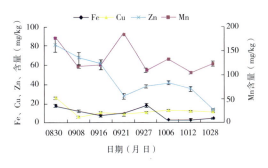

图4-13 薄壳山核桃'马罕'果壳中大量及微量元素的动态变化

果壳在果实发育过程中微量元素Fe、Mn、Cu、Zn含量的变化趋势在8月30日至9月8日一致呈下降状，之后Fe、Zn含量继续下降，而Cu、Mn含量开始回升，其中Mn元素含量在9月21日有最高值为187.65mg/kg，Zn元素含量有次低值为27.93mg/kg。10月6日至10月28日，微量元素Fe和Cu含量的变化趋势刚好相反，Fe含量呈上升状，而Cu含量呈下降状，微量元素Mn和Zn含量的变化趋势也刚好相反，Mn含量呈"下降-上升"趋势，而Zn含量呈"下降"趋势。Fe、Cu元素含量在果实发育过程中相对变化波动较小。在整个生长发育过程中，果壳内各微量元素含量依次排序为：Mn＞Zn＞Cu＞Fe。

4）薄壳山核桃'Mahan'外果皮中营养元素含量的动态变化

外果皮在果实发育过程中大量元素N、K、Mg含量的最高值均处于果实成熟期10月28日，分别为0.66%、1.90%和0.30%（图4-12）。N、Ca元素含量的变化趋势在各个物候段均完全相反，而P、Mg元素含量的变化趋势在9月27日（胚充实整个胚囊）之前的各物候段完全相反，在9月27日之后趋势完全一致呈先下降后上升状。K元素含量则是在果实发育过程中持续上升。在整个生长发育过程中，外果皮内各大量元素含量高低依次排序为：K＞Ca＞N＞Mg＞P。

外果皮在果实发育过程中微量元素Fe、Mn、Cu、Zn含量的最高值分别在9月21日、9月21日、10月28日和9月8日，对应含量分别为214.37mg/kg、1099.44mg/kg、38.24mg/kg和332.58mg/kg。Fe、Zn元素含量的变化趋势有一个峰值，而Mn元素含量的变化趋势有两个峰值。Cu元素含量在果实发育过程中变化波动最小。在整个生长发育过程中，外果皮内各微量元素含量高低依次排序为：Mn＞Zn＞Fe＞Cu。

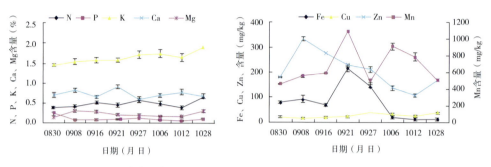

图4-14 薄壳山核桃'马罕'外果皮中大量及微量元素的动态变化

5）薄壳山核桃'Mahan'果实中各部位营养元素的动态变化

从图4-15a可以看出，自9月27日（胚充实整个胚囊）后，种仁和外果皮中的N元素含量趋势完全一致，呈先下降后上升状，而果壳中N元素含量趋势刚好相反，呈先上升后下降状，即在果实成熟前期，整个果实中N元素含量的分配是从外果皮、种仁转向果壳，而果实成熟后期，N元素含量的分配从果壳转向种仁和外果皮。

从图4-15b可以看出，在果实整个生长发育期，种仁中P元素含量总体呈上升趋势，而果壳中P元素含量呈下降趋势。8月底9月初（胚生长发育期），种仁中的P元素含量上升趋势与果壳、外果皮中P元素含量的下降趋势刚好相反，且外果皮中P含量急剧下降。之后，种仁和外果皮中P元素含量变化趋势近似一致，都是先上升后下降再急速上升状。

由图4-15c可知，种仁中的K含量要高于果壳跟外果皮中的K含量，其中果壳K含量变化趋势与外果皮完全相反，同N、P元素一样，在果实成熟后期，果壳中K含量下降，而种仁、外果皮中K含量上升。

由图4-15d可知，种仁中的Ca含量要高于果壳跟外果皮中的Ca含量，且种仁和外果皮两者的Ca含量变化趋势近似一致，除了在果实发育后期刚好相反，这也是与N、P、K元素所不同的，外果皮中Ca含量下降，而种仁、果壳中Ca含量上升。

由图4-15e可知，种仁中的Mg含量要高于果壳跟外果皮中的Mg含量，且在10月6日外果皮与种子易分离之前，种仁Mg含量与果壳Mg含量变化趋势刚好相反，种仁Mg含量呈上升状，而果壳Mg含量呈下降状，外果皮Mg含量则是在8月底9月初胚发育时期急速上升，之后开始下降。待10月6日外果皮与种子易分离之后，三者Mg含量变化趋势一致，都是先下降后上升，其中外果皮中Mg含量上升幅度较另两者大。

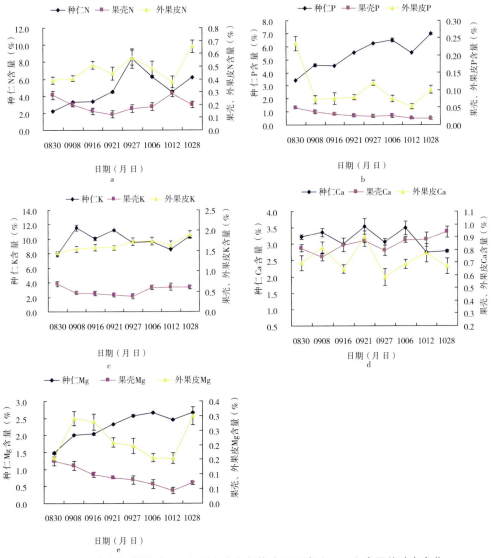

图4-15 薄壳山核桃'马罕'果实中各部位大量元素（a～e）含量的动态变化

由图4-16（a～d）可知，Fe、Mn、Zn元素含量分别在种仁、果壳和外果皮中的依次排序均为：外果皮＞种仁＞果壳，而Cu元素含量在种仁、果壳和外果皮中的依次排序为：种仁＞外果皮＞果壳。在胚充实胚囊至外果皮易于与种子分离期间，即9月27日至10月6日，Fe、Cu元素含量在种仁中都呈上升状，而在外果皮中呈下降状，可能Fe、Cu元素在该时期的分配是从外果皮转向种仁。在果实发育过程中，Fe、Mn、Cu元素含量分别在外果皮和种仁中的变化趋势近似一致，而Zn元素含量在两者中的变化趋势则相反。

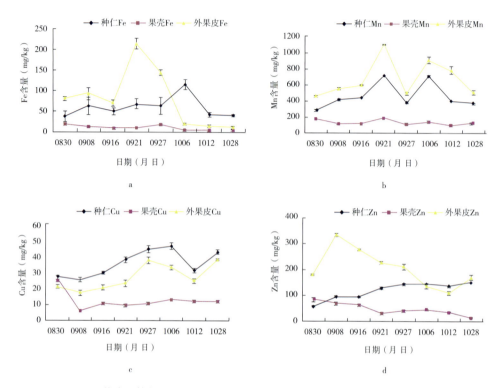

图4-16 薄壳山核桃'马罕'果实中各部位微量元素（a~d）含量的动态变化

（11）薄壳山核桃'Mahan'果实各部位营养元素间相关性分析

1）薄壳山核桃果实各部位间营养元素相关性分析

果实各部分间呈极显著正相关的有：种仁全N与种仁全Mg、种仁全Cu、种仁全Zn、外果皮全Cu，种仁全P与种仁全Mg、种仁全Cu、种仁全Zn、外果皮全K、外果皮全Cu，种仁全Mg与种仁全Zn、外果皮全K，种仁全Mn与外果皮全Mn，种仁全Cu与种仁全Zn、外果皮全Cu，种仁全Zn与外果皮全K，果壳全P与果壳全Mg、果壳全Zn，果壳全Cu与外果皮全P，外果皮全K与外果皮全Cu，说明两元素间存在协同关系，其中某一元素的吸收能促进另一元素的有效吸收与积累。

果实各部分间呈极显著负相关的有：种仁全P与果壳全Zn，种仁全Mg与果壳全P、果壳全Mg、果壳全Zn，种仁全Zn与果壳全P、果壳全Mg、果壳全Zn，说明两元素间存在拮抗关系，其中某一元素的吸收能抑制另一元素的有效吸收与积累。

2）薄壳山核桃叶片与种仁间营养元素含量相关性分析

叶片养分水平与果实之间养分供应源库关系明显。其中叶片与种仁间呈极显著正相关的有种仁全P与叶片全Zn，呈显著正相关有种仁全P与叶片全Mn，种仁全Mg与叶片全K、叶片全Mn，种仁全Fe与叶片全Cu，说明这两者之间能相互促进吸收与积累。而叶片与种仁间呈极显著负相关的有种仁全K与叶片全Ca，说明这两者之间能相互抑制吸收与积累。

（12）薄壳山核桃'Mahan'果实成熟过程中贮藏物质的变化规律

8月30日至10月28日是薄壳山核桃种仁中的粗脂肪、粗蛋白、可溶性总糖和淀粉转化期。种仁中粗脂肪、粗蛋白、可溶性总糖和淀粉含量的变化如表4-14。

表4-14 薄壳山核桃'马罕'果实成熟过程中种仁贮藏物质含量的动态变化

不同时期	粗脂肪（%）	粗蛋白（mg/g）	可溶性总糖（mg/g）	淀粉（mg/g）
8月30日	8.29±0.17e	22.55±0.21d	19.67±0.32a	29.19±1.03a
9月8日	31.50±4.15d	32.60±0.69cd	8.24±0.05b	14.28±1.31b
9月16日	50.82±0.88c	33.45±0.31cd	3.90±0.07c	12.05±0.16bc
9月21日	55.01±0.39c	44.84±0.76c	2.57±0.27d	9.42±0.89cde
9月27日	64.36±0.69b	84.01±11.12a	1.51±0.26de	10.23±0.13cde
10月6日	69.69±0.06ab	62.44±0.30b	1.79±0.13ef	11.68±0.87bc
10月12日	74.49±0.19a	44.92±0.18c	1.56±0.07125f	6.89±0.12e
10月28日	67.27±0.12ab	62.04±0.05b	2.43±0.31f	8.24±0.71de

1）粗脂肪变化

薄壳山核桃成熟过程中果实、种仁脂肪不断积累，到采摘前半个月一直保持增加趋势。8月30日仅为8.29%，至10月12日采收时达到了74.49%。8月30日至9月27日是脂肪迅速积累的关键时期，8月30日至9月27日平均每天增长1.87%，9月27日到10月28日为缓慢增长期，平均每天增长0.34%。

2）粗蛋白变化

8月30日种仁中粗蛋白质量分数最低为22.55mg/g，随果实的成熟，粗蛋白质量分数逐渐上升，在9月27日，即胚在整个胚囊中完全充实时，达到最高，为84.01mg/g。

3）可溶性总糖和淀粉变化

8月30日可溶性总糖和淀粉质量分数最高，分别为19.67mg/g和29.19mg/g。此时，果实处于幼胚发育时期，高质量分数的糖类保证了果实幼胚充足的代谢活动。随着薄壳山核桃果实成熟，糖类逐渐转化为脂肪并贮藏起来。随着脂肪质量分数的不断提高，可溶性总糖和淀粉含量下降，采收时（10月28日）分别为2.43mg/g和8.24mg/g，均处于较低水平。

4)种仁中贮藏物质间的动态变化

对薄壳山核桃种仁成熟过程中不同贮藏物质进行相关系分析(表4-15),表明随着果实的成熟,可溶性总糖与淀粉含量都呈下降趋势,两者间存在极显著的正相关,相关系数为0.972。粗脂肪与粗蛋白含量都呈上升趋势,两者间存在显著的正相关,相关系数为0.772。而粗脂肪则是在果实的成熟过程中与可溶性总糖和淀粉之间存在极显著的负相关,相关系数分别为-0.946和-0.912。粗蛋白在果实的成熟过程中也与可溶性总糖和淀粉之间存在显著的负相关,相关系数分别为-0.681和-0.580。

表4-15　薄壳山核桃'马罕'果实成熟过程中贮藏物质含量的相关性分析

相关系数	粗脂肪	粗蛋白	可溶性总糖	淀粉
粗脂肪	1			
粗蛋白	0.722*	1		
可溶性总糖	-0.946**	-0.681	1	
淀粉	-0.912**	-0.58	0.972**	1

注:*和**分别表示在0.05和0.01水平上显著相关。

5)种仁脂肪酸组分相对含量变化

薄壳山核桃'马罕'果实成熟过程中,种仁油脂中检测出8种脂肪酸,其中不饱和脂肪酸包括棕榈烯酸、油酸、亚油酸、亚麻酸、顺11-二十碳烯酸,饱和脂肪酸包括棕榈酸、硬脂酸、花生酸(表4-16)。不同时期不饱和脂肪酸(UFA)相对质量分数最高值出现在10月6日,达到91.8%,在果实发育过程中总不饱和脂肪酸相对质量分数平均值高达90.6%,其中油酸和亚油酸占不饱和脂肪酸的98%~99%,以油酸含量最高;不同时期饱和脂肪酸(SFA)相对含量最高值出现在9月8日,为11.3%,在果实发育过程中总饱和脂肪酸相对质量分数的平均值为9.4%。

不同时期油酸相对质量分数的平均值为67.1%;油酸相对含量最高值出现在10月6日,达73.8%,相对含量最低值为9月8日,仅57.9%;亚油酸相对含量的平均值为21.1%,最高值出现在9月8日,达到28.8%,明显高于其他时期亚油酸含量。

薄壳山核桃不饱和脂肪酸有3种单不饱和脂肪酸,即棕榈烯酸、油酸(C18:1)和顺11-二十碳烯酸,2种多不饱和脂肪酸,即亚油酸和亚麻酸。不饱和脂肪酸以油酸为主,不同时期油酸含量在57.9%~73.8%;多不饱和脂肪酸以亚油酸为主,含量16.6%~28.8%,亚麻酸含量较少,最高值出现在9月21日,仅为1.6%,不同时期间单不饱和脂肪酸和多不饱和脂肪酸含量差异很大。

表4-16 薄壳山核桃'马罕'果实成熟过程中种仁脂肪酸组分相对含量的动态变化

不同时期	脂肪酸成分（%）									
	棕榈酸	棕榈烯酸	硬脂酸	油酸	亚油酸	亚麻酸	花生酸	顺11-二十碳烯酸	饱和脂肪酸	不饱和脂肪酸
9月8日	9.0	0.2	2.1	57.9	28.8	1.5	0.2	0.3	11.3	88.7
9月16日	7.9	0.2	2.2	65.5	22.6	1.3	0.1	0.2	10.3	89.7
9月21日	7.3	0.2	2.4	62.2	26.0	1.6	0.2	0.2	9.9	90.1
9月27日	6.2	0.1	2.5	71.8	17.7	1.2	0.1	0.2	8.9	91.1
10月6日	5.9	0.1	2.2	73.8	16.6	1.1	0.1	0.2	8.2	91.8
10月12日	5.7	0.1	3.2	71.6	18.5	0.9	0.1	0.2	9.1	90.9
10月28日	5.7	0.1	3.2	71.8	17.9	0.9	0.1	0.2	9.1	90.9
平均	6.8	0.1	2.5	67.8	21.1	1.2	0.1	0.2	9.5	90.5

（13）薄壳山核桃生长期土壤养分动态变化

1）土壤pH及其动态变化

土壤里的各种营养元素，并不是都能被作物吸收利用的。只有溶解在土壤溶液里，或被土粒吸附，被代换下来的那部分才能为作物根系吸收。而各种元素又受土壤中水、气、热、pH值（酸碱度）等因素影响。其中pH值影响最明显，它对于土壤中各种养分的有效性、土壤的保肥能力及土壤中各种微生物的活力都有很大影响。薄壳山核桃'马罕'试验林地土壤呈弱酸性，0~20cm土层pH均值6.08，20~40cm土层pH均值6.27（图4-17）。不管是表层土还是深层土，pH值的峰值均出现在7月28日，分别为6.34和6.52。在薄壳山核桃不同生理期6月底7月初（果实生理落果期）、7月底至8月底（果实硬核期）和10月（果实成熟期），虽然土壤pH有一定的波动变化，但LSD多重比较发现差异不明显。6月底到7月底，0~20cm土层pH呈上升趋势，升幅不大，为0.41个单位，9月底到10月底，0~20cm土层pH呈下降趋势，降幅不大，为0.34个单位，差异不显著。

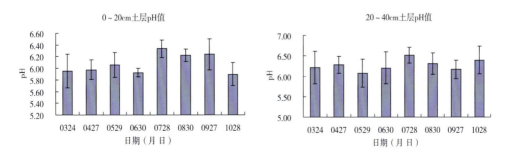

图4-17 薄壳山核桃'马罕'林地土壤pH值的动态变化

已有研究表明N的有效性在pH值6～8之间，P的有效性在pH值6～7.5之间，低于6时或高于了7.5时，磷酸能与Fe、Al、Ca结合成难溶性的磷酸盐，当pH值超过8.5时，P的有效性又开始增加。pH值除了影响N、P外，对土壤中的微量元素影响也很显著。Mn在pH值小于6.5时，以2价可交换Mn^{2+}的形式存在，植物能吸收，当pH值由6.5逐渐升高，土壤氧化趋势增强，2价Mn^{2+}变成了3价的和4价的，植物不能吸收利用；Zn在pH6.5以上时常生成氢氧化锌、磷酸锌和碳酸锌而沉淀，而Mo在pH大于7的条件下，有效性增高。此外，Fe、Cu、B等元素在pH大于7的土壤中，也很容易被固定，不利于植物的吸收。

为此，追施各种肥料不仅要考虑作物产量的需要，还要针对土壤条件，特别要根据pH值的高低，进行合理施肥，才能收到应有的效果。

2）土壤有机质现状及动态变化

土壤有机质含量丰富，能吸附较多的阳离子，在土壤中起协调土壤条件、供应植物养分等作用，是反映土壤肥力高低的重要指标之一。自然条件下薄壳山核桃林地土壤有机质的主要来源为枯枝落叶，不同的管理方式对土壤有机质的含量也有影响。

由图4-18可以看出不同土层薄壳山核桃林地土壤有机质含量相差比较大。0～20cm土层全年土壤有机质的平均含量为2.91%，最大值与最小值的差值分别为3.71%和2.10%。20～40cm土层全年土壤有机质的平均含量为1.98%，最大值与最小值的差值分别为3.17%和1.10%。

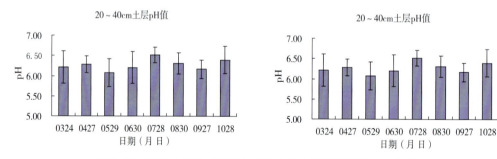

图4-18 薄壳山核桃'马罕'林地土壤有机质含量的动态变化

在不同生理期有机质含量不同，不管是表层土还是深层土，有机质的峰值均接近或处于7月28日，分别为3.07和2.18。在薄壳山核桃不同生理期6月底7月初（果实生理落果期）、7月底至8月底（果实硬核期）和10月（果实成熟期），虽然土壤有机质有一定的波动变化，但LSD多重比较发现差异不明显。6月底到7月底，0～20cm土层有机质呈上升趋势，升幅不大，为0.1个单位，9月底到10月底，0～20cm土层pH呈下降趋势，降幅不大，为0.35个单位，差异不显著。

3）土壤大量元素现状及动态变化

①薄壳山核桃林地土壤N含量动态变化

薄壳山核桃'马罕'林地0~20cm土层全N含量为0.64%~1.79%，平均为1.25%，20~40cm土层全N含量为0.60%~1.66%，平均为0.98%，相比较，深层土的总体水平更低（图4-19）。林地土壤全N含量动态变化呈现平缓上升趋势，和土壤有机质变化规律是一致的，说明薄壳山核桃林地土壤全N处于累积状态，土壤全N变化节律同步于土壤有机质是完全符合常理的，因为土壤N的95%以上都是以有机态形式存在的。因而，土壤总N水平的高低其实主要取决于土壤有机氮状况。

薄壳山核桃林地土壤碱解N含量变化幅度比全N含量大，差异显著。在3月份的萌芽期和8月30日至10月28日的灌浆期，不同土层土壤碱解N含量水平都较低，接近或低于100mg/kg，其中，20~40cm土层碱解N含量在3、4两个月份甚至低于75mg/kg。0~20cm土层碱解N峰值处在果实迅速膨大期，而20~40cm土层碱解N峰值处在坐果期。

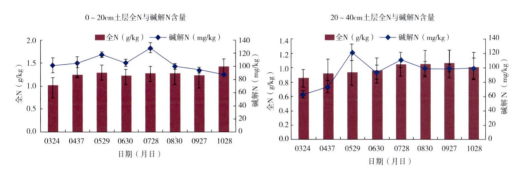

图4-19　薄壳山核桃'马罕'林地土壤N含量的动态变化

②薄壳山核桃林地土壤P含量动态变化

P是重要有机化合物的组成部分，能促进作物生长发育，保持优良特性，增强作物的抗性，P也是农业生产中重要的限制因素，P肥在农业中的用量不断增加，大部分P肥作为无效态（难溶态）在土壤中积累起来。

薄壳山核桃'马罕'在整个生长发育期间，土壤中全P和有效P含量均以果实缓慢生长期最高，0~20cm土层和20~40cm土层全P含量分别为0.39g/kg和0.31g/kg，有效P含量分别为11.58mg/kg和2.92mg/kg，后随着新梢生长、果实迅速膨大需消耗大量的P元素，其含量呈下降趋势，尤其是有效P含量下降幅度甚大，至9月底达到最低值，0~20cm土层和20~40cm土层有效P含量分别为4.59mg/kg和1.12mg/kg，而后又有小幅上升趋势，这与新梢已停止生长、秋季落叶及养分的回流有关，0~20cm和20~40cm土层的有效磷含量变化趋势基本一致，薄壳山核桃土壤有效磷含量随着土层的增加含量减少，土层越深有效磷含量越少（图4-20）。

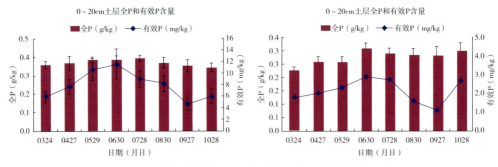

图4-20 薄壳山核桃'马罕'林地土壤P含量的动态变化

③薄壳山核桃林地土壤K含量动态变化

K虽然不是构成植物组织的营养元素,但参与了很多重要的代谢调节,对植物的正常生长发育、产量形成、抗逆性及品质均有很重要的作用。

薄壳山核桃'马罕'在整个生长发育期间,土壤中速效K含量以果实缓慢生长期最高,0~20cm土层和20~40cm土层速效K含量分别为122.73mg/kg和84.16mg/kg,土壤中全K含量以果实成熟期,即采收时最低,0~20cm土层和20~40cm土层全K含量分别为12.17g/kg和11.70g/kg(图4-21)。果实在6月30日落果严重,可能也与此时0~20cm土层速效K含量最低有关。Bruce通过土壤滴灌增施碳酸钾,提高薄壳山核桃树体的K含量,发现K含量的提高可以降低第2次落果的落果率。0~20cm和20~40cm土层的速效K含量变化趋势基本一致,薄壳山核桃土壤速效K含量随着土层的增加含量减少,土层越深速效K含量越少。

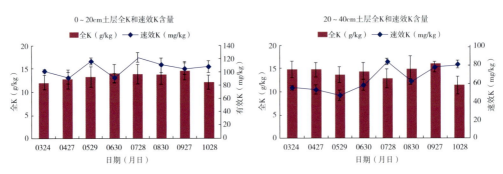

图4-21 薄壳山核桃'马罕'林地土壤K含量的动态变化

④薄壳山核桃林地土壤Ca含量动态变化

Ca是动物和植物必需的矿质营养元素,也是一种生理调节物质,它维持细胞壁和细胞膜的结构和功能,是细胞内外信息传递的第二信使。Ca^{2+}主要通过质流转移到根表面,再经过质外体途径短距离运输到达木质部,依靠蒸腾作用从木质部到达旺盛生长的树梢、幼叶、花、果及顶端分生组织,Ca到达这些组织和器官后,多数变得相对稳定,几乎不发生再分配与运输。

在整个生长发育期间,薄壳山核桃0～20cm土层和20～40cm土层全Ca含量的变化规律刚好相反,但变化幅度不大,而交换性Ca含量的变化规律基本一致,0～20cm土层较20～40cm土层波动幅度大些(图4-22)。0～20cm土层全Ca均值为2.17g/kg,略低于20～40cm土层全Ca均值2.27g/kg。0～20cm土层全Ca含量呈现"低-高-低-高-低"的波浪式变化趋势,而20～40cm土层全Ca含量呈现"高-低-高-低"的波浪式变化趋势。

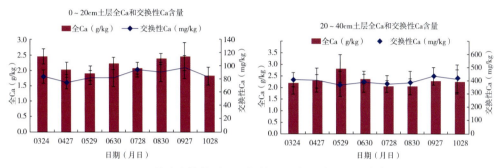

图4-22 薄壳山核桃'马罕'林地土壤Ca含量的动态变化

⑤薄壳山核桃林地土壤Mg含量动态变化

Mg是叶绿素的组成成分,参与蛋白质的合成,且又是一些酶的结合体。植物若对Mg的需求得不到满足,不仅显著减产,而且影响产品的品质。因此,Mg也是植物生长不可缺少的重要元素之一。

薄壳山核桃'马罕'在整个生长发育期间,0～20cm土层和20～40cm土层的全Mg含量相差不大,但各个月份间含量差异显著(图4-23),其中在4、5月份和10月底,0～20cm土层中的全Mg含量有所下降,可能分别与叶片面积快速扩张和果实成熟有关。0～20cm土层和20～40cm土层的交换性Mg含量均呈现"低-高-低-高-低-高-低"的波浪式变化趋势,0～20cm土层较20～40cm土层的交换性Mg含量稍高。

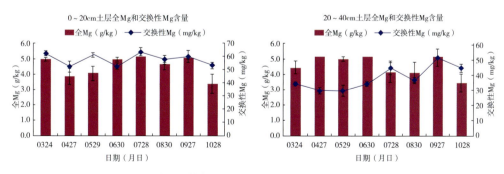

图4-23 薄壳山核桃'马罕'林地土壤Mg含量的动态变化

4)土壤微量元素现状与动态变化

①薄壳山核桃林地土壤Fe含量动态变化

Fe参与叶绿素的合成,它是组成某些酶和蛋白质的成分,也参与植物体内的氧化-还原过程和碳水化合物的制造。

薄壳山核桃'马罕'林地0~20cm土层和20~40cm土层的全Fe含量在整个生长季变化幅度都很小，0~20cm土层全Fe含量呈现前期（3月24日至7月28日）平稳下降，后期（7月28日至10月28日）急速下降趋势，而0~20cm土层全Fe含量趋势略显波动，且各个月份间的全Fe含量有所差异（图4-24）。

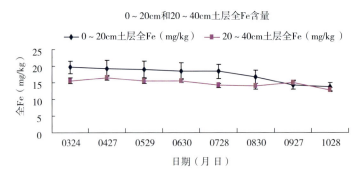

图4-24　薄壳山核桃'马罕'林地土壤Fe含量的动态变化

②薄壳山核桃林地土壤Cu含量动态变化

Cu是植物体内组成多种氧化酶的成分，也是呼吸作用的触媒，它参与叶绿素的合成以及糖类与蛋白质的代谢。Cu还具有提高叶绿素稳定性的能力，避免叶绿素过早遭受破坏，有利于叶片更好地进行光合作用。

薄壳山核桃'马罕'林地土壤全Cu含量在整个生长季呈不规律性变化，而0~20cm土层和20~40cm土层的有效Cu含量的变化规律基本一致，呈"低-高-低-高"趋势（图4-25）。0~20cm土层和20~40cm土层的全Cu含量均值差异不大，分别为22.36mg/kg和22.20mg/kg，而0~20cm土层的有效Cu含量均值比20~40cm土层的高，分别为0.75mg/kg和0.69mg/kg。0~20cm土层和20~40cm土层的全Cu含量以及0~20cm土层的有效Cu含量在各个月份间差异不显著，而20~40cm土层有效Cu含量在各个月份间差异显著。

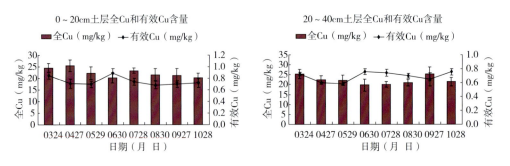

图4-25　薄壳山核桃'马罕'林地土壤Cu含量的动态变化

③薄壳山核桃林地土壤Zn含量动态变化

Zn是许多酶的组成成分，直接参与植物生长素的形成，对植物体内物质水解、氧化-还原过程等有重要作用，对蛋白质的合成起催化作用，促进种子成熟。

在整个生长发育期间，薄壳山核桃'马罕'林地土壤全Zn含量变化很平稳，0～20cm土层全Zn含量从3月底到10月底变化很平稳，20～40cm土层全Zn含量从3月底到8月底变化很平稳，只有9月27日全Zn含量明显高于其他日期，10月28日又有所下降（图4-26）。0～20cm土层和20～40cm土层的有效Zn含量在8月30日前的变化规律基本一致，呈上升趋势，20～40cm土层的上升幅度更大，且两者的峰值均在7月28日，分别为3.32mg/kg和2.48mg/kg。而在8月30日之后，0～20cm土层和20～40cm土层的有效Zn含量的变化规律相反，前者呈下降趋势，而后者呈上升趋势。全Zn含量随着土层的增加而增加，即20～40cm土层＞0～20cm土层，而有效Zn含量刚好相反，随着土层的增加而减少，即0～20cm土层＞20～40cm土层。

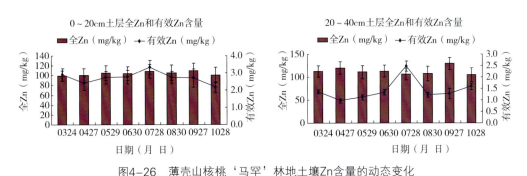

图4-26 薄壳山核桃'马罕'林地土壤Zn含量的动态变化

④薄壳山核桃林地土壤Mn含量动态变化

土壤中Mn的有效性受土壤的酸碱性、氧化-还原电位、有机质、土壤质地和土壤湿度等的影响。一般而言，我国南方土壤中Mn含量较高，北方存在缺Mn的土壤。

薄壳山核桃'马罕'林地0～20cm和20～40cm土层Mn含量变化很平稳，整个生长发育期间无明显变化，且全Mn和有效Mn含量在0～20cm和20～40cm土层差异不大（图4-27）。

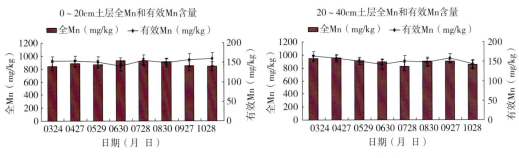

图4-27 薄壳山核桃'马罕'林地土壤Mn含量的动态变化

5）土壤营养元素相关性分析

① 0~20cm土层土壤全量相关性分析

在0~20cm土层中，土壤全K与全Zn、全P与全Fe、全Ca与全Mg分别呈极显著或显著正相关，相关系数分别为0.896、0.729和0.776，即土壤全Zn、全Fe与全Mg分别与全K、全P和全Ca相互促进；而全N与全Ca呈显著负相关，相关系数为-0.734，即土壤全N的有效性增加会抑制全Ca的积累（表4-18）。

表4-18　薄壳山核桃林地0~20cm土层矿质营养元素含量间的相关性

	全N	全P	全K	全Ca	全Mg	全Fe	全Cu	全Zn	全Mn
全N	1								
全P	-0.104	1							
全K	0.083	0.367	1						
全Ca	-0.734*	-0.167	0.372	1					
全Mg	-0.62	0.318	0.624	0.776*	1				
全Fe	-0.577	0.729*	-0.168	0.009	0.219	1			
全Cu	-0.555	0.235	-0.363	0.075	0.034	0.67	1		
全Zn	0.192	0.264	0.896**	0.251	0.55	-0.335	-0.356	1	
全Mn	0.082	0.719*	0.54	0.012	0.365	0.389	-0.068	0.28	1

注：*和**分别表示在0.05和0.01水平上显著相关。

② 0~20cm土层土壤速效养分含量相关性分析

在0~20cm土层中，土壤碱解N与有效Zn、速效K与交换性Mg、交换性Mg与有效Zn间呈显著正相关，即两者相互之间促进和吸收；而有效P与有效Mn呈显著负相关，即土壤有效P的增加会抑制有效Mn的积累（表4-19）。

表4-19　薄壳山核桃林地0~20cm土层有效矿质营养元素含量间的相关性

	碱解N	有效P	速效K	交换性Ca	交换性Mg	有效Cu	有效Zn	有效Mn
碱解N	1							
有效P	0.646	1						
速效K	0.437	0.027	1					
交换性Ca	0.037	-0.345	0.583	1				
交换性Mg	0.482	-0.118	0.709*	0.61	1			
有效Cu	0.043	0.297	-0.496	-0.289	-0.085	1		
有效Zn	0.738*	0.293	0.439	0.504	0.773*	0.263	1	
有效Mn	-0.205	-0.754*	0.438	0.305	0.263	-0.568	-0.192	1

注：*和**分别表示在0.05和0.01水平上显著相关。

③ 20～40cm土层土壤全量相关性分析

在20～40cm土层中，土壤Mg与Fe，K与Mg、K与Zn、Mg与Zn、Fe与Mn分别呈极显著或显著正相关，相关系数分别为0.898、0.716、0.759、0.741和0.761，即相互之间促进；而N与Mn呈显著负相关，即土壤全N的增加会抑制全Mn的积累（表4-20）。

表4-20　薄壳山核桃林地20～40cm土层矿质营养元素含量间的相关性

	全N	全P	全K	全Ca	全Mg	全Fe	全Cu	全Zn	全Mn
全N	1								
全P	0.692	1							
全K	−0.182	−0.373	1						
全Ca	−0.357	−0.126	−0.059	1					
全Mg	−0.397	−0.207	0.716*	0.48	1				
全Fe	−0.706	−0.5	0.632	0.388	0.898**	1			
全Cu	−0.353	−0.696	0.52	0.082	0.253	0.306	1		
全Zn	−0.093	−0.201	0.759*	0.144	0.741*	0.586	0.64	1	
全Mn	−0.722*	−0.702	0.663	0.24	0.588	0.761*	0.57	0.515	1

注：*和**分别表示在0.05和0.01水平上显著相关。

④ 20～40cm土层土壤速效养分含量相关性分析

在20～40cm土层中，土壤速效K与交换性Mg、有效Zn呈极显著或显著正相关，相关系数分别为0.924和0.729，即速效钾的增加能促进交换性Mg、有效Zn的增加（表4-21）。

表4-21　薄壳山核桃林地20～40cm土层有效矿质营养元素含量间的相关性

	碱解N	有效P	速效K	交换性Ca	交换性Mg	有效Cu	有效Zn	有效Mn
碱解N	1							
有效P	0.256	1						
速效K	0.288	0.066	1					
交换性Ca	−0.433	−0.439	0.331	1				
交换性Mg	0.261	−0.22	0.924**	0.529	1			
有效Cu	−0.114	0.445	0.539	0.068	0.394	1		
有效Zn	0.325	0.451	0.729*	−0.248	0.52	0.585	1	
有效Mn	−0.586	−0.647	−0.25	0.322	−0.088	−0.459	−0.226	1

注：*和**分别表示在0.05和0.01水平上显著相关。

6）土壤速效养分含量与叶片、细根养分含量相关性分析

在0~20cm土层中，土壤有效P与叶片全K呈极显著负相关，与叶片全Mn呈显著负相关，土壤交换性Ca与叶片全P呈显著负相关，与叶片全钙呈显著正相关。而土壤有效P与细根全Cu、土壤交换性Ca与细根全Mg、土壤有效Cu与细根全Fe呈显著负相关，土壤有效Mn与细根全Cu呈显著正相关。

7）土壤pH、有机质与叶片、细根养分含量相关性分析

在0~20cm土层中，pH与有机质分别与植株叶片和细根养分含量无显著性相关，有机质与叶片全Mg有显著正相关；而在20~40cm土层中，pH、有机质分别与细根全P有显著正相关，pH与有机质有极显著正相关，有机质与叶片全Cu有显著负相关，与细根全Zn有极显著负相关。

三、整形修剪

整形修剪可以培养合理的树体结构，调整生长与结果的平衡关系，改善通风透光条件，减少病虫害，促进薄壳山核桃树丰产栽培。

1. 修剪时期

薄壳山核桃修剪要避开伤流期（秋季落叶后开始到第二年萌芽前），适宜的修剪时期为薄壳山核桃采收后至叶片未变黄前和春天展叶以后。但近年来研究表明，薄壳山核桃冬剪不仅对生长和结果没有影响，而且新梢生长量、坐果率、树体主要营养水平等都优于春、秋修剪。因此，应该推广薄壳山核桃树冬季修剪，也可延长至萌芽前，但应尽量避开伤流高峰期。

2. 修剪技术

薄壳山核桃干性强，顶端优势明显，以培养疏散分层形为主。对于个别干性差、树势开张的品种可以培养成开心形。

品种特性、立地条件不同修剪目标不同。果用薄壳山核桃，顶端优势相对不明显，可培养成疏散分层形，也可培养成自然开心形，密植园以培养疏散分层形为宜。山地立地条件差，宜培养开心形；地埂单行树，平地和管理水平高的条件下多培养疏散分层形。

（1）主要树形

1）疏散分层形

疏散分层形有8~9个主枝，分3层螺旋着生在中心干上，形成半圆形或圆锥形树冠。该树形主枝和主干结合牢固，主枝分层，通风透光良好，负载量大，寿命长。

树形培养分四步。第一步，定植后当幼树达到定干高度时定干。定干当年或第2年，在主干高度以上，选留直立向上的壮枝做中心干，选留3个不同方位、水平夹角

约120°且生长健壮的枝作为第1层主枝,剪掉其余枝条。主枝位置要临近着生,但要避免轮生,层内间距应大于20cm。第二步,选留第2层主枝,一般选留2个,与第1层主枝间距2.0~2.5m;各层主枝要插空选留,防止上下重叠。同时在第一层主枝上两侧斜向上生长的枝条选1~2个一级侧枝(薄壳山核桃距主枝基部60~80cm)。第三步,继续培养第一层、第二层上的侧枝;如果只留两层主枝,第二层主枝为2~3个,并在第二层主枝上方适当部位落头开心。第四步,除继续培养各层主枝上的各级侧枝外,选留第三层主枝1~2个,

图4-28 疏散分层形

与第二层间距1.5~1.8m,并从最上一个主枝的上方落头开心。至此,疏散分层形树冠骨架基本形成。

2）自然开心形

自然开心形无中心干,一般有2~4个主枝,每个主枝有斜生侧枝3~4个。其特点是整形容易,成形快,通气透光好,结果早,易于管理。

树形培养大致分三步。第一步,在定干高度以上留出3~4个芽的整形带。在整形带内,按不同方位选留2~4个枝条或已萌发的壮芽作为主枝。由于无中心干,最上部一个枝条往往直立生长,要注意开张各主枝角度,以平衡各自生长势。各主枝基部的垂直距离无严格要求,一般为20~40cm。相邻主枝间水平夹角大体一致,并保持每个主枝长势均衡。第二步,各主枝选定后,开始选留一级侧枝。由于开心形树形主枝少,侧枝应适当多留,即每个主枝应选留斜生侧枝3~4个,且上下左右错开。第1侧枝距中心应当稍近,若留2个主枝为0.6m,留3个主枝为1m。第三步,在第一主枝一级侧枝上选留二级侧枝1~2个。第二主枝的一级侧枝上选留2~3个侧枝。第二主枝上的侧枝与第一主枝上的侧枝的间距一般为0.8~1.0m。至此,开心形的树冠骨架基本形成。

图4-29 自然开心形

（2）不同树龄的修剪方法

树龄不同修剪重点不同。幼树修剪,是培养树体骨架,迅速扩大树冠,创建丰产树形;初果树修剪,是继续培养好各级骨干枝,调节各级主侧枝的主从关系,平衡树势,利用辅养枝早期结果,增加结果部位;盛果期修剪,是调节营养生长和生殖生长的关系,改善树体通风透光条件,维持结果枝组的健壮生长,延长盛果期;衰

老树修剪，是促进休眠芽萌发新枝，更新骨干枝和结果枝组，延长树的经济寿命。

1）幼树修剪

幼树期修剪的主要措施：①疏除过密枝，对树冠内各类枝条，修剪时应去强去弱留中庸枝。疏枝时，应紧贴枝条基部剪除，否则不利于剪口的愈合。②合理利用徒长枝，薄壳山核桃基部的隐芽易萌发形成徒长枝，要利用徒长枝长势旺、枝条粗壮的特点，通过夏季摘心、短截或春季短截等方法，将其培养成结果枝组，以充实树冠空间，更新衰弱的结果枝组。③处理好背下枝，薄壳山核桃背下枝春季萌发早，生长旺盛，竞争力强，容易使原枝头变弱而形成"倒拉"现象，甚至造成原枝头枯死。处理方法是萌芽后剪除。如果原母枝变弱或分枝角度较小，可利用背下枝或斜上枝代替原枝头。④主枝和中央主干的处理，主枝和侧枝延长头，为防止出现光秃带和促进树冠扩大，可每年适当截留60~80cm，剪口芽可留背上芽或侧芽。中央主干应根据整形的需要每年短截。

2）结果树修剪

薄壳山核桃进入盛果期后，树冠扩大逐渐停止，接近郁闭或已郁闭。树冠外围枝量多，由于光照不足，内膛小枝枯死，主枝基部光秃，结果部位外移。此时修剪的主要任务为改善树冠内膛通风透光条件，培养和更新复壮各类结果枝组，防止结果部位外移。

修剪要点是：疏密枝，透阳光，缩外围，促内膛，抬角度，节营养，养枝组，增产量。具体方法为：①培养骨干枝和外围枝。方法为：树高超过行距宽，可利用一定高度的三叉枝代替树头，落头去顶，用最上层主枝代替树头。刚开始进入盛果期，各主枝还继续扩大生长，仍需培养各级骨干枝，及时处理背后枝，保持枝头的长势。当相邻枝头相碰时，可疏剪外围，转枝换头。先端衰弱下垂时，应及时回缩，复壮枝头。当盛果期大树外围出现密挤枝、干枯枝和病虫枝时，及早从基部疏除，改善内膛光照条件，做到"外围不挤，内膛不空"。②培养结果枝。在初果期要着手培养和选择结果枝，随后则是枝组的调整和复壮。结果枝组配置应大中小结合，均匀分布于各级主侧枝上，在树冠内的总体分布是里大外小，下多上少，外部不密，内部不空。具体方法包括：a.着生在骨干枝上的大中型抚养枝，回缩改造成结果枝组。一是先放后缩，中庸徒长枝甩放1年，第2年修剪，将枝组引向两侧；二是先截后放，对中庸枝第1年留5~7个芽短截，促生分枝，第2年去直枝留弱枝，促其成花结果。b.将有分枝的强壮发育枝去强留弱，去直留平，培养成中小型结果枝组。c.将内膛徒长枝视情况结合夏季摘心，养成结果枝组。

3）衰老树修剪

薄壳山核桃进入衰老期，外围枝生长势减弱。小枝干枯严重，外围枝条下垂，同时萌发出大量的徒长枝，出现自然更新现象，产量也明显下降。为了延长结果年限，对衰老树应及时进行更新复壮。方法主要有：①主干更新。将主枝全部锯掉，使其重新发枝，并形成主枝，具体做法有两种：a.对主干过高的植株，可在主干的适当部位，将树冠全部锯掉，使锯口下的潜伏芽萌发新枝，然后从新枝中选留方向合适、生长健壮的枝条2~4个培养成主枝。b.对主干高度适宜的开心形植株，可在每个主干的基部锯掉。如系主干形植株，可先从第一层主枝的上部锯掉树冠，再从各主枝的基部锯掉，使主枝基部的潜伏芽萌芽发枝。②主枝更新。在主枝的适当部位进行回缩，使其形成新的侧枝。具体修剪方法：选择健壮的主枝，保留50~100cm，其余部分锯掉，使其在主枝锯口附近发枝，发枝后，每个主枝上选留方位适宜的2~3个健壮的枝条，培养成一级侧枝。③侧枝更新。在一级侧枝的适当部位回缩，形成新的二级侧枝。新树冠形成和产量增加均较快。

图4-30　果园整形修剪

图4-31　主枝更新

3. 几种常用的修剪方法

（1）短截

短截是指剪去1年生枝条的一部分。生长季节将新梢顶端幼嫩部分短截，也称为摘心。薄壳山核桃幼树上，短截发育枝，改变剪口芽的顶端优势，促进新梢生长，增加分枝。短截对象是从一级和二级侧枝上抽生的旺盛生长枝。剪截长度为枝长的1/4~1/2，短截后一般可萌发3个左右较长的枝条。中等长枝或弱枝不宜短截，否则刺激下部发出细弱短枝，组织不充实，冬季易发生日灼而干枯，影响树势。

（2）疏枝

将枝条从基部疏除叫疏枝。疏除对象一般为雄花枝、病虫枝、干枯枝、无用的徒长枝、过密的交叉枝和重叠枝等。雄花枝过多，开花时要消耗大量营养，从而导致树体衰弱，修剪时应适当疏除，以节省营养，增强树势。枯死枝条是病虫滋生的场所，及时疏除。当树冠内部枝条密度过大时，要本着去弱留强的原则，随时疏除过密枝，以利通风透光。疏枝时，紧贴枝条基部剪除以利于剪口愈合。

(3)缓放

即对枝条不进行任何剪截,也叫长放。其作用是缓和枝条生长势,增加中短枝数量,有利于营养物质的积累,促进幼旺树结果。除背上直立旺枝不宜缓放外(可拉平后缓放),其余枝条缓放效果均较好。较粗壮且水平伸展的枝条长放,前后均易萌发长势近似的小枝。弱枝不短截,下一年生长一段,很易形成花芽。

(4)回缩

对多年生枝剪截叫回缩。回缩的作用因回缩的部位不同而异,一是复壮作用,二是抑制作用。复壮作用:一是局部复壮,例如回缩更新结果枝组,多年生冗长下垂的缓放枝等;二是全树复壮,主要是衰老树回缩更新。抑制作用:主要控制旺壮辅养枝、抑制树势不平衡中的强壮骨干枝等。回缩时注意旺树回缩过重易促发旺枝,生产中应掌握好回缩的部位和轻重程度。

四、人工辅助授粉

薄壳山核桃为单性花,雌雄同株,风媒,多数品种不能自花结实,根据其雌花、雄花的开放时间,将其分为雄先型、雌先型、雌雄同熟型3种类型。据文献报道,我国直接从美国引种的品种,多数实生后代表现为雌雄异熟型,约占90.7%,而且雄先型居多,雌雄同熟型仅占实生后代的9.3%,因此大多数不能自花授粉,果用林需要配置授粉品种才能受精结实。但在实际生产中,一方面由于林农对薄壳山核桃的品种特性了解不足,另一方面市场上良种苗缺乏,种植几无选择余地,造成了以'马罕'等单一品种栽植为主,未配置授粉树或配置授粉树不当,雌雄花期不遇,产量低甚至不结果。人工辅助授粉是解决当前产量低最有效的手段之一,换冠改接授粉品种是今后低产低效林改造的重要手段。近几年来,中国林科院亚热带林业研究所、建德市林业局、浙江农林大学等单位科技工作者进行了薄壳山核桃花粉采集、贮藏、授粉时间、授粉方式等一系列人工授粉的技术研究,并取得了阶段性成果。

1. 花粉采集与贮藏

花粉采集:观察健康植株上的雄花,当雄花苞片进入开裂期,花药未完全成熟,花粉活力低,当花药完全变黄时,进入了散粉期,部分花粉散出,出粉率低,最佳采收时间为花药由绿转黄,即将进入散粉期(4月27日前后)时将花序采回室内干燥通风处晾干,避免阳光直射,一般在室温条件下,1~2d花粉可大量散出,轻轻揉搓花序,使花序、花药与花粉分离,再用细孔筛过筛后收集于器皿中;遇阴雨天,也可将采回的花序置于烘烤箱或红外线灯泡下等加温,控制温度保持在25~30℃,待花药开裂,花粉散出,用筛子筛取花粉,置于密封容器中,加入干燥剂,放置在1~5℃冰箱中贮藏备用,贮藏时必须保持低温、干燥、避光,以免花粉失去活力。

2. 授粉时间与方法

薄壳山核桃最佳授粉时期是50%的雌花进入可授期，授粉时间以9:00~16:00最佳，气温20℃左右最佳，气温过高或过低均不利于授粉，具体要依据气候条件决定。

授粉方法：人工授粉的方法很多，生产上主要采用喷粉授粉。操作步骤如下：将花粉与滑石粉按1:20比例混合后，用专用喷粉器在树冠均匀喷粉，使雌花柱头授粉，喷粉授粉要求混合的花粉要求当天喷完。喷雾授粉，配置花粉悬浊液，按照每升水加入蔗糖5g、硼砂2g、花粉5g的比例配成悬浊液混合均匀，然后进行树冠喷雾，使雌花柱头授粉，喷雾授粉要求花粉悬浊液随配随用，并在2h内用完。喷粉授粉、喷雾授粉均宜在无风或微风天气进行，若有风，应站在上风口顺风喷；喷雾授粉须在露水干后进行。由于薄壳山核桃树体高大，应选用高压喷粉或喷雾，按一定方向和顺序边喷边移动；喷雾时因形成水珠后会使花粉随水珠滴落，降低授粉效果，切忌在一处停留过久。

通过试验发现，人工授粉与对照（自然授粉，无授粉树）对薄壳山核桃结实和产量影响差异极显著。从收获果实数及饱满度来分析，人工授粉坐果率达30%，饱满度达99%以上；对照坐果率仅0.4%，且饱满度差（仅50%）。人工授粉大大提高了对未配置授粉树及配置不当等果园的坐果率，增加产量，提高饱满度，是薄壳山核桃早实丰产的重要栽培措施之一，在生产中可以大力推广应用。

3. 薄壳山核桃花粉活力测定

人工授粉时，花粉活力是授粉效果的前提，花粉活力受采集时间、花粉处理、花粉储藏条件等的影响。人工授粉时，需要保证花粉的活力，下面介绍花粉活力的测定方法与影响花粉活力的因素。

（1）薄壳山核桃花粉活力测定方法

1）FCR荧光染色法

配制母液1（SS1）：1.75mol/L蔗糖，3.32mmol/L硼酸，3.05mmol/L硝酸钙，3.33mmol/L硫酸镁，1.98mmol/L硝酸钾，蒸馏水定容后，4℃低温保存备用。另外，为了避免由渗透压引起的花粉破裂，可以适当增加蔗糖浓度，还可以通过增加盐的浓度增强荧光效果。配制母液2（SS2）：双乙酸荧光素（fluoresceindiaectate）溶于丙酮中，配成浓度为7.21mmol/L后，置于棕色玻璃瓶中，4℃低温保存备用。工作液：使用时，取8~12滴SS2于10mL SS1中，混匀直到混合液变为轻乳状即为工作液。操作时，取2~3滴工作液滴于花粉上，盖上盖玻片，2min后置于荧光显微镜下观察。统计每个视野内花粉颗粒总数（明场光照下）和被荧光染色花粉颗粒总数。按有活力花粉百分数=（视野内变绿色花粉颗粒数目/视野内花粉颗粒总数）×100%的公式计算评价花粉活力的百分数。

2）花粉原位萌发法

控制授粉后按照时间间隔采样，用2.5%戊二醛（0.1M，pH7.0的磷酸缓冲液配制）固定，4℃冰箱保存。倒掉固定液，用0.1M、pH7.0的磷酸缓冲液漂洗样品3次，每次15min。用1%的锇酸溶液后固定样品1.5h。倒掉固定液，用0.1M、pH7.0的磷酸缓冲液漂洗样品3次，每次15min。用50%、70%、80%、90%和95%的乙醇溶液对样品依次进行脱水处理，每种浓度10min，再用100%的乙醇处理两次，每次20min。用乙醇与醋酸异戊酯的混合液，体积比为1∶1处理样品30min，纯醋酸异戊酯处理样品1h，临界点干燥，用离子溅射金属镀膜法，处理好的样品在TM-1000型环境扫描电镜下观察拍照。

3）花粉离体培养法

由于染色法只能反映花粉的代谢情况或营养物质含量，且颜色判断误差较大，并不能直接准确地表现花粉的活力。花粉离体萌发法提供的条件与花粉在柱头萌发的条件更为接近，是检测花粉活力最为可靠的方法。

张瑞（2012）发现薄壳山核桃花粉离体萌发前需在相对湿度为97%的条件下复水4h，最佳培养基组合为：20%蔗糖+0.02%～0.03%硼酸+0.05%硝酸钙，最适培养条件为：25℃下恒温培养24h，花粉萌发率为74.46%。用'波尼'和'莫愁'的花粉，试验离体培养液体培养基（20%蔗糖+0.02%～0.03%硼酸+0.05%四水合硝酸钙）、离体培养固体培养基（1%琼脂粉+20%蔗糖+0.02%～0.03%硼酸+0.05%四水合硝酸钙）和无机酸测定法（0.8mol/L的硝酸）三种花粉活力测定方法，'波尼'花粉萌发率分别达到71.44%、43.21%和2.13%；'莫愁'花粉萌发率分别为76.23%、51.27%和4.57%。

（2）不同采集时间（散粉期）对花粉活力的影响

不同散粉期花粉生活力差异显著，各时期花粉的耐贮藏性也差异显著，花粉活力和耐贮能力表现一致，自高到低均依次为：即将散粉期＞散粉初期＞散粉盛期＞散粉末期。

在整个散粉过程中，即将散粉期和散粉初期花粉活力最高，达到90%以上，两者间无显著性差异；散粉盛期花粉活力次之，花粉活力为88.39%；散粉末期花粉活力最低，仅为79.60%。将四个时期的花粉在常温干燥条件下贮藏，进行花粉活力比较（图4-32），发现即将散粉期采集的花粉活力下降最慢，与其他3个时期的花粉相比更

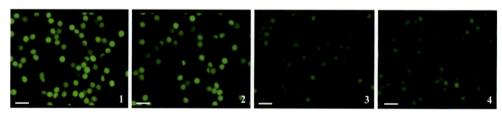

图4-32 不同散粉期花粉贮藏4d后的活力比较

1.贮藏4d的即将散粉期花粉活力；2.贮藏4d的散粉初期花粉活力；3.贮藏4d的散粉盛期花粉活力；4.贮藏4d的散粉末期花粉活力；标尺为70μm。

耐贮藏，贮藏4d后花粉活力仅下降24.21%；散粉初期和散粉盛期花粉活力下降次之，两者之间无显著性差异，贮藏4d分别下降41.89%和44.11%，但与黄色花药时期差异显著；散粉末期花粉活力下降最快，贮藏4d后花粉下降了74.28%，与其他三个时期花粉贮藏活力达到极显著差异（表4-22和表4-23）。

表4-22 薄壳山核桃'Mahan'散粉期花粉生活力

散粉期	贮藏时间				
	0d	1d	2d	3d	4d
即将散粉	93.00±0.31a	91.51±0.29a	85.88±1.52a	79.07±1.17a	70.48±0.41a
散粉初期	92.75±1.33a	90.86±0.59ab	83.03±0.55ab	73.93±0.88b	53.90±2.26b
散粉盛期	88.39±1.29b	88.03±0.82b	80.17±0.93b	70.39±0.79b	49.40±1.35b
散粉末期	79.60±1.44c	72.27±1.20c	58.45±0.56c	45.28±2.31c	20.47±1.12c

表4-23 薄壳山核桃'Mahan'散粉期花粉活力方差分析

差异来源	平方和	自由度	均方	F值	Sig.
散粉期	1025.141	3	341.714	36.392	<0.001
贮藏时间	1836.19	4	459.048	48.888	<0.001
误差	112.678	12	9.39		
总计	74854.675	19			

花粉的采集时间是影响花粉活力的一个重要的因素。采集过早，花粉未完全发育，营养物质积累不够充分，花粉难以取出且活力低；采集时间过迟，花多已散粉，花粉难以收集。利用FCR荧光染色法测定不同散粉期花粉活力，表明薄壳山核桃花粉最佳收集时间是即将散粉期（花药由绿变黄的时期）。花粉粒发育过程的显微观察表明即将散粉期花粉粒发育已经完全，而且花粉粒仍处于花粉囊中，所以该时期的花粉已成熟，可应用于生产。

（3）不同贮藏条件下花粉活力测定

花粉成熟散落后，花粉就开始发生一系列的生理代谢反应，活力逐渐衰退。随贮藏时间的延长，花粉活力有明显下降趋势。花粉不同贮藏方法对活力影响的试验表明，不同温度处理下花粉活力高低依次为：-70℃超低温＞4℃低温＞常温贮藏（图4-33），在常温、低温、超低温贮藏条件下花粉活力下降呈显著性差异（见表4-24和图4-34）。常温贮藏，花粉耐贮时间最短。常温贮藏4d后花粉活力为66.34%，下降29.14%，10d后下降69.25%，30d之后花粉活力下降到7.08%，50d后花粉完全丧失活力；在常温密封干燥条件下花粉活力下降趋势与常温密封下无显著性差异，10d后，花粉活力下降59.95%，50d后花粉也已经完全丧失活力。4℃低温条件下花粉活力贮藏时间比常温贮藏时间长，低温密封贮藏4d后花粉活力为71.04%，下降24.22%，与常温密封条件下花粉活力差异显著，10d后下降39.03%，30d后下降57.83%，90d之后花粉活力下降到10.09%，120d后花粉已经完全丧失活力；低温密封干燥与低温密封保存无显著性差异，120d后花粉也完全丧失活力。-70℃超低温条件下保存效果最好，与常温、低温差异极显著，贮藏50d花粉活力仍有70.40%，仅下降24.91%，贮藏120d花粉活力下降36.62%，贮藏360d花粉还保持43.55%的活力，-70℃密封干燥要优于-70℃密封贮藏，但差异并不显著，两者分别下降了47.43%和53.55%。

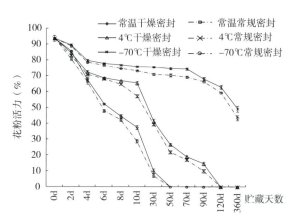

图4-33 不同贮藏条件花粉活力比较（2012年）

表4-24 不同贮藏条件下花粉活力方差分析

差异来源	平方和	自由度	均方	F值	Sig.
贮藏条件	12306.763	5	2461.353	19.927	<0.001
贮藏时间	26296.367	11	2390.579	19.354	<0.001
误差	6793.598	55	123.520		
总计	176427.647	71			

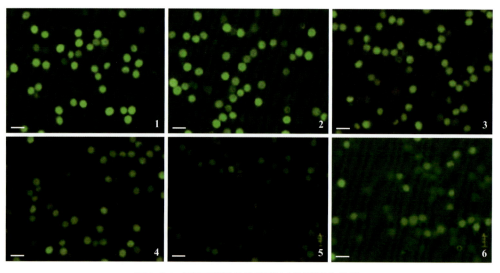

图4-34 不同贮藏条件贮藏6d花粉活力比较

注：1. -70℃密封干燥；2. -70℃密封；3. 4℃密封干燥；4. 4℃密封；5. 常温密封干燥；6. 常温密封。标尺为70μm。

温度也是影响花粉贮藏活力的重要因素,低温能明显地阻止花粉的衰老,主要原因是降低了呼吸强度和酶的活性。研究表明,不同贮藏条件对薄壳山核桃花粉活力有显著影响,温度与花粉贮藏寿命呈负相关性。在室温条件下,贮藏4d花粉活力下降了30%,贮藏10d就下降了70%,此方法贮藏时间短,所以在生产实践上只能短期应用。在4℃低温条件下,贮藏30d花粉活力下降58%,贮藏90d花粉活力下降90%,在一般生产实践上低温保存能够满足花期不遇和杂交授粉等问题。在-70℃超低温条件下保存一年,花粉活力还能达到50%,可以用作来年的辅助授粉。近年来,应用了超低温和冷冻干燥技术保存花粉,使花粉贮藏寿命大幅度延长,为杂交育种、种质资源的保存提供了有力支持。

(4)花粉原位萌发及花粉管伸长生长

1)花粉形态特征

利用扫描电子显微镜观察了'Mahan'花粉粒结构(图4-35),花粉粒外形呈扁球形,极面观为近圆形,赤道面观为椭圆形,表面纹饰呈颗粒状,萌发孔位于球面上,花粉粒极轴平均长(P)为37.26μm,赤道轴平均长(E)为42.23μm,极轴/赤道轴为0.87,萌发孔平均长度和宽度分别为4.71和3.44μm(表4-25)。

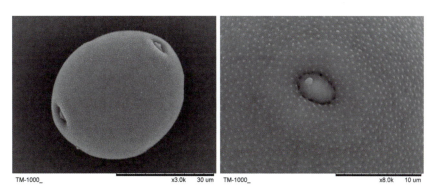

图4-35 薄壳山核桃'Mahan'花粉粒结构

表4-25 薄壳山核桃'Mahan'花粉粒结构

花粉粒形状	表面纹饰	赤面观	极面观	花粉粒大小(μm)		P/E	萌发孔长(μm)	萌发孔宽(μm)
				极轴长(P)	赤道轴长(E)			
扁球形	颗粒状	椭圆形	近圆形	37.26±1.23	42.23±1.33	0.87±0.03	4.71±0.13	3.44±0.12

2)花粉原位萌发及花粉管伸长生长

利用扫描电子显微镜观察花粉在薄壳山核桃'Mahan'雌花柱头原位萌发情况,发现授粉期雌花柱头表面有"波峰状"突起,表面细胞呈乳突状,饱满(图4-36-1);花粉形状为扁球形,花粉粒具有3个萌发孔,均匀分布在赤道面上。通过人工套袋授粉研究花粉粒在雌花柱头上的萌发情况，授粉4h后，花粉粒在柱头表面开始萌发（图4-36-2），从图中可以看出花粉管通过花粉外壁上的萌发孔向外伸出，沿着柱头表面生长，此时花粉萌发率为3.94%（表4-26）。授粉12h后，可以看到大量的花粉粒已经在柱头表面萌发，而且花粉管沿着乳突细胞间隙向下生长（图4-36-4、5），此时花粉萌发率达到37.78%；授粉24h后部分花粉粒开始干瘪；授粉2d后花粉粒和花粉管均出现明显皱瘪现象（图4-36-6和表4-26）。

表4-26 花粉在雌花柱头表面的萌发情况（2012年）

授粉时间	授粉量	萌发量	萌发率（%）
4h	482	19	3.94
8h	306	31	10.13
12h	540	204	37.78
24h	576	210	36.46
3d	180	52	28.89

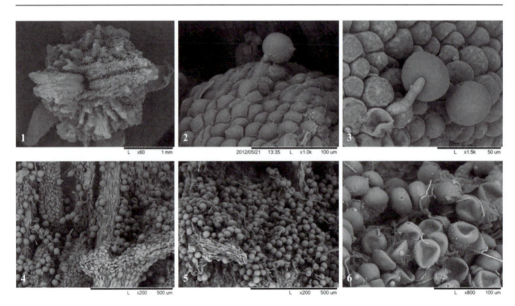

图4-36 花粉在雌花柱头原位萌发情况

1.授粉后雌花柱头；2.授粉后4h柱头上花粉开始萌发；3.授粉后8h柱头上花粉管开始生长，沿表面乳突状细胞向下生长；4.授粉后12h柱头上花粉大量萌发；5.授粉后24h柱头上花粉粒开始皱瘪；6.授粉后2d柱头上花粉管大量干瘪。

利用脱色苯胺蓝染色观察花粉管伸入胚珠，根据花粉管荧光显示，授粉4h后花粉粒在柱头表面，萌发孔可见，但未见花粉管的萌发（图4-37-1）；授粉12h后大量花粉管萌发生长（图4-37-2）；授粉24h后柱头表面花粉管开始萎缩，部分花粉管伸入柱头（图4-37-3）；授粉2d后花粉管伸入胚珠（图4-37-4）；4d花粉管伸入到胚珠位置（图4-37-5、图4-37-6）。

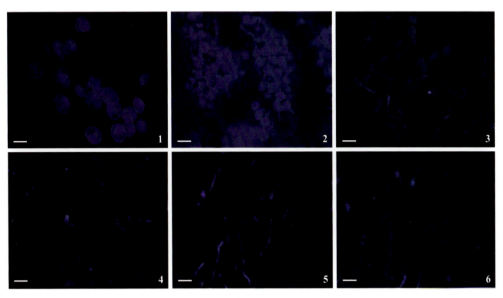

图4-37　薄壳山核桃花粉管伸长生长

1.4h花粉粒可见，萌发孔可见，标尺为30μm；2.12h花粉管大量生长，标尺为50μm；3.24h花粉管伸入柱头，标尺为50μm；4.2d柱头表面花粉粒、花粉管干枯，花粉管伸入胚珠，标尺为50μm；5~6.4d花粉管伸入胚珠，标尺为50μm。

　　花粉萌发特性研究对果树人工授粉、杂交育种和授粉品种的选择有重要的指导意义。张瑞等研究了不同条件下薄壳山核桃花粉离体萌发及花粉管萌发特性，发现薄壳山核桃花粉萌发的最适温度为25℃，恒温培养24h花粉萌发率最高，达到74.46%，花粉管平均长度为258.84μm，因此人工授粉不宜在温度偏低的早晨及温度过高的正午进行。花粉达到柱头表面，4h就有少量萌发，12h大量萌发，2d后花粉粒开始干瘪。花粉管荧光显示，12h花粉管大量生长，24h花粉管伸入柱头，2d柱头花粉管向胚珠生长，4d花粉管伸入到胚珠。

五、高接配置授粉品种

　　截冠高接换种适合单一品种造林低产低效林改造，选择雄花花期与造林品种雌花花期一致的品种2~3个，接穗4℃密封保存至翌年3月。在树体萌动前，在树冠上部选择直立的2~3个主枝，在适合高度光滑处进行截干，采用插皮接，在每个主枝上嫁接接穗2~3个，再用宽绑带捆紧，嫁接后约20d接芽萌动后，将砧木周边的萌蘖除去，由于主枝营养旺盛，刚抽出的接芽生长迅速，待接芽长至50~60cm时，及时摘心，以促进分枝，培养树冠（图4-38）。

图4-38　薄壳山核桃高接授粉品种

第三节　薄壳山核桃材用林与平原绿化

薄壳山核桃坚果品质优良，属世界性优良干果；薄壳山核桃实生树干通直，高大雄伟，生长迅速，木材材质坚韧，是军工、建筑、家具、运动器材及雕刻很好的用材。又因生长快，枝叶茂密，树形优美，既是很好的生态防护树种，又可作为行道树、园林、庭院绿化、农田防护林和沿海绿化等。因此薄壳山核桃除作果园经营外，还可作为果材兼用林、速生材用林、沿海绿化及"四旁"绿化林，也可作为珍贵用材林树种用于大径材培育、林相改造等。根据不同的经营目的，经营方式简述如下。

1. **孤植**

薄壳山核桃树体高大，枝冠开展，姿态优美，枝叶繁茂、叶色变化、果实奇特，是园林绿化中优良的孤植树种。春夏季节薄壳山核桃树冠浓郁，视觉上极富吸引力。可孤植于园林绿地的重要位置，如空旷地、草坪上、庭院中、建筑前，也可孤植于池畔、水边、广场、山坡或桥头（图4-39）。

2. 对植

薄壳山核桃冠形美观而庞大，侧枝粗壮，四周均匀开展，绿荫浓密，与落羽杉、鸡爪槭、乌桕、三角枫、枫香等色叶树种相映成趣，形成深浅过渡，为园林绿地环境渲染出具有高低错落的秋季特色壮丽景观，也可在园林绿地出入口、桥头、建筑出入口等地对称栽植薄壳山核桃，起到对景或突出主景的作用。

3. 列植

薄壳山核桃列植通常应用于道路两侧、隔离带或草坪，不仅可以降低噪音、遮阴滞尘，还可以形成美丽的风景线，在建筑前也能起到突出主景的作用。此外，还可列植于池畔、水边、坡地边缘和农田防护林网等处，起到防护和景观作用（图4-40）。

图4-39　薄壳山核桃树孤植

图4-40　薄壳山核桃树列植图

4. 丛植

选择树姿、色彩等方面有特殊价值的薄壳山核桃做树丛，可分为单纯树丛及混交树丛。在功能上除作蔽荫外，也可作主景用、诱导用、配景用。蔽荫用时，采用单纯的薄壳山核桃树丛形式，不用灌木或少用灌木配植。而作主景、诱导与配景用时，则采用薄壳山核桃和其他乔木混交的树丛形式。

5. 群植

主要用于营造薄壳山核桃园或林相改造中,通过大面积栽植薄壳山核桃,可营造出较大气势的园林景观,能形成开阔景象,富有感观震撼力。秋季丰硕的果实和叶子交相辉映,会呈现出一幅美丽的秋收景观,极有韵味(图4-41)。

图4-41 薄壳山核桃树群植

6. 公园、居住区、学校、企事业单位附属绿地建设

薄壳山核桃生命周期超过100年,病虫害少,树体高大挺直,树形美观,结果期果实和叶片相映生辉,是庭院美化和城市绿化的优良树种。选用薄壳山核桃落叶高大乔木与常绿阔叶乔木相互映衬,既丰富了园林空间景观层次,又增加了观赏植物的种类及色叶树种的绚丽色彩。绿化时若与海棠、黄栌、樱花等具有一定特色的树种配套栽植,则会表现出壮丽景观效果。

7. 道路绿化

通常选用胸径8~10cm,生长健壮、树冠整齐、分枝高的薄壳山核桃苗木列植在道路两侧,作为行道树,气势壮观,绿化和美化效果极佳,其下层配置常绿灌木,适当点缀一些花灌木,随着季节的变化,能够营造一年四季不同的景观效果(图4-42)。

图4-42 薄壳山核桃树道路绿化

8. 四旁绿化

薄壳山核桃冠大荫浓，夏季遮阴，冬季不会影响采光，耐水湿，适应能力强，而且又具有很高的经济价值，因此是非常优良的四旁绿化树种。在房前屋后可孤植，也可丛植或列植，但密度不宜过大，再搭配种植花灌木、宿根花卉和草坪，进一步丰富景观效果。

第四节 薄壳山核桃复合经营

一、薄壳山核桃林下设施栽培铁皮石斛

铁皮石斛属喜阴植物，利用薄壳山核桃高大落叶乔木、具强喜阳性、大树稀冠、树干粗糙容易附着铁皮石斛根系等特点，可以在地势平坦的薄壳山核桃树间搭建钢架大棚等设施栽培铁皮石斛，也可直接在树干绑缚进行铁皮石斛活树附生栽培。

薄壳山核桃林下种植铁皮石斛等中药材复合栽培应配备微喷灌设施，使其既能满足铁皮石斛等林下植物生长需要，包括利用薄壳山核桃树夏季遮阴，模拟其自然的生长环境，提高铁皮石斛的品质及产量；又能满足薄壳山核桃旱季及灌浆期等生长发育所需要的水分，促进薄壳山核桃稳产高产（图4-43）。建立薄壳山核桃林下经济种植休闲观光示范基地。

图4-43　薄壳山核桃林下套铁皮石斛种植大棚

根据地形地势在薄壳山核桃林地搭建宽6~8m的钢架大棚，长度依实际情况决定，利用薄壳山核桃树冠，结合遮阳网遮阴，配备喷雾设施，模仿野生环境培育铁皮石斛。通过产量测定，薄壳山核桃林下设施栽培铁皮石斛亩产量比普通大田栽培生长旺盛、叶片浓绿、色泽亮丽，2年生铁皮石斛亩产量增加30.3%。

以薄壳山核桃活树为载体，利用枝叶遮阴，将铁皮石斛附生于树干、树枝、树杈上，仿照铁皮石斛自然生长环境进行种植。自然遮阴度一般为70%；栽培时间在每年的3~4月；在树干上间隔35cm种植一圈，每圈用无纺布或稻草自上而下呈螺旋状缠绕，在树干上按3~5株/丛，丛距8~10cm，栽植2年生种苗。捆绑时，只可绑其靠近茎基的根系，露出茎基，以利于发芽。种植后每天喷雾1~2h，保持树皮湿润，基本上不需要施肥用药（图4-44）。要特别注意抗寒品种的应用，不同种质耐低温能力差异很大，广东、云南种质通常0℃以下就要遭受冻害，浙江种质可耐-8℃的环境；活树附生栽培3年后亩产铁皮石斛鲜条25kg、干花0.7kg，产值增加8万元以上。

图4-44 薄壳山核桃树上仿生栽培铁皮石斛

二、薄壳山核桃与作物套种

薄壳山核桃造林后，可根据大小和生长情况，适度间作套种旱稻、玉米、油菜、花生、芝麻、西瓜、黄豆、蔬菜等作物（图4-45），可通过对作物的中耕、除草、施肥代替幼林抚育，减少病虫害的发生；作物收获后，将秸秆铺于林地或埋入土中又可以增加林地土壤肥力，充分利用林地空间资源，做到以短养长，构建良好的种植模式。对

图4-45 薄壳山核桃农作物套种

于水土流失较为严重的地区或者坡度较大的丘陵山地不宜套种经济作物，可套种紫云英、黑麦草等绿肥改良土壤、改善林地环境。套种作物要与树干距离1m以上，避免操作过程中对树体造成不利影响。

三、茶园套种薄壳山核桃

全国茶园面积4500万亩，其中浙江省茶园总面积超过300万亩，随着劳动力成本、物流成本的大幅上涨（劳动密集型产业），加上高端消费市场的逐渐萎缩，茶叶产销失衡隐忧日益突显，严重影响茶农种植的效益，此外，大面积纯林经营导致病虫危害加剧，盲目施肥和化学防治，导致面源污染和食品安全威胁等。茶园套种经济林不仅能增加林地产品输出的多元化，而且能提高茶园的产量和品质，从而提高茶园的综合效益。薄壳山核桃是高大落叶乔木，喜深厚肥沃的土壤，适合在土壤pH6.0~7.5、海拔50~600m的低山丘陵发展，茶树是常绿亚灌木，喜偏酸性土壤，林地空气湿度大、漫射光有利于茶叶生长。茶园套种薄壳山核桃，不仅增加了林地空气湿度和漫射光的比例，提高了茶叶的产量，而且能显著提高茶叶的质量（图4-46）。

图4-46　茶园套种薄壳山核桃

选择茶叶生长良好、光照充足的园地，在茶叶垄上提前1个月挖栽植穴，开挖前挖除（1.5~2.0m）×（1.5~2.0m）的茶树，栽植穴长、宽、深为（0.8~1.0m）×（0.8~1.0m）×（0.8~1.0m）。挖穴时表土和心土分开堆放，然后在穴底和周围撒生石灰0.5~1.0kg，回填时每穴施腐熟有机肥30~50kg，与表土充分混合均匀，回填至穴底部，再用心土填至穴深2/3处，选择秋季栽植，宜在11月下旬苗木落叶后至12月下旬土壤封冻前进行，或春季栽植，宜在土壤解冻后，3月上中旬至苗木树液流动前进行。选择良种壮苗，苗高大于1.2m，根系发达、生长健壮、无病虫害、无机械损伤的苗进行造林，造林密度为（8~10m）×（8~10m）。在后期的管理中，注意及时定干，定干高度1.5m以上，以免影响茶叶的生长。果实可采用张网采收。

四、薄壳山核桃与其他药用植物套种

在薄壳山核桃幼林中也可间作套种多花黄精、三叶青等中药材（图4-47和图4-48），既增加早期经济收入，克服了薄壳山核桃前期有投入无产出及结果初期投入多产出少的不足，又能通过中耕、施肥及植物残体降解转化起到改良林地土壤的作用。但在管理过程中，避免中药材生长缠绕，要及时清理，种植部位离苗距离需要1m以上。

图4-47　薄壳山核桃林下套种多花黄精

图4-48　薄壳山核桃林下套种三叶青

五、薄壳山核桃林下养殖

图4-49　薄壳山核桃林下养殖

为了保持水土流失、保持土壤温度、增加林地土壤肥力，可在林下播种白三叶、黑麦草等牧草。为了能充分利用这些牧草，可以林下养殖（图4-49），条件允许的情况下，可养殖鸡、鸭、鹅、牛、羊、兔等家禽和特种动物，牧草可以作为家禽饲料，家禽的粪便又可以作为有机肥，发展循环经济。但在养殖过程中，注意控制好家禽的养殖密度，不宜过多养殖，同时，注意农药的使用。

第五章

薄壳山核桃杂交育种

杂交育种是将是将两个或多个品种的优良性状通过交配集中一起，再经过选择和培育，获得新品种的方法。不同类型的亲本进行杂交可以获得性状的重新组合，杂交后代中可能出现双亲优良性状的组合，甚至出现超亲的优良性状，当然也可能出现双亲的劣势性状组合，或双亲所没有的劣势性状。正确选择亲本并予以合理组配是杂交育种成败的关键。

在杂交育种中应用最为普遍的是品种间杂交（两个或多个品种间的杂交），其次是远缘杂交（种间以上的杂交）。国内薄壳山核桃杂交育种工作开展较晚，1959—1960年浙江省林科所叶茂富和南京植物研究所吴厚钧合作开展了山核桃和薄壳山核桃种间杂交试验，结果发现山核桃与薄壳山核桃正反交均能正常结果，但杂种后代变异很小。1972—1975年浙江林学院黎章矩开展了山核桃、薄壳山核桃与核桃间的杂交，山核桃与薄壳山核桃种间杂交获得了一定数量的杂交种子和杂交后代，这些工作的积累对国内薄壳山核桃杂交育种起到了积极作用。

第一节　薄壳山核桃杂交技术

通过控制授粉，在雌蕊成熟前进行人工去雄，并套袋隔离，避免柱头授粉，适期授以父本花粉，作好标志并套袋隔离和保护。育种过程就是要在杂交后代中选育出符合育种目标的个体进一步培育，直至获得优良性状稳定的品种。杂种优势是指两个遗传组成不同的亲本杂交产生的杂种F_1代，在生长势、生活力、繁殖力、抗逆性、产量和品质上比其双亲优越的现象。杂种优势是许多性状综合地表现突出，杂种优势的大小，往往取决于双亲性状间的相对差异和相互补充。一般而言，亲缘关系、生态类型和生理特性上差异越大，双亲间相对性状的优缺点能彼此互补，其杂种优势越强，双亲的纯合程度越高，越能获得整齐一致的杂种优势。

一、杂交前的准备工作

薄壳山核桃是典型的雌雄同株树种，杂交组合的选配必须依据授粉特性和杂交目的，选择合适的杂交亲本。杂交前要根据育种目标，选择亲本，要求亲本是优良品种，具有高产、优质、耐旱、耐寒性状，还要对其经济性状、生物学性状、抗性等作全面系统的了解和掌握。薄壳山核桃除品种间杂交外，也可进行种间杂交。杂交母本都应选择生长健壮、无病虫害、树冠大、枝条开展、雌花多、结果发育好的壮年植株。

二、杂交过程

1. 花粉采集

在薄壳山核桃雄花散粉盛期,于晴朗天气8:00~10:00采集雄花序,将雄花序平摊在硫酸纸上,置于避风处晾晒,收集已经散出的花粉,每隔半小时收集一次花粉。花粉用100目筛子过筛去除杂质。将收集的花粉密封干燥保存,如保存时间较久则需4℃条件储藏备用。

2. 去雄套袋

选择生长健壮、结果良好的薄壳山核桃杂交亲本,在雌花花期显蕾期去雄套袋,套袋时间选择非常重要,过早会影响雌花的发育,过晚柱头容易污染。套袋选用硫酸纸袋,规格为长35cm、宽25cm,两头袋口不封闭。套袋前先将结果枝下部的雄花序去除并把复叶往下翻转,再将雌花序套入硫酸纸袋,每袋套一个雌花序,并去除发育不良的雌花,套袋下口扎紧,系口处连同翻转的复叶一起扎紧,套袋上口封折数叠并用回形针别紧。要确认套袋上口和下口封禁,以防止花粉污染。

3. 人工授粉

套袋后,每天进行观察,以便适时授粉。在雌花柱头向两侧张开、表面突出且分泌物增多时授粉,有些品种柱头颜色也会出现变化。授粉应在晴朗天气的9:00~10:00前进行,打开套袋上口,用毛笔或棉球蘸取花粉在柱头上方抖落花粉,不触及柱头表面,授粉后再将袋口折叠后用回形针封口。为了提高坐果率,可重复授粉1~2次,重复授粉至少隔6h后进行。

4. 栽培管理

授粉后待雌花柱头枯萎时去除硫酸纸袋,进行常规栽培管理,果实成熟后收获果实,获取种子培育成苗后,进行子代测试,从中筛选出生长快、抗性强的优良单株,嫁接育苗后进行无性系测定,经过测定后筛选出产量高、品质好的无性系,经省级以上审(认)定林木良种,然后才可在生产中推广应用。

第二节　薄壳山核桃品种间杂交

通过种内品种间杂交把不同品种的优良性状结合起来,培育综合性状良好的新品种。近年来薄壳山核桃授粉试验表明,父本花粉在当年内除直接影响果实种子形状、大小、颜色等性状外,有时还影响果实成熟期、风味及内在营养成分含量。

一、薄壳山核桃不同品种间杂交对坐果率的影响

以薄壳山核桃'Mahan'为母本,开展了不同品种父本对坐果的影响,结果表明不同父本授粉均能坐果,且高于自然授粉(坐果率7.30%),套袋不授粉坐果率为0%。其他如表5-1所示,'Mahan'×35号坐果率最高,为25.71%。'Mahan'×6号和'Mahan'×63坐果率次之,分别为19.64%和18.83%;'Mahan'×实生和'Mahan'×山核桃坐果率较低,分别为9.81%和10.82%;'Mahan'×混合花粉坐果率为16.59%(表5-1)。不同品种花粉授粉坐果率差异显著(表5-2)。9个授粉组合随着时间的推移坐果率显著降低,至7月31日之后,坐果率趋于稳定。6月1日和7月2日,自然授粉、套袋不授粉与不同品种花粉授粉坐果率差异不显著,7月31日各授粉组合坐果率差异显著。套袋不授粉坐果率为0.00%,'Mahan'×35号坐果率最高,为32.94%,'Mahan'×实生和'Mahan'×山核桃坐果率分别为12.23%和14.27%。7月31日之后,坐果率趋于稳定。9月29日,'Mahan'×35号坐果率显著高于其他授粉组合。

在生产上,薄壳山核桃的品种配置单一,花期不遇或者授粉亲和性不良,往往导致落果严重、产量低、品质差。所以在建园造林时就要科学合理配置授粉品种,已建园的果园需加强人工授粉或者在果园中高接合适的授粉品种。6~7月是集中落果期,建议要在花期加强保花保果措施,如花期遇雨需适时人工授粉。

表5-1 不同品种花粉对薄壳山核桃'Mahan'坐果率影响多重比较(2013年)

授粉组合	授粉雌花数	FCR染色花粉活力(%)	坐果率(%)				
			06-01	07-02	07-31	08-29	09-29
自然授粉	120×3	—	71.92±1.78a	43.26±1.46a	8.51±2.42e	7.30±1.25e	7.30±1.25e
套袋不授粉	120×3	—	49.72±3.03a	33.65±0.49a	0	0	0
'Mahan'×6号	120×3	82.41±1.19a	69.11±0.48a	47.15±2.68a	22.51±0.57b	19.64±0.27ab	19.64±0.27ab
'Mahan'×35号	120×3	80.56±0.86a	79.62±5.28a	59.20±1.37a	32.94±0.56a	25.71±0.72a	25.71±0.72a
'Mahan'×63	120×3	72.56±0.63b	77.18±1.15a	63.01±2.18a	21.60±2.03bc	18.83±1.29b	18.83±1.29ab
'Mahan'×'Caddo'	120×3	75.12±0.67b	69.23±5.24a	55.22±2.76a	20.43±0.31bc	17.90±0.38bc	16.63±0.75bc
'Mahan'×实生	120×3	62.15±0.83c	67.39±15.31a	42.11±7.63a	12.23±0.32d	10.60±0.40d	9.81±0.35d
'Mahan'×山核桃	120×3	65.09±0.87c	83.22±5.86a	45.35±5.65a	14.27±1.97cd	12.28±1.85cd	10.82±2.62cd
'Mahan'×混合花粉	120×3	72.91±0.98b	84.17±2.63a	52.62±6.19a	17.70±3.30bcd	16.59±2.52bc	16.59±2.52bc

表5-2　不同品种花粉对薄壳山核桃'Mahan'坐果率影响方差分析（2013年）

差异来源	平方和	自由度	均方	F值	Sig.
授粉组合	356.816	6	59.469	6.481	<0.001
统计时间	7723.452	4	1930.863	210.411	<0.001
误差	220.239	24	9.177		
总计	54735.644	35			

二、薄壳山核桃不同品种间杂交对果实性状的影响

薄壳山核桃不同品种花粉授粉对'Mahan'收获果实的果实鲜重、果实纵径、果实横径和出籽率影响不显著，但以山核桃为父本授粉，'Mahan'收获果实的果重、果实纵径、果实横径和出籽率显著低于其他授粉组合（表5-3和图5-1）。授粉组合'Mahan'בCaddo'的果实鲜重最高，达到36.33g/粒，'Mahan'×山核桃最低，为28.91g/粒；'Mahan'בCaddo'果实纵径最大，达到63.81mm，'Mahan'×山核桃最小，为57.76mm；'Mahan'×63号果实横径最大，为33.74mm，'Mahan'×山核桃最小，为31.34mm；'Mahan'×35号出籽率最高，为32.65%，'Mahan'×山核桃最低，仅为29.78%。

表5-3　不同授粉品种对'Mahan'果实性状的影响

授粉组合	果实鲜重（g/粒）	果实纵径（mm）	果实横径（mm）	果实纵径/果实横径	出籽率（%）
'Mahan'×6号	31.82±1.88ab	63.31±1.16a	32.02±0.56ab	1.97±0.02a	32.52±0.44a
'Mahan'×35号	33.21±1.51ab	63.10±1.10a	31.68±0.59ab	1.99±0.05a	32.65±0.26a
'Mahan'×63号	36.23±1.14a	62.95±1.20a	33.74±0.62a	1.86±0.07c	31.36±0.22ab
'Mahan'בCaddo'	36.33±1.70a	63.81±1.32a	33.02±0.64ab	1.93±0.02ab	32.35±0.35a
'Mahan'×实生	30.81±4.27ab	61.09±2.48ab	32.73±1.95ab	1.87±0.06c	30.72±1.31ab
'Mahan'×山核桃	28.91±2.20b	57.76±1.02b	31.34±0.70b	1.84±0.09c	29.78±0.57b
'Mahan'×混合花粉	30.93±0.84ab	61.44±0.93ab	32.03±0.49ab	1.91±0.03b	32.47±0.37a

图5-1 不同品种花粉授粉对'Mahan'坚果形状的影响

a. 'Mahan'×6号；b. 'Mahan'×35号；c. 'Mahan'×63号；d. 'Mahan'×Caddo；e. 'Mahan'×实生；f. 'Mahan'×山核桃；g. 'Mahan'×混合花粉。

三、不同组合种内杂交对果核性状的影响

不同品种授粉对'Mahan'坚果性状的影响显著（表5-4）。'Mahan'ב Caddo'和'Mahan'×63坚果风干重较大，分别为11.66g/粒和11.33g/粒，其次是'Mahan'×35号、'Mahan'×6号、'Mahan'×混合花粉，'Mahan'×实生和'Mahan'×山核桃质量较小，分别为9.15g和9.11g；'Mahan'×山核桃核纵径最小，其他组合间差异不显著；核横径和核侧径来看，各组合间差异不显著；果壳厚度'Mahan'×实生、'Mahan'×山核桃和'Mahan'×混合花粉显著低于'Mahan'×63；核型指数各组合间差异不显著。

表5-4　不同授粉品种对'Mahan'果核性状的影响

授粉组合	坚果风干重（g/粒）	核纵径（mm）	核横径（mm）	核侧径（mm）	果壳厚（mm）	核型指数
'Mahan'×6号	10.46±0.52ab	50.35±0.98a	21.61±0.41a	20.04±0.35a	0.81±0.04ab	2.42±0.09a
'Mahan'×35号	10.73±0.59ab	49.49±0.82a	21.89±0.46a	20.13±0.38a	0.78±0.02ab	2.36±0.10a
'Mahan'×63	11.33±0.28a	49.76±0.88a	23.11±0.26a	21.23±0.27a	0.87±0.04a	2.25±0.10a
'Mahan'×'Caddo'	11.66±0.49a	50.37±0.89a	22.33±0.33a	20.83±0.30a	0.82±0.02ab	2.34±0.08a
'Mahan'×实生	9.15±0.88b	47.98±1.76ab	22.45±0.80a	21.04±0.66a	0.73±0.11b	2.21±0.07a
'Mahan'×山核桃	9.11±0.53b	46.36±0.72b	22.19±0.43a	20.34±0.37a	0.72±0.04b	2.18±0.09a
'Mahan'×混合花粉	10.09±0.39ab	48.64±0.69ab	21.78±0.44a	20.30±0.37a	0.72±0.03b	2.31±0.08a

四、不同组合种内杂交对果仁品质的影响

不同品种授粉对'Mahan'果仁品质测定分析（如表5-5），表明7个授粉组合收获种子的出仁率差异不显著；而含油率差异显著，'Mahan'ב Caddo'含油率显著高于其他组合，达到76.39%，'Mahan'×山核桃含油率最低，仅为71.55%；粗蛋白以'Mahan'×山核桃、'Mahan'×63和'Mahan'×混合花粉含量显著较高，达到130.43mg/kg、124.47mg/kg和118.97mg/kg；可溶性总糖含量'Mahan'×6号含量显著高于其他组合，达到36.83mg/kg，'Mahan'×山核桃含量最低，仅为29.06mg/kg；不同授粉组合间种仁淀粉含量具显著性差异，'Mahan'×实生含量最高，达到66.31mg/kg，'Mahan'×35号含量最低，仅为38.42mg/kg。

对7个授粉组合种仁油脂组分的分析（如表5-6），均检测到8种脂肪酸组分，其中以油酸、亚油酸等不饱和脂肪酸为主。7个授粉组合收获种子的种仁中不饱和脂肪酸占脂肪酸总量分别为92.39%、91.45%、92.14%、91.46%、92.76%、92.08%、92.02%。

表5-5　不同品种授粉对'Mahan'种仁品质的影响

授粉组合	出仁率（%）	含油率（%）	粗蛋白（mg/kg）	可溶性总糖（mg/kg）	淀粉（mg/kg）
'Mahan'×6号	50.35±0.98a	75.37±1.28b	88.00±8.31bc	36.83±0.16a	50.43±0.14c
'Mahan'×35号	49.49±0.82a	75.18±0.45b	101.84±6.27b	31.84±2.32b	38.42±0.06d
'Mahan'×63	49.76±0.88a	72.91±1.14c	124.47±3.66a	33.25±0.21ab	45.94±2.77c
'Mahan'×'Caddo'	50.37±0.89a	76.39±0.77a	81.85±1.00c	30.91±0.43b	47.93±1.08c
'Mahan'×实生	47.98±1.76a	73.46±0.86c	87.37±3.52bc	33.48±1.26ab	66.31±0.17a
'Mahan'×山核桃	46.36±0.72a	71.55±1.75d	130.43±5.12a	29.06±2.34b	59.88±2.63b
'Mahan'×混合花粉	48.64±0.69a	73.47±0.92c	118.97±0.409a	30.68±0.40b	40.23±0.23d

表5-6　不同品种授粉对'Mahan'种仁脂肪酸组分相对含量的影响

授粉组合	脂肪酸成分（%）									
	肉豆蔻酸	棕榈酸	硬脂酸	油酸	亚油酸	亚麻酸	花生酸	顺11-二十碳烯酸	饱和脂肪酸	不饱和脂肪酸
'Mahan'×6号	0.02	5.20	2.19	67.97	22.89	1.34	0.12	0.19	7.61	92.39
'Mahan'×35号	0.03	5.46	2.89	67.35	22.76	1.17	0.14	0.16	8.55	91.45
'Mahan'×63	0.03	5.47	2.18	66.20	24.48	1.27	0.11	0.18	7.86	92.14
'Mahan'×'Caddo'	0.03	5.37	2.38	66.25	22.96	1.49	0.61	0.76	8.54	91.46
'Mahan'×实生	0.03	5.34	1.68	68.85	22.48	1.23	0.09	0.20	7.24	92.76
'Mahan'×山核桃	0.03	5.48	2.22	65.94	24.58	1.38	0.12	0.18	7.92	92.08
'Mahan'×混合花粉	0.03	5.47	2.31	64.39	26.17	1.28	0.12	0.17	7.98	92.02

第三节　山核桃和薄壳山核桃种间杂交

　　同山核桃相比，薄壳山核桃果大，长圆形，外果皮绿色，坚果壳较薄，出仁率高。以薄壳山核桃为父本、山核桃为母本的杂交当代果实和种子表现出明显变异，某些表型性状倾向于薄壳山核桃。种子粗蛋白等与自然授粉对照无显著性差异，含油率等有显著性差异，子代苗木表现为母本性状。这与黎章矩等发现的山核桃种间杂交存在着明显的花粉直感现象相符，表现为杂交当代果实明显增大，外表皮颜色及果形也有明显差别，坚果出仁率提高。

一、山核桃和薄壳山核桃种间杂交

由于山核桃花期较早（4月底5月初），薄壳山核桃花期较晚（5月上中旬），两者存在花期不遇，因此选择高海拔地区的山核桃作亲本。以山核桃（♀）×薄壳山核桃（♂）为正交，以薄壳山核桃（♀）×山核桃（♂）为反交，对杂交果实性状进行测定，并以两亲本自由授粉果实作为对照。

1. 种间杂交果实性状

山核桃（♀）×薄壳山核桃（♂）的杂种果实与种子明显要大于山核桃自然授粉的果实与种子，在外形及颜色上更接近母本（图5-2和图5-4），杂交果实外果皮颜色及果形均与母本有一定的差异，果色由对照（山核桃自然授粉）的锈黄色变为黄绿色；杂种苗表型上类似于山核桃自然授粉的实生苗（图5-6）；而薄壳山核桃（♀）×山核桃（♂）的杂种果实及种子要小于薄壳山核桃自然授粉的果实与种子，但种子外形及颜色上类似于薄壳山核桃种子（图5-3和图5-5），且两者的实生苗表型相似（图5-7）。山核桃与薄壳山核桃正反交产生的杂种果实与种子在外形、颜色上具有偏向母本的特性，但又受到父本的影响。

图5-2 山核桃（♀）×薄壳山核桃（♂）杂种果实（左）与山核桃自然授粉果实（右）

图5-3 薄壳山核桃自然授粉果实（左）与薄壳山核桃（♀）×山核桃（♂）杂种果实（右）

图5-4 山核桃（♀）×薄壳山核桃（♂）杂种种子（左）与山核桃自然授粉半同胞种子（右）

图5-5 薄壳山核桃自然授粉种子（左）、薄壳山核桃（♀）×山核桃（♂）的杂种种子（中）与山核桃（♀）×薄壳山核桃（♂）的杂种种子（右）

图5-6　山核桃（♀）×薄壳山核桃（♂）杂种苗（左）与山核桃自然授粉实生苗（右）

图5-7　薄壳山核桃（♀）×山核桃（♂）杂种苗（左）与薄壳山核桃的自然授粉实生苗（右）

2. 种间杂交果实性状分析

（1）果实性状的方差分析

采用双因素交互作用方差分析和多重比较对数据进行分析。分析中设定不同授粉类型和不同年份分别为因素A和因素B；A因素有4个水平，即薄壳山核桃×山核桃（A1）、薄壳山核桃自由授粉（A2）、山核桃×薄壳山核桃（A3）、山核桃自由授粉（A4）；因素B有2个水平，即2007年（B1）和2008年（B2）。

方差分析结果表明（表5-7），不同杂交组合及杂交组合与年份的交互作用对果实鲜重、坚果风干重、果形指数、出籽率均产生了极显著的影响；不同年份对果皮厚度有显著影响，对坚果风干重及出籽率有极显著影响，对果实鲜重、果形指数没有影响；A、B两因素的交互作用对果皮厚度、果形指数没有影响。方差分析结果为差异显著时并不能断言各水平两两间都有显著差异，某些水平间十分显著的差异往往可以掩盖某些水平之间的差异不显著，从而使总的结论为差异显著。因此，必须对各因素水平进行多重比较，以了解造成差异显著的根源所在。

表5-7　果实鲜重、坚果风干重、出籽率、果形指数、外果皮厚的双因素方差分析

变异来源	自由度	果实鲜重		果皮厚度		果形指数		坚果风干重		出籽率	
		均方	F值	均方	F值	均方	F值	均方	F值	均方	F值
因素A	3	10000.10	803.90**	79.30	168.60**	4.9	1215.00**	1488.10	688.90**	0.0	15.00**
因素B	1	31.65	2.50	1.30	2.80*	0.0	0.30	65.10	30.10**	0.30	131.00**
A×B	3	259.90	20.90**	0.30	0.70	0.0	7.50**	31.60	14.60**	0.0	6.50**
误差	384	12.40		0.50		0.0		2.20		0.0	
总计	391										

注：$F_{0.05}(3, 384)=2.60$，$F_{0.01}(3, 384)=3.78$；$F_{0.05}(1, 384)=3.84$，$F_{0.01}(1, 384)=6.63$。

（2）果实性状的多重比较

果实鲜重、坚果风干重、出籽率、果形指数、外果皮厚度测定结果见表5-8。山

核桃（♀）×薄壳山核桃（♂）获得的果实鲜重、坚果风干重、出籽率、果形指数介于父母本自由授粉之间，而薄壳山核桃×山核桃授粉获得的果实平均数超过父母本自由授粉子代的平均数，且偏向母本自由授粉果实的平均数；获得果实质量、平均质量、果形指数均超过父母本自由授粉子代的平均数，而山核桃×薄壳山核桃获得的果实平均数则不及父母本自由授粉果实的平均数，但均偏向母本自由授粉果实表型。对这些参数进一步进行基于q检验的多重比较。对因素A，$q_{0.05}$（4，98）=3.70；对于因素B，$q_{0.05}$（2，196）=2.77；D值和多重比较结果见表5-9和表5-10。

表5-8 果实质量、坚果风干重、出籽率、果形指数、外果皮厚的均值

授粉类型（♀×♂）	年份	果实鲜重（g/粒）	坚果风干重（g/粒）	出籽率（%）	果形指数	外果皮厚（mm）
薄壳山核桃×山核桃（A1）	2007	33.14	12.64	39.13	1.35	6.00
	2008	30.71	10.66	35.66	1.38	6.07
	平均	31.92	11.65	37.39	1.37	6.03
薄壳山核桃自由授粉（A2）	2007	32.63	12.19	38.40	1.36	5.55
	2008	30.59	10.59	35.44	1.40	5.62
	平均	31.61	11.39	36.92	1.38	5.60
山核桃×薄壳山核桃（A3）	2007	14.85	5.38	37.03	0.99	4.87
	2008	18.60	5.57	30.33	0.97	4.93
	平均	16.73	5.47	33.68	0.98	4.90
山核桃自由授粉（A4）	2007	10.87	4.13	38.89	1.01	3.83
	2008	13.86	4.26	31.34	0.98	4.12
	平均	12.36	4.19	35.11	0.99	3.97

表5-9 基于q检验的A因素多重比较

种实性状	$\bar{x}_i$		$\bar{x}_i - \bar{x}_j$		
果实鲜重 $D=1.62$	$\bar{x}_{A1}=31.92$	19.56*	15.20*	0.31	
	$\bar{x}_{A2}=31.61$	18.88*	14.88*		
	$\bar{x}_{A3}=16.73$	4.36*			
	$\bar{x}_{A4}=12.36$				
坚果风干重 $D=0.67$	$\bar{x}_{A1}=11.65$	7.46*	6.17*	0.26	
	$\bar{x}_{A2}=11.39$	7.20*	5.92*		
	$\bar{x}_{A3}=5.47$	1.28*			
	$\bar{x}_{A4}=4.19$				

（续）

种实性状	$\bar{x}_i$		$\bar{x}_i - \bar{x}_j$	
出籽率 $D=0$	$\bar{x}_{A1}=37.39$	3.71*	2.28*	0.47*
	$\bar{x}_{A2}=36.92$	3.24*	1.81*	
	$\bar{x}_{A4}=35.11$	1.43*		
	$\bar{x}_{A3}=33.68$			
果形指数 $D=0.09$	$\bar{x}_{A2}=1.38$	0.40*	0.39*	0.01
	$\bar{x}_{A1}=1.37$	0.39*	0.37*	
	$\bar{x}_{A4}=0.99$	0.02		
	$\bar{x}_{A3}=0.98$			
外果皮厚 $D=0.31$	$\bar{x}_{A1}=6.03$	2.06*	1.13*	0.43*
	$\bar{x}_{A2}=5.60$	1.63*	0.70*	
	$\bar{x}_{A3}=4.90$	0.93*		
	$\bar{x}_{A4}=3.97$			

表5-10 基于q检验的B因素多重比较

种实性状	因素A	因素B	$\bar{x}_i$	$\bar{x}_i - \bar{x}_j$
果皮厚度 $D=0.18$	A1	B2	6.07	0.07
		B1	6.00	
	A2	B2	5.62	0.07
		B1	5.55	
	A3	B2	4.93	0.05
		B1	4.87	
	A4	B2	4.12	0.29*
		B1	3.83	
出籽率 $D=0.04$	A1	B1	39.13	3.47*
		B2	35.66	
	A2	B1	38.40	2.96*
		B2	35.44	
	A3	B2	37.03	6.70*
		B1	30.33	
	A4	B2	38.89	7.55*
		B1	31.34	
坚果风干重 $D=0.38$	A1	B1	12.64	1.98*
		B2	10.66	
	A2	B1	12.19	1.60*
		B2	10.59	
	A3	B2	5.57	0.19
		B1	5.38	
	A4	B2	4.26	0.13
		B1	4.13	

从多重比较的结果来看，果实鲜重、坚果风干重、果形指数、外果皮厚、出籽率等5个参数，山核桃与薄壳山核桃自然授粉果实间有显著差异，这是因为它们为两个完全不同的种；薄壳山核桃（♀）×山核桃（♂）的果实要显著大于山核桃自由授粉的果实及山核桃（♀）×薄壳山核桃（♂）的果实；山核桃（♀）×薄壳山核桃（♂）的果实除果形指数外，均显著大于山核桃自由授粉的果实；薄壳山核桃自由授粉的果实要显著大于山核桃（♀）×薄壳山核桃（♂）的果实；除外果皮厚度、出籽率以外，薄壳山核桃（♀）×山核桃（♂）的果实与薄壳山核桃自由授粉的果实间没有差异。由此可见，杂交后果实表型主要受母本的影响。

年度比较来讲，果皮厚度仅山核桃自由授粉的果实2008年显著大于2007年；出籽率及种子质量，薄壳山核桃（♀）×山核桃（♂）的果实与薄壳山核桃自由授粉的果实2007年显著大于2008年，山核桃（♀）×薄壳山核桃（♂）的果实与山核桃自由授粉的果实2008年显著大于2007年。杂交用的两亲本在管理上有很大的差别。山核桃属农户所有，管理精良；薄壳山核桃个人承包，管理粗放，施肥少，病虫较多。此外，2008年为几十年最冷的年份，冬季的大雪对树木生长影响大，因而造成年份间存在上述显著的差异，以及A与B交互作用产生的差异。

3. 杂交种子出苗率

2007年和2008年采收种子经催芽处理播种后，发芽成苗的情况见表5-11。其中正反交子代的出苗率都大于70%，而自由授粉母本子代出苗率都小于50%，表现出杂交F_1代种子在种子活力方面要优于自由授粉种子。在育苗过程中发现，有些种子催芽一年后才成苗，尤以薄壳山核桃自由授粉产生的种子及薄壳山核桃×山核桃的杂种种子较多见。

表5-11 正反杂交及自由授粉子代成苗情况

授粉类型	2007年			2008年		
	实际播种种子数	出苗数	出苗率（%）	实际播种种子数	出苗数	出苗率（%）
山核桃自由授粉	180	81	39.40	151	55	36.50
薄壳山核桃自由授粉	65	29	44.60	98	40	40.80
山核桃×薄壳山核桃	130	102	78.50	147	90	61.20
薄壳山核桃×山核桃	85	62	72.30	112	66	58.90

4. 幼苗生长性状

（1）幼苗生长性状的方差分析

由于本研究中的亲本之一薄壳山核桃树体大小有限，果实采收时采收所有的杂交果实及自由授粉发育而成的果实。2007年薄壳山核桃自由授粉的种子只获得了29株幼苗；2008年薄壳山核桃自由授粉的种子出苗40株，但其中20株苗或者长势不佳，或者没有叶子，只获得了20株正常的幼苗。在统计分析时对其进行缺失数据补遗，达到大样本量为30的统计分析要求。对2007年和2008年正反杂交子代及两亲本自由授粉子代幼苗地径、苗高、小叶数/复叶和分枝数进行双因素方差分析（表5-12），结果表明不同授粉组合对苗高、地径及小叶数/复叶有极显著的影响，对分枝数没有显著影响；不同年份对苗高和地径有极显著的影响，对小叶数/复叶有显著影响，对分枝数没有显著影响。A、B两因素的交互作用对苗高、地径及小叶数/复叶有极显著的影响，对分枝数没有显著影响。

表5-12 不同授粉类型幼苗地径、苗高、小叶数/复叶双因素方差分析

变异来源	自由度	地径		苗高		小叶数/复叶		分枝数	
		均方	F值	均方	F值	均方	F值	均方	F值
因素A	3	9.716	12.957**	464.066	9.639**	94.826	33.973**	0.038	0.380
因素B	1	23.657	31.548**	1961.388	40.740**	12.604	4.516*	0.338	3.419
A×B	3	3.886	5.182**	1206.447	25.059**	13.938	4.993**	0.038	0.380
误差	232	0.750		48.144		2.791		0.099	
总计	239								

注：$F_{0.05}(3, 232)=2.65$，$F_{0.05}(1, 232)=3.89$，$F_{0.01}(3, 232)=3.88$，$F_{0.01}(1, 232)=6.76$。

（2）幼苗生长性状的多重比较

不同授粉组合幼苗地径、苗高、小叶数/复叶的均值见表5-13。从苗高来看，山核桃（♀）×薄壳山核桃（♂）的杂种苗在四种授粉组合的子代中最高，而薄壳山核桃（♀）×山核桃（♂）的杂种则介于两个亲本自由授粉子代苗之间。薄壳山核桃×山核桃杂交苗地位介于两亲本自由授粉子代苗之间，而山核桃×薄壳山核桃杂交苗不如两亲本自由授粉型，且与各自母本自由授粉子代苗接近。小叶数/复叶正反交杂种苗数值接近，均介于两亲本自由授粉组合的子代苗之间。对地径、苗高和小叶数/复叶3个参数进一步进行基于q检验的多重比较。查表得因素A的$q_{0.05}(4, 236)=3.63$，因素B的$q_{0.05}(2, 238)=2.77$；D值和多重比较结果见表5-14和表5-15。

表5-13 不同授粉类型幼苗地径、苗高、小叶数/复叶的均值

授粉类型（♀×♂）	年份	苗高（cm）	地径（mm）	小叶数/复叶
薄壳山核桃×山核桃（A1）	2007	23.06	4.21	6.97
	2008	28.37	5.07	7.37
	平均	25.71	4.64	7.17
薄壳山核桃自由授粉（A2）	2007	19.17	4.42	9.27
	2008	37.68	5.65	9.47
	平均	28.43	5.04	9.37

（续）

授粉类型（♀×♂）	年份	苗高（cm）	地径（mm）	小叶数/复叶
山核桃×薄壳山核桃（A3）	2007	29.03	3.96	8.83
	2008	27.93	4.19	7.13
	平均	28.48	4.07	7.98
山核桃自由授粉（A4）	2007	22.54	4.34	6.80
	2008	22.69	4.52	7.00
	平均	22.62	4.43	6.43

表5-14　基于 q 检验的A因素的多重比较

参数	$\bar{x}_i$		$\bar{x}_i - \bar{x}_j$	
地径 $D=0.44$	$\bar{x}_{A2}=5.04$	0.97*	0.61*	0.40
	$\bar{x}_{A1}=4.64$	0.57*	0.21	
	$\bar{x}_{A4}=4.43$	0.36		
	$\bar{x}_{A3}=4.07$			
苗高 $D=3.95$	$\bar{x}_{A3}=28.48$	5.86*	2.77	0.05
	$\bar{x}_{A2}=28.43$	5.81*	2.72	
	$\bar{x}_{A1}=25.71$	3.09		
	$\bar{x}_{A4}=22.62$			
小叶数/复叶 $D=0.81$	$\bar{x}_{A2}=9.37$	2.94*	2.2*	1.39*
	$\bar{x}_{A3}=7.98$	1.55*	0.81*	
	$\bar{x}_{A1}=7.17$	0.74		
	$\bar{x}_{A4}=6.43$			

表5-15　基于 q 检验的B因素的多重比较

性状	因素A	因素B	$\bar{x}_i$	$\bar{x}_i - \bar{x}_j$
苗高 $D=2.09$	A1	B2（2008年）	28.37	5.31*
		B1（2007年）	23.06	
	A2	B2（2008年）	37.68	18.57*
		B1（2007年）	19.17	
	A3	B2（2007年）	29.03	1.10
		B1（2008年）	27.93	
	A4	B1（2008年）	22.69	0.15
		B2（2007年）	22.54	

（续）

性状	因素A	因素B	$\bar{x}_i$	$\bar{x}_i-\bar{x}_j$
地径 $D=0.24$	A1	B1（2008年）	5.07	0.86*
		B2（2007年）	4.21	
	A2	B2（2008年）	5.65	1.23*
		B1（2007年）	4.42	
	A3	B2（2008年）	4.19	0.23
		B1（2007年）	3.96	
	A4	B2（2008年）	4.52	0.18
		B1（2007年）	4.34	
小叶数/复叶 $D=0.51$	A1	B2（2008年）	7.37	0.40
		B1（2007年）	6.97	
	A2	B2（2008年）	9.47	0.20
		B1（2007年）	9.27	
	A3	B1（2007年）	8.83	1.70*
		B2（2008年）	7.13	
	A4	B2（2008年）	7.00	0.20
		B1（2007年）	6.80	

从A因素的多重比较结果来看，苗高、地径和小叶数/复叶等性状，山核桃与薄壳山核桃间有显著差异，这是因为它们为两个不同种，两个种之间本身存在遗传差异；薄壳山核桃（♀）×山核桃（♂）的杂种和山核桃（♀）×薄壳山核桃（♂）的杂种在地径和小叶数/复叶方面存在显著差异；山核桃（♀）×薄壳山核桃（♂）的杂种在苗高和小叶数/复叶方面均显著大于山核桃自由授粉的子代；薄壳山核桃自由授粉的子代在地径和小叶数方面均大于山核桃×薄壳山核桃的杂种；薄壳山核桃×山核桃的杂种在小叶数/复叶方面要比薄壳山核桃自由授粉子代苗多。总体上，山核桃×薄壳山核桃和薄壳山核桃×山核桃的杂种子代苗生长性状上要优于山核桃自由授粉子代，略低于或者接近于薄壳山核桃自由授粉子代苗，且杂种苗与其母本自由授粉子代苗更为接近，在一定程度上反映了这些性状在遗传上受母本的影响更多。

B因素（年度）比较来讲，苗高和地径，薄壳山核桃（♀）×山核桃（♂）的杂种与薄壳山核桃自由授粉的子代2008年显著大于2007年；小叶数/复叶方面，山核桃（♀）×薄壳山核桃（♂）的杂种2007年显著大于2008年。由于杂交所用的两亲本生长的自然条件和幼苗的管理在年份上存在差别：2007年采收的种子，经过催芽后在2008年移栽展叶，并受到2008年初严冬的影响；而2008年采收的种子，催芽移栽后在2009年发芽展叶。鉴于前一年的经验，加强栽培管理，且2009年年初暖冬，温度等外界条件适宜。同时A因素与B因素交互作用也是产生差异的原因之一。

二、山核桃与薄壳山核桃正反杂交子代分子标记分析

(一) DNA提取

获取高质量的DNA是进行遗传多样性分析的基础,是分子生物学研究的基础,也是分子生物学进一步实验成败的关键。不同的植物材料因其组织细胞中所含次生代谢产物的种类、数量不同,适宜的提取方法也不同。山核桃及薄壳山核桃叶片细胞中含有较多的单宁、酚类、多糖及色素等成分,采样后容易褐化。如果提取方法不当,抽提出的DNA存在褐化的杂质或包裹在上述成分所形成的黏稠胶状物中而难于溶解,从而影响PCR扩增反应的稳定性和重复性。

本试验所采取的是改良CTAB法提取的正反交子代叶片DNA(表5-16),OD260/OD280介于1.8~2.1。由电泳结果(图5-8)可知,大部分DNA条带明亮、清晰,纯度较高,这说明改良CTAB法能有效降低多酚、单宁和多糖等次生代谢物对DNA的污染而获得高质量的DNA,对富含单宁的正反交叶片尤为如此,提取的DNA可用于AFLP、ISSR、RADP、SRAPD等标记的分析。

表5-16 改良CTAB法提取DNA的纯度(部分样品)

样品号	OD_{260}/OD_{280}	DNA浓度(ng/μL)
正交子代1号	2.08	566.10
正交子代2号	2.01	710.50
正交子代3号	1.85	820.80
反交子代1号	1.87	526.50
反交子代2号	1.99	630.70
反交子代3号	1.81	902.20

图5-8 DNA琼脂糖电泳检测结果(部分)

(二) AFLP分析

1. Ase I / Taq I酶切组合的正反交子代样品AFLP分析体系的建立

山核桃与薄壳山核桃正反交子代Ase I/Taq I酶切组合AFLP分析实验体系中,酶

切、连接、预扩增等操作步骤参考黄有军等建立的山核桃成花过程基因表达的cDNA-AFLP技术,关键步骤选择性扩增是由正交试验结果对各组试验组合打分计算后所得(表5-17,其中T1、T2、T3、T4分别为各因素中各个水平试验结果取值之和,nR为各因素中各种水平取值之和的最大值与最小值之差)。由分析可知,dNTPs对实验的影响最小,引物对实验影响最大,由此得到最佳反应体系。

表5-17 AFLP正交试验统计结果

编号	DNA	A/T引物	Mg^{2+}	dNTPs	Taq酶	分值
1	1	1	1	1	1	9
2	1	2	2	2	2	10
3	1	3	3	3	3	8
4	1	4	4	4	4	6
5	2	1	2	3	4	6
6	2	2	1	4	3	2
7	2	3	4	1	2	8
8	2	4	3	2	1	10
9	3	1	3	4	2	2
10	3	2	4	3	1	2
11	3	3	1	2	4	8
12	3	4	2	1	3	6
13	4	1	4	2	3	0
14	4	2	3	1	4	2
15	4	3	2	4	1	9
16	4	4	1	3	2	10
T1	33	17	29	25	30	
T2	26	16	31	28	30	
T3	18	33	22	26	16	
T4	21	32	16	19	22	
nR	15	17	15	9	14	

AFLP分析(Ase I / Taq I)最佳反应体系:

试剂	用量
10×PCR Buffer	2μL
$MgCl_2$(25mM)	1.4μL
dNTPs(10mM)	0.4μL
T引物(50ng/μL)	1.2μL

（续）

试剂	用量
A引物（50ng/μL）	1.2μL
Taq DNA polymerase（5U/μL）	0.2μL
DNA模板（预扩增产物5倍稀释液）	1μL
PCR water	12.6μL
Total volume	20μL

2. AFLP引物筛选

（1）EcoR I/Mse I酶切组合

AFLP分析的引物筛选：在11对适用于山核桃叶片AFLP分析的引物组合中，筛选得到能扩增出条带丰富、背景清晰且同时适用于山核桃×薄壳山核桃子代和薄壳山核桃×山核桃子代的引物组合4对（E9/M9、E10/M13、E11/M9、E12/M10；表5-18）。

表5-18 EcoR I/Mse I- AFLP选择性扩增引物组合及序列

引物组合	Sequences（5'-3'）
E9'/M9'	GACTGCGTACCAATTCAAT/GATGAGTCCTGAGTAACCC
E10'/M13'	GACTGCGTACCAATTCAGA/GATGAGTCCTGAGTAACGC
E11'/M9'	GACTGCGTACCAATTCAGT/GATGAGTCCTGAGTAACCC
E12'/M10'	GACTGCGTACCAATTCATA/GATGAGTCCTGAGTAACCG

（2）Ase I / Taq I酶切组合

AFLP分析的引物筛选：利用建立的实验体系，从112对3个选择性碱基的引物组合中筛选出了扩增能力相对较好的4对引物组合：A4/T18、A5/T5、A5/T9、A5/T15（表5-19）。

表5-19 Ase I / Taq I- AFLP选择性扩增引物组合及序列

引物组合	Sequences（5'-3'）
A4/T18	GAC TGC GTA CCT AAT GG/ GAT GAG TCC TGA CCG ACT
A5/T5	GAC TGC GTA CCT AAT GA/ GAT GAG TCC TGA CCG AGA
A5/T9	GAC TGC GTA CCT AAT GA/ GAT GAG TCC TGA CCG AAA
A5/T15	GAC TGC GTA CCT AAT GA/ GAT GAG TCC TGA CCG ATC

3．AFLP分析结果

（1）EcoR I/Mse I酶切组合的AFLP分析结果

利用筛选出的4对（E9/M9、E10/M13、E11/M9、E12/M10）引物组合分别对正反交子代样本进行分析，经聚丙烯酰胺凝胶电泳产生的条带清晰，分离度较好，但没有获得明显的差异位点。

（2）Ase I / Taq I酶切组合的AFLP分析结果

利用4对引物组合A4/T18、A5/T5、A5/T9、A5/T15分别对正反交子代进行分析，经聚丙烯酰胺凝胶电泳产生的条带清晰，分离度较好，但均没有发现多态性位点（图5-9和图5-10）。以引物组合A5/T9为例，选择性扩增结果见图5-11（琼脂糖凝胶电泳图）和图5-12（变性聚丙烯酰胺凝胶电泳检图）。由琼脂糖凝胶电泳图可见，扩增片段多集中于100~500bp，PAGE胶上接近点样孔处染色较深，推测仍有大片段存在，但条带大部分清晰可读，片段多集中于500bp附近。由电泳结果可知，Taq I/ Ase I酶切组合AFLP体系建立成功，建立的体系既适用于山核桃×薄壳山核桃的子代，又适用于薄壳山核桃×山核桃的子代，但多态性水平很低。

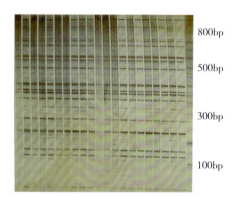

图5-9 正交子代样品AFLP选扩引物E12/M10分析聚丙烯酰胺凝胶电泳图（局部）

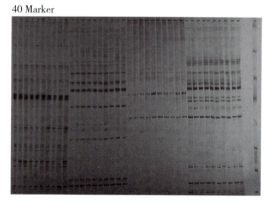

图5-10 反交子代样品（部分）AFLP扩增聚丙烯酰胺凝胶电泳图

1~10号泳道为引物组合E9/M9扩增结果；11~20号泳道为引物组合E10/M13扩增结果；21~30号泳道为引物组合E11/M9扩增结果；31~40号泳道为引物组合E12/M10扩增结果；最后为Marker。

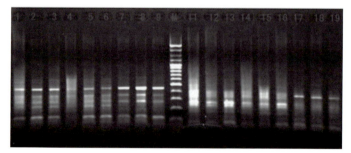

图5-11 选择性扩增引物A5/T9琼脂糖凝胶电泳图

1~9号泳道为反交子代样品；11~19号泳道为正交子代样品；10号泳道为Marker。

造成多态性不佳的原因有以下几方面：

①山核桃地理分布范围小，群体小。山核桃种群多分布在浙江省与安徽省交界的

天目山山脉，与其他山核桃属的种（湖南山核桃、贵州山核桃、云南山核桃、大别山山核桃）几乎是分离的，没有基因交流。所用材料为全同胞子代，为相同母本和父本的F_1子代，因此，所检测到的多态性没有半同胞子代的丰富。

②由于时间原因，只筛选了部分的引物，因此可能并未找到最佳的引物对。此外，AFLP试验周期时间长，操作过程中如有一步操作不当，将影响最后电泳图的质量。

（3）Taq I/Ase I酶切组合及EcoR I / Mse I酶切组合AFLP体系的比较

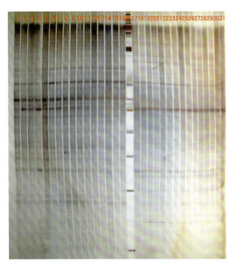

图5-12 引物组合A5/T9变性聚丙烯酰胺凝胶电泳检测结果

1～16号泳道为反交子代1～16号样品；17～31号泳道为正交1～15号样品；M泳道为Marker。

将Taq I/ Ase I酶切组合及EcoR I / Mse I酶切组合AFLP体系进行比较（图5-13）。图中从左至右1～15号泳道为正交1～15号样品EcoR I / Mse I酶切组合电泳结果，16～30号泳道为相应正交1～15号样品Taq I/ Ase I酶切组合的电泳结果，M泳道为Marker。由图可见，EcoR I / Mse I酶切组合的条带更为清晰、易读，且位点不同于Taq I/ Ase I酶切组合。此外，两酶切组合均无多态性。由于实验样品较多，AFLP分析时间长，多态性也不佳，故在后续的实验中改用其他显性标记分析实验样品。

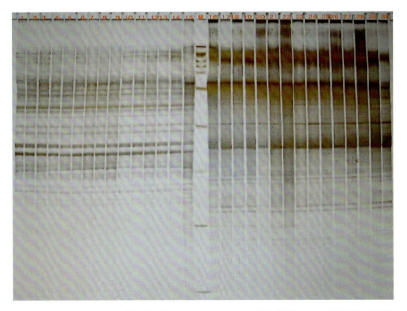

图5-13 Taq I/ Ase I酶切组合及EcoR I / Mse I酶切组合AFLP选扩体系比较

（三）ISSR分析

1. ISSR分析体系的建立及引物筛选

不同物种适用的分子标记体系是不同的。在香榧ISSR-PCR体系的基础上，摸索适用于山核桃的实验体系。根据正交试验进行打分，并对打分结果进行计算（表5-20；T1、T2、T3、T4分别为各因素中各个水平试验结果取值之和，nR为各因素中各种水平取值之和的最大值与最小值之差）。由分析可知，模板对实验的影响最小，Mg^{2+}对实验影响最大，并得到最佳反应体系。在此基础上，针对山核桃与薄壳山核桃正反交的子代，再优化体系，两者仅在引物和dNTP上有差别。

表5-20　ISSR正交试验统计结果

编号	DNA模板	引物	Mg^{2+}	dNTP	Taq酶	分值
1	1	1	1	1	1	1
2	1	2	2	2	2	4
3	1	3	3	3	3	9
4	1	4	4	4	4	10
5	2	1	2	3	4	6
6	2	2	1	4	3	8
7	2	3	4	1	2	1
8	2	4	3	2	1	1
9	3	1	3	4	2	7
10	3	2	4	3	1	12
11	3	3	1	2	4	1
12	3	4	2	1	3	1
13	4	1	4	2	3	5
14	4	2	3	1	4	2
15	4	3	2	4	1	11
16	4	4	1	3	2	3
T1	24	19	13	5	25	
T2	16	26	22	11	15	
T3	21	22	19	30	23	
T4	21	15	28	36	19	
nR	8	11	15	31	10	

山核桃×薄壳山核桃子代ISSR最佳反应体系：

试剂	用量
引物（10μm）	0.7μL
dNTP（2.5mM）	2μL
Taq酶（5u/μL）	0.2μL
Mg^{2+}（25mM）	1.3μL
DNA模板（10ng/μL）	1.5μL
Buffer（10×）	2μL
PCR Water	12.3μL
Total	20μL

薄壳山核桃×山核桃子代ISSR最佳反应体系：

试剂	用量
DNA模板（10ng/μL）	1.5μL
PCR Water	13μL
Mg^{2+}（25mM）	1.3μL
Buffer（10×）	2μL
dNTP（2.5mM）	1.5μL
Taq酶（5U/μL）	0.2μL
引物（10μm）	0.5μL
Total	20μL

从77个候选引物中筛选出了能扩增清晰条带、重复性好、适用于山核桃×薄壳山核桃子代的引物29个，其中产生多态性位点的引物有17个（10、21、22、23、26、34、35、39、45、48、56、57、59、65、67、75、77）；适用于薄壳山核桃×山核桃子代的引物19个，其中产生多态性位点的引物有14个（3、22、23、26、33、34、35、45、56、57、59、65、67、75）（表5-21）。

表5-21 ISSR分子标记引物序列及退火温度

编号	ISSR引物序列	TM（℃）	编号	ISSR引物序列	TM（℃）
3	ACACACACACACACACACTT	52.74	45	ACACACACACACACACCG	57.30
10	GAAGAAGAAGAAGAAGAA	48.19	48	TGTGTGTGTGTGTGTGAA	52.74
21	ACCACCACC	34.08	56	AGAGAGAGAGAGAGTT	52.74
22	ACACACACACACCACACAA	52.74	57	AGAGAGAGAGAGAGAGTG	55.02

（续）

编号	ISSR引物序列	TM（℃）	编号	ISSR引物序列	TM（℃）
23	ACACACACACACACACTA	52.74	59	AGAGAGAGAGAGAGAGGC	57.30
26	ACACACACACACACACCC	57.30	65	AGAGAGAGAGAGAGAGCC	57.30
33	AGAGAGAGAGAGAGAGAT	52.74	67	TCTCTCTCTTCTCTCCC	54.11
34	AGAGAGAGAGAGAGAGAA	52.74	75	AGTGAGTGAGTGAGTG	51.55
35	AGAGAGAGAGAGAGAGTA	52.74	77	ACTCSCTCACTCACTC	51.55
39	ACGACGACGACGACGACG	61.86			

2．ISSR分析结果

用筛选出的引物对山核桃与薄壳山核桃正反交子代各100个样本进行ISSR标记分析，结果有条带的记为"1"，无带的记为"0"。结果表明，ISSR标记PCR扩增效果较强，条带丰富，但多态性不高，正交（山核桃×美国山核桃）子代获得了多态性位点35个，反交子代获得多态性位点49个（图5-14和图5-15）。

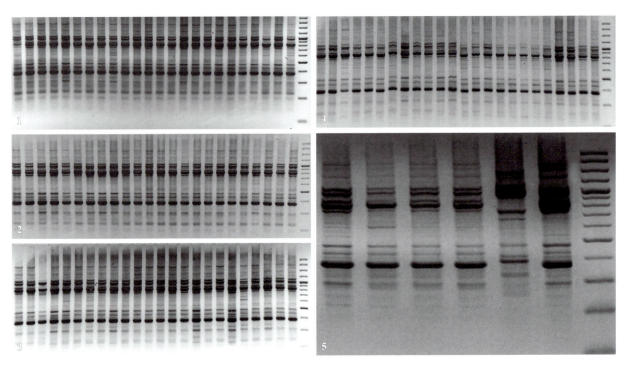

图5-14　正交子代ISSR-59号引物扩增产物电泳图

从左至右：1分别为1～24号DNA；2分别为25～48号DNA；3分别为49～72号DNA；4分别为73～96号DNA；5左边4个泳道分别为97～100号DNA，随后分别为父本和母本样品DNA；最右边的泳道均为Marker。

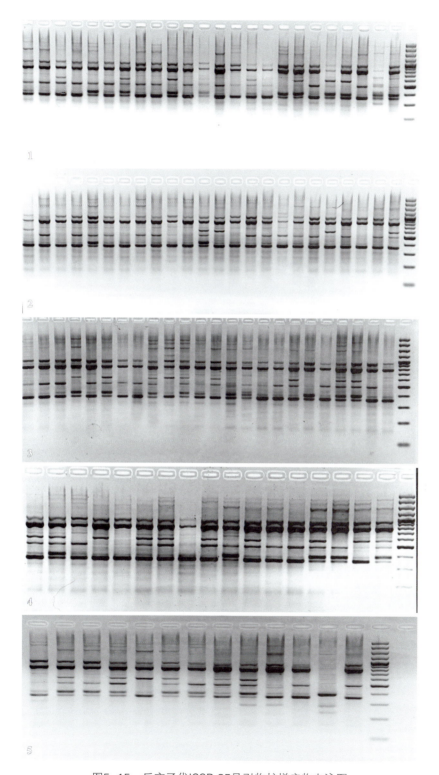

图5-15 反交子代ISSR-35号引物扩增产物电泳图

从左至右：1分别为1~24号DNA；2分别为25~48号DNA；3分别为49~72号DNA；4分别为73~89号DNA；5左边11个泳道分别为90~100号DNA，随后分别为父本和母本样品DNA；最右边的泳道均为Marker。

（四）RAPD分析

1. RAPD分析体系优化及引物筛选

利用王正加等建立的山核桃RAPD-PCR反应体系及PCR扩增条件，对镁离子用量、引物、退火温度等条件进行优化，优化后适用于正反交子代的RAPD实验体系：

组分	用量
引物（10μm）	0.75μL
dNTP（10mM）	0.3μL
Taq酶（5u/μL）	0.2μL
Mg^{2+}（25mM）	1.76μL
模板DNA（10ng/μL）	1.5μL
Buffer（10×）	2μL
PCR Water	12.99μL
Total	20μL

优化后的PCR扩增条件：94℃预变性2min；94℃变性30s，35.2℃退火30s，72℃延伸90s，38个循环；72℃延伸7min，4℃保存。

从200个候选引物中经过两次筛选得到适用于山核桃×薄壳山核桃子代的引物23个，其中能扩增出多态性位点的有21个（s60、s90、s157、s180、s183、s191、s220、s247、s262、s301、s302、s351、s357、s362、s364、s370、s372、s374、s377、s392、s434）；适用于薄壳山核桃×山核桃子代的引物21个，其中能扩增出多态性位点的有14个（s60、s90、s507、s508、s509、s511、s519、s525、s526、s531、s533、s569、s572、s588）（表5-22）。

表5-22 RAPD标记引物及序列

引物编号	RAPD引物序列	引物编号	RAPD引物序列
s60	ACCCGGTCAC	S374	CCCGCTACAC
s90	AGGGCCGTCT	S377	CCCAGCTGTG
s157	CTACTGCCGT	S392	GGGCGGTACT
s180	AAAGTGCGGC	S434	TCGTGCGGGT
s183	CAGAGGTCCC	s507	ACTGGCCTGA
s191	AGTCGGGTGG	s508	CCCGTTGCCT
s220	GACCAATGCC	s509	TGAGCACGAG
s247	CCTGCTCATC	s511	GTAGCCGTCT
s262	GTCTCCGCAA	s519	CCTCCTCATC

（续）

引物编号	RAPD引物序列	引物编号	RAPD引物序列
s301	CTGGGCACGA	s525	TGCAGCAGGG
s302	TTCCGCCACC	s526	CGCTTCTTTG
s351	ACTCCTGCGA	s531	CCACCATAGA
s357	ACGCCAGTTC	s533	AGAAGCCTCG
s362	GTCTCCGCAA	s569	GCTTTCTGAC
s364	CCGCCCAAAC	s572	ATTACTCGCT
s370	GTGCAACGTG	s588	GACCCCTGTT
s372	TGGCCCTCAC		

2. RAPD分析结果

用筛选出的引物对山核桃与薄壳山核桃正反交子代各100个样本进行RAPD标记分析，结果有条带的记为"1"，无带的记为"0"。结果表明，RAPD标记PCR扩增效果较强，条带丰富，但多态性不高，正交（山核桃×薄壳山核桃）子代获得了多态性位点72个，反交子代获得多态性位点37个（图5-16和图5-17）。

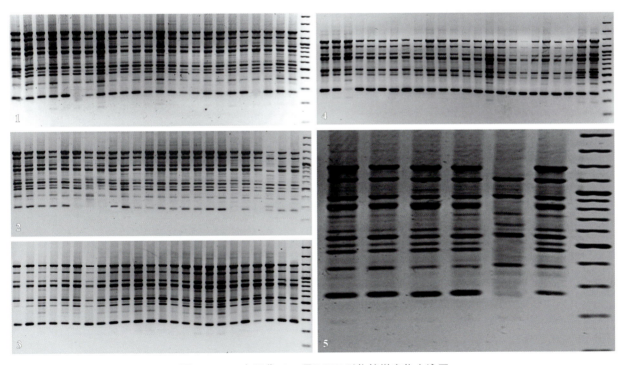

图5-16 正交子代s374号RAPD引物扩增产物电泳图

从左至右：1分别为1～24号DNA；2分别为25～48号DNA；3分别为49～72号DNA；4分别为73～96号DNA；5左边4个泳道分别为97～100号DNA，随后分别为父本和母本样品DNA；最右边的泳道均为Marker。

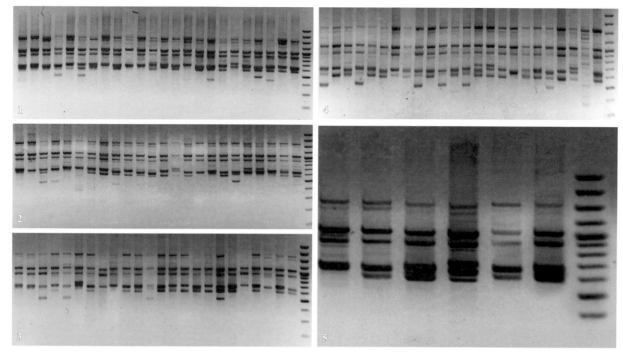

图5-17 反交子代s511号RAPD引物扩增产物电泳图

从左至右：1分别为1~24号DNA；2分别为25~48号DNA；3分别为49~72号DNA；4分别为73~94号DNA以及父本和母本DNA；5分别为95~100号DNA；最右边的泳道均为Marker。

（五）SRAP分析

1. SRAP分析体系的建立（含引物筛选）

以Guo等建立的SRAP-PCR扩增体系与扩增条件为基础，对Mg^{2+}、引物、dNTPs、Taq DNA Polymerase、DNA模板量等实验参数进行调整，构建适用于山核桃与薄壳山核桃正反交子代的SRAP实验体系：

试剂	用量
正向引物F（10μm）	1μL
反向引物R（10μm）	1μL
dNTP（10mM）	0.8μL
Taq酶（5μ/μL）	0.2μL
Mg^{2+}（25mM）	2μL
DNA（25ng/μL）	2μL
Buffer（10×）	2μL
PCR Water	11μL
Total	20μL

优化后的PCR扩增条件：94℃预变性4min；94℃变性30s，35℃退火30s，72℃延伸60s，5个循环；94℃变性30s，50℃退火30s，72℃延伸60s，35个循环；72℃延伸7min，4℃保温。

从100对引物组合中经过两次筛选，得到适用于山核桃×薄壳山核桃子代的引物15对，其中能扩增出多态性位点的有10对（F1/R1、F2/R6、F2/R7、F2/R8、F4/R1、F4/R3、F6/R8、F7/R2、F8/R4、F9/R2、F8/R10），适用于薄壳山核桃×山核桃子代的引物14对，其中能扩增出多态性位点的有11对（F1/R3、F1/R4、F1/R10、F2/R6、F2/R7、F2/R8、F4/R1、F4/R3、F6/R8、F7/R2、F9/R2）（表5-23）。

表5-23　SRAP标记引物及序列

F引物编号	引物序列（5'-3'）	R引物编号	引物序列（5'-3'）
F1	TGAGTCCAAACCGGATA	R1	GACTGCGTACGAATTAAT
F2	TGAGTCCAAACCGGAGC	R2	GACTGCGTACGAATTTGC
F3	TGAGTCCAAACCGGAAT	R3	GACTGCGTACGAATTGAC
F4	TGAGTCCAAACCGGACC	R4	GACTGCGTACGAATTTGA
F5	TGAGTCCAAACCGGAAG	R5	GACTGCGTACGAATTAAC
F6	TGAGTCCAAACCGGTAA	R6	GACTGCGTACGAATTGCA
F7	TGAGTCCAAACCGGTCC	R7	GACTGCGTACGAATTCAA
F8	TGAGTCCAAACCGGTGC	R8	GACTGCGTACGAATTCTG
F9	TGAGTCCAAACCGGTGT	R9	GACTGCGTACGAATTCGA
F10	TGAGTCCAAACCGGTTG	R10	GACTGCGTACGAATTCCA

2．SRAP分析结果

用筛选出的引物对山核桃与薄壳山核桃正反交子代各100个样本进行SRAP标记分析，结果有条带的记为"1"，无带的记为"0"。结果表明，SRAP标记PCR扩增效果较强，条带丰富，但多态性不高，正交（山核桃×美国山核桃）子代获得了多态性位点26个，反交子代获得多态性位点37个（图5-18和图5-19）。

在分子标记PCR样本量小于25的情况下，通常采用1%~3%质量浓度的琼脂糖凝胶，50~180V电压下电泳30~60min，都能保证产物在同一块琼脂糖凝胶及同一台电泳仪上完成。即电泳过程具有很高的同一性，其实验结果可靠。

当分析样本数超过25或超过100后，由于无法在同一块琼脂糖凝胶及同一台电泳仪上完成，电泳过程中如温度、时间、电泳液pH值等条件要基本控制在一个恒定的水平，具有一定的难度。同时在大样本量电泳检测时，长时间电泳导致电泳仪电流增大，温度升高，电解质不均一，使得条带发虚、不整齐，从而影响了实验结果。

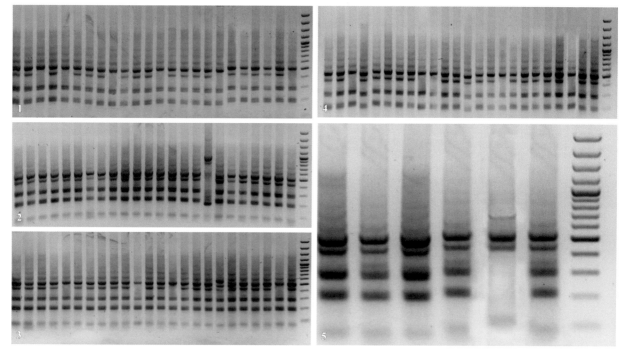

图5-18 正交子代F7/R2引物组合扩增产物电泳图

最右边的泳道为Marker；1分别为1~24号DNA；2分别为25~48号DNA；3分别为49~72号DNA；4为73~96号DNA；5分别为97~100号以及父本和母本DNA。

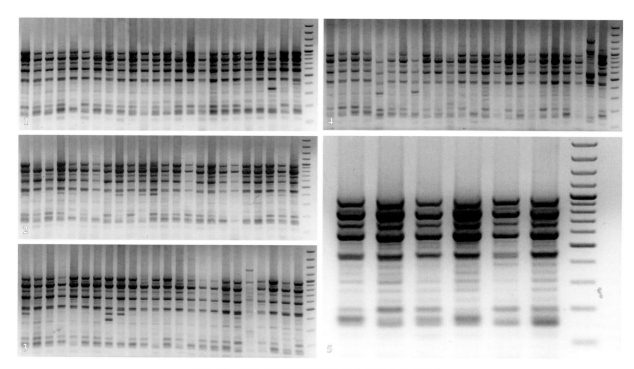

图5-19 反交子代F6/R8引物组合扩增产物电泳图

各小图最右边泳道为Marker；1分别为1~24号DNA；2分别为25~48号DNA；3分别为49~72号DNA；4分别为73~94号DNA以及父本和母本DNA；5分别为95~100号DNA。

为统一实验操作条件，解决长时间电泳产生的问题，准确读取差异位点，实验中采用以下措施：

①根据片段大小调整琼脂糖凝胶浓度在2%左右，既保证条带的清晰度，同时每次把电泳时间控制在40min之内。

②使用同类型的电泳仪及同批次配制的电泳缓冲液，电泳3次后统一更换电泳液保证其缓冲能力，使得电泳条带整齐清晰。

③在电泳槽周围使用生物冰袋降温的方法，达到冰浴控温效果，尤其是炎热的夏天，使电泳液一直保持在35℃以下。

（六）三种分子标记的比较

实验中所使用的分子标记均为显性标记，但它们在山核桃与薄壳山核桃正反交子代的分析中结果是不一样的。人类及诸如鼠与拟南芥那样的模式体系已基于共显性标记（如SNP及微卫星）建立了高分辨率的图谱，与此不同的是，许多代表性不足的物种，如林木，在很大程度上还依赖了简单而廉价的显性标记技术。在此实验中ISSR、RAPD和SRAP三种标记操作比AFLP简单、方便，且在山核桃与薄壳山核桃杂交子代分析时多态性比AFLP要高。对这三种分子标记进行比较（表5-24）后发现，正交子代样品中RAPD具有最高的有效性引物比例及多态性位点比例（32.0%），SRAP次之（31%），ISSR最低（20.5%）。在反交子代样品中SRAP有效性引物比例最高，占78.6%，ISSR次之，有效性引物比例为73.7%，RAPD有效性引物比例为64.6%，低于SRAP、ISSR；且三种标记在反交子代中的多态性位点比例都比较接近。在SRAP体系中，正向引物中使用"CCGG"序列的目的是使之能特异结合可译框（ORFs）区域中的外显子；反向引物中富含AT的区域序列通常见于启动子和内含子中。反向引物3′端的AATT旨在特异结合富含AT区。SRAP引物这样的设计使得有可能扩增出基于内含子与外显子的SRAP多态性标记。

表5-24 三种分子标记扩增结果统计

杂交组合	山核桃×薄壳山核桃			薄壳山核桃×山核桃		
标记名称	RAPD	ISSR	SRAP	RAPD	ISSR	SRAP
使用引物	23	29	15	21	19	14
获得多态的引物	21	17	10	14	14	11
扩增总位点数	225	171	84	99	129	108
多态性位点数	72	35	26	37	49	37
多态引物比例	91.3%	58.6%	66.7%	66.7%	73.7%	78.6%
多态性位点比例	32.0%	20.5%	31.0%	37.4%	38.0%	34.3%

第六章

薄壳山核桃主要病虫害及防治

全球薄壳山核桃年产量约40万t，美国约占全球产量的四分之三，据美国农业部统计，由于害虫和螨类的危害所受的损失占20%以上，有些年份甚至高达50%。在美国，薄壳山核桃和核桃至少有100种以上的害虫和螨类危害木材、叶片、枝梢、树皮和果实。

我国薄壳山核桃自引种以来，大面积病害发生较少，但随着栽培面积的扩大和集中连片基地的增加，虫害危害时有发生并有日益加剧的趋势，主要有白蚁、刺蛾、天牛、薄壳山核桃瘤蚜等。据报道，南京地区薄壳山核桃虫害较重，主要有根瘤蚜、核桃叶甲、旋枝天牛、天牛、刺蛾、透翅蛾等，而病害相对较少，未见造成较大危害；云南省主要虫害有地老虎、金龟子、刺蛾、天牛、木蠹蛾等；浙江省薄壳山核桃的虫害有74种，其中白蚁、刺蛾、天牛较为常见。

以星天牛为例，近几年在浙江省建德成片薄壳山核桃基地内大量发生，危害严重，其幼虫蛀食皮层和木质部，轻则造成树体生长不良或风折，严重时致整株枯死，一般危害率约10%，严重的达70%。建德市乾潭镇陵上村薄壳山核桃基地共有成年植株372株，受星天牛危害的有271株，危害率达72.8%，严重影响了林农发展薄壳山核桃的积极性。根据查阅的资料和调查的结果，将薄壳山核桃病虫害整理成表6-1与表6-2，并将重要的病虫害发病形态特征与防治方法进行详细介绍。

第一节 薄壳山核桃主要虫害及防治

一、薄壳山核桃主要害虫种类

根据巨云为、戚钱钱和陈友吾等对薄壳山核桃虫害的调查与整理资料，目前危害薄壳山核桃的害虫有7目67科201种（见表6-1），其中食叶类害虫134种，食干、枝、嫩梢和嫩芽害虫80种，食花害虫2种，食果害虫6种，食根害虫9种。

表6-1 薄壳山核桃害虫名录及危害程度

目	科	中文种名	学名	危害部位	危害程度
鳞翅目	天蚕蛾科	水青蛾	*Actias artemis*	叶	+
	夜蛾科	小地老虎	*Agrotisy psilon*	叶	+
		裳夜蛾属1种	*Catocala* sp.	叶	+
		旋目夜蛾	*Speiredonia retorta* L.	叶	+

(续)

目	科	中文种名	学名	危害部位	危害程度
鳞翅目	夜蛾科	环夜蛾属1种	*Spirama* sp.	叶	+
		石榴巾夜蛾	*Parallelia stuposa*	叶	+
		弓巾夜蛾	*Parallelia arcuata*	叶	+
		日月明夜蛾	*Sphragifera* sp.	叶	+
	蝙蝠蛾科	柳蝙蝠蛾	*Phassus excrescens*	干、枝、根	+
	木蠹蛾科	咖啡木蠹蛾	*Zeuzera coffeae*	干、嫩梢、根	+++
		芳香木蠹蛾	*Cossus cossus*	枝	+
	拟木蠹蛾科	荔枝拟木蠹蛾	*Arbela dea*	枝	+
	蓑蛾科	大蓑蛾	*Clania variegata*	叶	+
		白囊蓑蛾	*Chalioides kondonis*	叶	+
	大蚕蛾科	黄尾大蚕蛾	*Actias heterogyna*	叶	++
		绿尾大蚕蛾	*Actias ningpoana*	叶	+++
		樗蚕	*Philosamia cynthia*	叶	+++
		樟蚕	*Eriogyna pyretorum*	叶	+++
		胡桃大蚕蛾	*Dictyoploca cachara*	叶	+
	刺蛾科	黄刺蛾	*Cnidocampa flavescens*	叶	+++
		暗扁刺蛾	*Thosed loesa*	叶	+
		背刺蛾	*Belippa horrida*	叶	+
		丽黄刺蛾	*Cnidocampa flavescens*	叶	+
		两色绿刺蛾	*Latoria bicolor*	叶	+
		白眉刺蛾	*Narosa nigrisigna*	叶	+
		迹斑绿刺蛾	*Latoia pastoralis*	叶	+
		中国绿刺蛾	*Latoia sinica*	叶	+
		桑褐刺蛾	*Setora postornata*	叶	+++
		丽绿刺蛾	*Parasa lepida*	叶	+
		白刺蛾	*Narosa nigrisigna*	叶	+
		双齿绿刺蛾	*Latoia hilarata*	叶	+++
		褐刺蛾属1种	*Setora* sp.	叶	++
		扁刺蛾	*Thosea sinensis*	叶	+
	鞘蛾科	鞘蛾属幼虫1种	*Coleophoridae* sp.	叶	+
	螟蛾科	桃蛀螟	*Conogethes punctiferalis*	果	+
		三化螟	*Tryporyza incertulas*	叶	+
		樟叶瘤丛螟	*Orthaga achatina*	叶	+
		美核桃果斑螟	*Acrobasis nuxvorella*	果	+
		核桃缀叶螟	*Locastra muscosalis*	叶	+

（续）

目	科	中文种名	学名	危害部位	危害程度
鳞翅目	鹿蛾科	鹿蛾	*Amata wilemani*	叶	+
		广鹿蛾	*Amata emma*	叶	+
	尺蛾科	核桃木橑尺蠖	*Culcula* sp.	叶	+
		蝶青尺蛾	*Geometra papilionaria*	叶	+
		木橑尺蛾	*Culcula panterinaria*	叶	+
		栎绿尺蛾	*Comibaena delicatior*	叶	+
		合欢庶尺蛾	*Semiothisa defixaria*	叶	+
		黄连木尺蠖	*Culcula* sp.	叶	+
		肖枯斑翠尺蛾	*Chloromachia omeica*	叶	+
	卷蛾科	胡桃小卷蛾	*Cydia caryana*	叶	+
		美核桃小卷叶蛾	*Gretchena bolliana*	叶	+
		卷叶蛾类	*Tortricidae* sp.	叶	+
		幼果卷蛾	*Tortricidae* sp.	叶	+
		茶长卷叶蛾	*Homona magnanima*	叶	++
	毒蛾科	舞毒蛾	*Lymantria dispar*	叶	+
		盗毒蛾	*Prothesia similes*	叶	+
	枯叶蛾科	苹果枯叶蛾	*Odonestis pruni*	叶	+
		栗黄枯叶蛾	*Trabala vishnou*	叶	++
	举肢蛾科	核桃举肢蛾	*Atrijuglans hetaohai*	果	++
	灯蛾科	美国白蛾	*Hyphantri acunea*	叶	+
	潜蛾科	潜叶蛾1种	*Lyonetiidae* sp.	叶	+
		核桃潜叶蛾	*Lyonetia clerkella*	叶	+
	舟蛾科	山核桃天社蛾	*Quadrialcarifera cyanea*	叶	+
		核桃美舟蛾	*Uropyia meticulodina*	叶	+
		苹掌舟蛾（舟形毛虫）	*Phalera flavescens*	叶	+
		青胯舟蛾	*Syntypistis cyanea*	叶	+
		栗纷舟蛾	*Fentoniao cypete*	叶	+
	天蛾科	核桃鹰翅天蛾	*Oxyambulyx schauffel bergeri*	叶	++
		西昌榆绿天蛾	*Callambulyx tatarinovi sichangensis*	叶	+
	天蛾科	霜天蛾（梧桐天蛾）	*Psilogramma menephron*	叶	+
		栗六点天蛾	*Marumba sperchius*	叶	+
	透翅蛾科	山胡桃透翅蛾	*Sphecodoptera sheni*	枝	+++
		栗透翅蛾	*Aegeriamolybdoceps*	干	+++
	豹蠹蛾科	六星黑点豹蠹蛾	*Zeuzera leuconotum*	枝	+

（续）

目	科	中文种名	学名	危害部位	危害程度
直翅目	斑腿蝗科	绿腿腹露蝗	*Fruhstorferiola viridifemorata*	叶	+
	螽斯科	螽斯	*Longhorned grasshopper*	叶	+
		贝氏掩耳螽	*Elimaea berezovskii*	叶	+
		镰尾露螽	*Phaneroptera falcata*	叶	+
		纺织娘	*Mecopoda elongata*	叶	+
		台湾棘脚斯	*Hexacentrus* sp.	叶	+
	蝗科	短额负蝗	*Atractomorpha sinensis*	叶	+
		条背土蝗	*Patanga succincta*	叶	+
	蟋蟀科	南方油葫芦	*Grylluste staceus*	根	++
		短翅灶蟋	*Gryllodes sigillatus*	根	++
		东方蝼蛄	*Gryllotalpa orientalis*	根	++
鞘翅目	金龟科	铜绿丽金龟	*Anomala corpulenta*	叶	+
		条金龟	*Anomala* sp.	叶、根	+
		斑喙丽金龟	*Adoretus tenuimaculatus*	叶、根	+
	丽金龟科	大绿异丽金龟	*Anomala virens*	叶	+
		毛边异丽金龟	*Anomala coxalia*	叶	+
		中华喙丽金龟	*Adoretus sinicus*	叶	+
		东方白点花金龟	*Protaetia orientalis*	叶	++
		影等鳃金龟	*Exolontha umbraculata*	叶	+
		暗黑鳃金龟	*Holotrichia parallela*	叶	+
	鳃金龟科	棕色鳃金龟（棕狭肋鳃金龟）	*Holotrichia titanis*	叶	+
		华脊鳃金龟	*Holitrichia sinensis*	叶	+
		小灰粉鳃金龟	*Melolontha frater*	叶	+
		弟兄鳃金龟	*Melolontha frater*	叶、根	+
		小黄鳃金龟	*Metabolus flavescens*	叶	+
		黑绒金龟	*Serica orientalis*	叶	+
	天牛科	星天牛	*Anoplophora chinensis*	枝、干	+++
		光肩星天牛	*Anoplophora glabripennis*	干	+
		旋枝天牛	*Aphrodisium sauteri*	干	+
		桑天牛	*Apriona germari*	干	+
		云斑天牛	*Batocera horsfieldi*	干	++
		云斑白条天牛	*Batocera lineolata*	干	+
		茶天牛（楝闪光天牛）	*Acolesthes induta*	干	+
		密点白条天牛	*Batoceral ineolata*	干	+

（续）

目	科	中文种名	学名	危害部位	危害程度
鞘翅目	天牛科	栎旋木柄天牛	*Aphrodisium sauteri*	干	+
		中华裸角天牛	*Aegosoma sinicum*	干	+
		薄翅锯天牛	*Megopis sinica*	干	++
	长蠹科	谷蠹	*Rhizopertha dominica*	果	+
	小蠹科	核桃咪小蠹	*Hypothenemus erectus*	干	+
	吉丁虫科	核桃小吉丁虫	*Agrilus lewisiellus*	枝	+
	象虫科	锥胸象属1种	*Conotrachelus* sp.	枝	+
		枝梢象甲属1种	*Curculionidae* sp.	枝	+
		食果象甲属1种	*Curculionidae* sp.	果	+
		山核桃象甲	*Curculio caryae*	干	+
		核桃横沟象	*Dyscerus juglans*	果	++
	肖叶甲科	黑额光叶甲	*Smaragdina nignifrons*	干	+
		紫胸宽角叶甲	*Parheminodes collaris*	干	+
	叩甲科	丽叩甲	*Campsosternus auratus*	干	+
		大黑叩甲	*Aiolocaria hexaspilota*	干	+
		迷形长胸叩甲	*Aphanobius alaomorphus*	根	+
		血红叩头虫	*Archontas argillaceus*	芽、嫩梢	+
		核桃叶甲	*Gastrolina depressa*	叶	+
		赤扬扁叶甲	*Gastrolina peltiodea*	叶	+
	叶甲科	天蓝跳甲（蓝跳甲）	*Altica cyanea*	叶、花	++
		核桃扁叶甲	*Gastrolina depressa*	叶	+
		绿豆象	*Callosobruchus chinensis*	叶	+
		黄守瓜	*Aulacophora indica*	叶	+
	萤科	金边窗萤	*Pyrocoelia anylissima*	叶	+
	小蠹科	小蠹虫	*Scolytidae* sp.	叶	++
	金花虫科	四沟叶蚤	*Nisotra gemella*	叶	+
	锹甲科	斑股锹甲	*Lucanus maculifemoratus*	叶	+
		沟纹眼锹甲（小眼锹甲）	*Aegus laevicollis*	叶	+
	负泥虫科	负泥虫	*Crioceridae latreill*	嫩梢	+
半翅目	蚜科	山核桃刻蚜	*Kurisakia sinocaryae*	嫩芽、梢、叶	+
		黑蚜	*Monellia caryaefoliae*	嫩芽、梢	++
		黄蚜	*Monellia caryella*	嫩芽、梢	+
	叶蝉科	叶蝉	*Cicadella* sp.	枝、叶	++
		大青叶蝉	*Cicadella viridis*	枝、叶	++
		红边片头叶蝉	*Petalocephala manchurica*	枝、叶	+

（续）

目	科	中文种名	学名	危害部位	危害程度
	耳叶蝉科	四脊耳叶蝉	*Ledra quadricarina*	枝、叶	+
		黑蚱蝉	*Cryptotympana atrata*	枝	++
		震旦马蝉	*Platylomia pieli*	枝	+
	蝉科	黄螗蛁蝉	*Platypleura hilpa*	枝	+
		蚱蝉	*Cryptotympana atrata*	梢	+
		寒蝉	*Meimuna tripurasura*	枝	++
		黑斑丽沫蝉	*Cosmoscarta dorsimacula*	枝	+
	沫蝉科	赤杨钝沫蝉	*Clastoptera obtusa*	梢	+
		七带铲头沫蝉属	*Clovia multilineata*	枝	+
		沫蝉	*Clastoptera obtuse*	叶	+
	广翅蜡蝉科	八点广翅蜡蝉	*Ricania speculum*	枝	+
	蛾蜡蝉科	碧蛾蜡蝉	*Geisha distinctissima*	枝	++
		绿蛾蜡蝉	*Salurnismar ginellus*	枝	+
	象蜡蝉科	中野象蜡蝉	*Dictyophara nakanonis*	枝	+
	蜡蝉科	斑衣蜡蝉	*Lycorma delicatula*	枝	+
	绒蚧科	绒蚧属1种	*Eriococcus* sp.	嫩芽、梢	+
半翅目		麻皮蝽	*Erthesina fullo*	嫩芽、梢	+
		贵阳蝽	*Picromerus viridipunctatus*	枝、叶	+
		大斑岱蝽	*Dalpada distincta*	枝、叶	++
		横纹菜蝽	*Eurydema gebleri kolenati*	枝、叶	+
	蝽科	菜蝽	*Eurydema dominutus scopoli*	枝、叶	+
		茶翅蝽	*Halyomor phapicus*	嫩芽、梢	+
		辉蝽	*Carbula obtusangula*	枝、叶	+
		茶翅蝽	*Halyomorpha picus*	嫩芽、梢	++
		珀蝽	*Plautia crossota*	枝、叶	+
		稻绿蝽	*Nezara viridula*	嫩芽、梢	+
	姬蝽科	泛希姬蝽	*Himacerus apterus*	枝、叶	+
		黑须稻缘蝽	*Nezara antennata*	枝、叶	+
		叶足缘蝽	*Trematocoris tragus*	枝、叶	+
		平肩棘缘蝽	*Cletus tenuis*	枝、叶	+
	缘蝽科	中稻缘蝽	*Leptocorisa chinensis*	枝、叶	+
		波赭缘蝽	*Ochrochira potanini*	枝、叶	+
		小点同缘蝽	*Homoeocerus marginellus*	枝、叶	+
		狭翅同缘蝽	*Homoeocerus dilatatus*	枝、叶	+

（续）

目	科	中文种名	学名	危害部位	危害程度
半翅目	长蝽科	锥股棘胸长蝽	*Primierus tuberculatus*	枝、叶	+
		红脊长蝽	*Tropidothorax elegans*	枝、叶	+
	红蝽科	四斑红蝽	*Physopelta quadri guttata*	枝、叶	+
		突背斑红蝽	*Physopelta gutta*	枝、叶	+
		大田鳖（山鳖）	*Kirkaldyia deyrollei*	枝、叶	+
		负子蝽	*Sphaerodema rustica*	枝、叶	+
	蚧科	瘤坚大球蚧	*Eulecanium giganteum*	嫩枝、叶	+
		皱大球蚧	*Eulecanium kuwanai*	嫩枝、叶	+
	土蝽科	三点边土蝽	*Legnotus triguttlula*	枝、叶	+
	缘蝽科	叶足缘蝽	*Leptoglos susphyllopus*	叶	+
	叶蝉科	绿片头叶蝉	*Petalocephala chlorocephlala*	叶	+
	根瘤蚜科	警根瘤蚜	*Phylloxera notabilis*	嫩芽、梢	+++
		美山核桃根瘤蚜	*Phylloxera clevastatrix*	叶	+++
		葡萄根瘤蚜	*Phylloxera vitifoliae*	根	+
	斑蚜科	美核桃长斑蚜	*Tinocallis caryaefoliae*	嫩芽、梢	+
		核桃多毛色斑蚜	*Chromaphis hirsutustibis*	叶	+
膜翅目	蚁科	黑蚂蚁属1种	*Formica* sp.	干	+
	叶蜂科	叶蜂属1种	*Tenthredo* sp.	叶	+
等翅目	白蚁科	黑翅土白蚁	*Odontotermes formosanus*	根部、干	++
蜱螨目	叶螨科	红蜘蛛	*Tetranychus cinnbarinus*	叶	++
		柑橘始叶螨	*Eotetranychus kankitus*	叶	+
		弯钩始叶螨	*Eotetranychus uncatus*	叶	+
		朱砂叶螨	*Tetranychus cinnabarinus*	叶、嫩梢、花	+

注：+轻度危害；++中度危害；+++重度危害。

二、薄壳山核桃主要害虫危害特点及防治方法

1. 薄壳山核桃主要食叶害虫

薄壳山核桃食叶害虫种类最多，共134种，近70%的害虫危害叶片。下面介绍主要的食叶害虫的危害特点与防治方法。

（1）刺蛾类

形态特征：刺蛾类成虫中等大小，身体和前翅密生绒毛和厚鳞，大多黄褐色、暗灰色和绿色，间有红色，少数底色洁白，具斑纹。夜间活动，有趋光性。口器退化，下唇须短小，少数较长。雄蛾触角一般为双栉形，翅较短阔。幼虫体扁，蛞蝓形，

其上生有枝刺和毒毛，有些种类较光滑无毛或具瘤。头小可收缩。无胸足，腹足小。化蛹前常吐丝结硬茧，有些种类茧上具花纹，形似雀蛋。羽化时茧的一端裂开圆盖飞出。诸如黄刺蛾、扁刺蛾、褐边绿刺蛾和显脉球须刺蛾等。对薄壳山核桃危害最为严重的是黄刺蛾、褐刺蛾和双齿绿刺蛾。

1）黄刺蛾（*Cnidocampa flavescens*）

成虫雌蛾体长15~17mm，翅展35~39mm；雄蛾体长13~15mm，翅展30~32mm。体橙黄色（图6-1）。前翅黄褐色，自顶角有1条细斜线伸向中室，斜线内方为黄色，外方为褐色；在褐色部分有1条深褐色细线自顶角伸至后缘中部，中室部分有1个黄褐色圆点。后翅灰黄色。卵扁椭圆形，一端略尖，长1.4~1.5mm，宽约0.9mm，淡黄色，卵膜上有龟状刻纹。黄刺蛾幼虫又名麻叫子、痒辣子、刺儿老虎、毒毛虫等。幼虫体上有毒毛易引起人的皮肤痛痒。老熟幼虫体长19~25mm，体粗大。头部黄褐色，隐藏于前胸下。胸部黄绿色，自第2节起，各节背线两侧有1对枝刺，以第3、4、10节的为大，枝刺上长有黑色刺毛；体背有紫褐色大斑纹，前后宽大，中部狭细成哑铃形，末节背面有4个褐色小斑；体两侧各有9个枝刺，体侧中部有2条蓝色纵纹，气门上线淡青色，气门下线淡黄色。蛹为被蛹，椭圆形，粗大。体长13~15mm。淡黄褐色，头、胸部背面黄色，腹部各节背面有褐色背板。茧成椭圆形，质坚硬，黑褐色，有灰白色不规则纵条纹，形似雀卵和蓖麻子，茧内虫体金黄，烤之味道极香，北方农村常有食之。

生长习性：幼虫于10月在树干和枝桠处结茧过冬。翌年5月中旬开始化蛹，下旬始见成虫。5月下旬至6月为第1代卵期，6~7月为幼虫期，6月下旬至8月中旬为蛹期，7月下旬至8月为成虫期；第2代幼虫8月上旬发生，10月份结茧越冬。成虫羽化多在傍晚，以17:00~22:00为盛。成虫夜间活动，趋光性不强。雌蛾产卵多在叶背，卵单产或数粒在一起。每次产卵49~67粒，成虫寿命4~7d。幼虫多在白天孵化。初孵幼虫先食卵壳，然后取食叶下表皮和叶肉，剥下上表皮，形成圆形透明小班，隔1d后小班连接成块。4龄时取食叶片形成孔洞；5、6龄幼虫能将全叶吃光仅留叶脉。

图6-1　黄刺蛾幼虫（左）与成虫（右）

危害特点：小幼虫取食树叶下表皮及叶肉。刺蛾幼虫危害的叶片有很多孔洞、缺刻或仅留叶柄及主脉，影响树势和产量。随虫龄增大，食叶量增加，危害严重时仅留叶柄或主脉，严重影响薄壳山核桃生长。幼虫具刺毛，触及皮肤可引起红肿和灼热剧痛。

2）桑褐刺蛾（*Setora postornata*）

形态特征：成虫体长15～18mm，翅展31～39mm，身体土褐色至灰褐色。前翅前缘近2/3处至近肩角和近臀角处，各具1暗褐色弧形横线，两线内侧衬影状带，外横线较垂直，外衬铜斑不清晰，仅在臀角呈梯形；雌蛾斑纹较雄蛾浅。卵为扁椭圆形，黄色，半透明。幼虫体长35mm，黄色，背线天蓝色，各节在背线前后各具1对黑点，亚背线各节具1对突起，其中后胸及1、5、8、9腹节突起最大。茧为灰褐色，椭圆形。

生活习性：1年2～4代，以老熟幼虫在树干附近土中结茧越冬。3代成虫分别在5月下旬、7月下旬、9月上旬出现，成虫夜间活动，有趋光性，卵多成块产在叶背，每雌产卵300多粒，幼虫孵化后在叶背群集，取食叶肉，老熟后入土结茧化蛹。

危害特点：幼虫孵化后在叶背群集并取食叶肉，半月后分散危害，取食叶片。

3）双齿绿刺蛾（*Latoia hilarata*）

形态特征：成虫体长7～12mm，翅展21～28mm，头部、触角、下唇须褐色，头顶和胸背绿色，腹背苍黄色（图6-2）。前翅绿色，基斑和外缘带暗灰褐色，其边缘色浅，基斑在中室下缘呈角状外突，略呈五角形；外缘带较宽与外缘平行内弯，其内缘向内突利呈一大齿和一较小的齿突，这是区别于中国绿刺蛾的明显特征。后翅苍黄色。外缘略带灰褐色，臀色暗褐色，缘毛黄色。足密被鳞毛。成虫触角栉齿状，雌丝状。卵长0.9～1.0mm，宽0.6～0.7mm，椭圆形扁平、光滑。初产时乳白色，近孵化时淡黄色。幼虫体长约17mm，蛞蝓形，头小，大部缩在前胸内，头顶有两个黑点，胸足退化，腹足小。体黄绿至粉绿色，背线天蓝色，两侧有蓝色线，亚背线宽

图6-2 双齿绿刺蛾幼虫与成虫

杏黄色，各体节有4个枝刺丛，以后胸和第1、7腹节背面的一对较大且端部呈黑色，腹末有4个黑色绒球状毛丛。蛹长约10mm，椭圆形，肥大，初乳白至淡黄色，渐变淡褐色，复眼黑色，羽化前胸背淡绿色，前翅芽暗绿色，外缘暗褐色，触角、足和腹部黄褐色。

生活习性：1年发生2代，以幼虫在枝干上结茧入冬。山西太谷地区4月下旬开始化蛹，蛹期约25d，5月中旬开始羽化。成虫昼伏夜出，有趋光性，但对糖醋液无明显趋性。卵多产于叶背中部、主脉附近，块状，形状不规则，多为长圆形，每块有卵数十粒，单雌卵量百余粒。成虫寿命约10d。卵期7~10d。第1代幼虫发生期8月上旬~9月上旬，第2代幼虫发生期8月中旬~10月下旬，10月上旬陆续老熟，爬到枝干上结茧越冬，以树干基部和粗大枝杈处较多，常数头至数10头群集在一起。

危害特点：双齿绿刺蛾低龄幼虫多群集叶背取食叶肉，3龄后分散食叶成缺刻或孔洞，白天静伏于叶背，夜间和清晨活动取食，严重时常将叶片吃光。

防治方法：6~7月，当第1代幼虫盛发时，喷洒1000倍液的敌百虫效果很好。冬季要消灭越冬茧，双齿绿刺蛾、黄刺蛾的越冬茧在树皮及枝条上；褐刺蛾的茧在树干附近土内，可挖掘出来捣杀。云南省林业厅造林绿化处报道可用石硫合剂刷涂树干，以防刺蛾幼虫通过树干转移危害。另外，焦晓旭等研究了刺蛾类的生物防治，认为刺蛾类生物防治主要依靠寄生性天敌核型多角体病毒（NPV）、白僵菌 *Beauveria bassiana*、刺蛾紫姬蜂 *Chlorocryptus purpuratus*、赤眼蜂 *Trichogramma* sp.、上海青蜂 *Chrysis shanghalensis*、刺蛾广肩小蜂 *Eurytoma monemae*、小室姬蜂 *Scenocharops* sp.、健壮刺蛾寄蝇 *Chaetexorista eutachinoides* 和捕食性天敌黑叉盾猎蝽 *Ectrychote sandreae*、黄纹盗猎蝽 *Piratesatro maculatus*、黄足直头猎蝽 *Sirthenea flavipes*、多氏田猎蝽 *Agriosph odrusdohrni*、齿缘刺猎蝽 *Sclomina erinacea*、多变嗯猎蝽 *Endochus cingalensis*、褐菱猎蝽 *Isyndus obscurus*、锥盾菱猎蝽 *Isyndus reticulatus*、环斑猛猎蝽 *Sphedanoletes impressicollis*、麻步甲 *Carabus brandti*。

（2）大蓑蛾（*Clania variegata*）

形态特征：大蓑蛾属鳞翅目蓑蛾科窠蓑蛾属。成虫雌雄异型。雌成虫体肥大，淡黄色或乳白色，无翅，足、触角、口器、复眼均有退化，头部小，淡赤褐色，胸部背中央有一条褐色隆基，胸部和第1腹节侧面有黄色毛，第七腹节后缘有黄色短毛带，第八腹节以下急骤收缩，外生殖器发达。雄成虫中小型，翅展35~44mm，体褐色，有淡色纵纹。前翅红褐色，有黑色和棕色斑纹，在R4与R5间基半部、Rs与M隔脉间外缘、M2与M3间各有1个透明斑，R3与R4、M2与M3共柄，A脉与后缘间有数条横脉；后翅黑褐色，略带红褐色；前、后翅中室内中脉叉状分支明显。卵为椭圆形，直径0.8~1.0mm，淡黄色，有光泽。幼虫雄虫体长18~25mm，黄褐色，蓑囊长50~60mm；雌虫体长28~38mm，棕褐色，蓑囊长70~90mm。头部黑褐色，各缝线白色；胸部褐色有乳白色斑；腹部淡黄褐色；胸足发达，黑褐色，腹足退化呈盘状，趾钩15～24个。雄蛹长18～24mm，黑褐色，有光泽；雌蛹长25～30mm，红褐色（图6-3）。

生活习性：5月中下旬后幼虫陆续化蛹，6月上旬～7月中旬成虫羽化并产卵，当年1代幼虫于6～8月发生，7～8月危害最重。第2代的越冬幼虫在9月间出现，冬前危害较轻。雌蛾寿命12～15d，雄蛾2～5d，卵期12～17d，幼虫期50～60d，越冬代幼虫约240d，雌蛹期10～22d，雄蛹期8～14d。成虫在下午羽化，雄蛾喜在傍晚或清晨活动，靠性引诱物质寻找雌蛾，雌蛾羽化翌日即可交配，交尾后1～2d产卵，每雌平均产676粒，个别高达3000粒，雌虫产卵后干缩死亡。

图6-3 大蓑蛾生活史

危害特点：幼虫孵化后1～2d，先取食卵壳，后爬上枝叶或飘至附近枝叶上，吐丝粘缀碎叶营造护囊并开始取食。幼虫老熟后在护囊里倒转虫体化蛹在其中。

防治方法：7月上中旬用90%敌百虫1500倍液毒杀，效果显著。注意保护寄生蜂等天敌昆虫。天敌有蓑蛾疣姬蜂、松毛虫疣姬蜂、桑蟥疣姬蜂、大腿蜂、小蜂等。

（3）胡桃天社蛾（*Quadrialcarifera cyanea*）

危害特点：胡桃天社蛾危害广泛，寄主除薄壳山核桃外还有核桃、黑核桃、柳树、刺槐、苹果等多种植物。成虫体长3.7～5cm，前翅棕灰色，具暗色斑纹。4～5月产卵于叶片背光面，卵白色，数百粒集中成团，单层排列。卵产后约10d孵化。幼虫危害叶片，幼龄虫危害叶片会留下叶脉，而受老龄幼虫危害时，仅留下叶柄。胡桃天社蛾发生严重时会把整株树上的叶片吃光。不像其他食叶害虫，受害部位不结网。幼虫红棕色，体上具彩色条纹，多聚集一起。成熟幼虫体长约5cm，体上密布绒毛。以蛹于寄主树体周围的土壤中越冬。每年发生2～3代。

防治方法：摘除虫卵，集中销毁。对于大树或较大的果园，人工摘除卵块不容易操作，可在卵期或幼龄期喷杀虫剂防治。

（4）铜绿丽金龟（*Anomala corpulenta*）

形态特征：属鞘翅目金龟甲科。成虫体长19～21mm，触角黄褐色，鳃叶状。前胸背板及鞘翅铜绿色具闪光，上面有细密刻点。翅每侧具4条纵脉，肩部具疣突。前足胫节具2外齿，前、中足大爪分叉。卵初产椭圆形，长约2mm，卵壳光滑，乳白色。孵化前呈圆形。3龄幼虫体长30～33mm，头部黄褐色，前顶刚毛每侧6～8根，排一纵列。肛腹片后部腹毛区正中有2列黄褐色长的刺毛，每列15～18根，2列刺毛尖端大部分相遇和交叉。在刺毛列外边有深黄色钩状刚毛。蛹长椭圆形，土黄色，体长22～25mm。体稍弯曲，雄蛹臀节腹面有4裂的统状突起。卵光滑，呈椭圆形，乳白色。幼虫乳白色，头部褐色。蛹体长约20mm，宽约10mm，椭圆形，裸蛹，土黄色，雄末节腹面中央具4个乳头状突起，雌则平滑，无此突起。幼虫老熟体长约32mm，头宽约5mm，体乳白，头黄褐色近圆形，前顶刚毛每侧各为8根，成一纵列；后顶刚毛每侧4根斜列。额中每侧4根。肛腹片后部复毛区的刺毛列，列各由13～19根长针状刺组成，刺毛列的刺尖常相遇。刺毛列前端不达复毛区的前部边缘（图6-4）。

图6-4　铜绿丽金龟幼虫（上）与成虫（下）

生活习性：5月下旬至6月中下旬为化蛹期，7月上中旬至8月份是成虫发育期，7月上中旬是产卵期，7月中旬至9月份是幼虫危害期，10月中旬后陆续进入越冬。少数以2龄幼虫、多数以3龄幼虫越冬。幼虫在春、秋两季危害最烈。成虫夜间活动，趋光性强。

危害特点：主要危害嫩叶，于18:00～23:00出现，1～2d内可以把新梢新叶全部吃光，白天潜伏于土壤中危害根系，严重时造成植株死亡。

防治方法：在危害盛期（6～7月）傍晚用0.4%敌百虫喷洒叶面；用50%辛硫磷乳油100g拌种50kg，或拌1kg炉渣后，将制成的5%毒砂随种撒入播种沟内毒杀幼虫。夜间灯光诱杀。或利用假死性于傍晚敲打震虫，树下集中收集消灭。

（5）核桃叶甲（*Gastrolina depressa*）

形态特征：成虫体长5～8mm，体极扁平，略呈长方形（图6-5）。触角短，不及体长之半，第3节较细长。前胸背板基部狭于鞘翅，前缘凹进很深。头部及鞘翅上有粗大的刻点。鞘翅蓝紫色，有光泽。雌虫产卵期腹部彭大似球，黄色。卵为黄绿色。初龄幼虫体黑色，老熟幼虫体长10mm，胸、腹部暗黄色。前胸背板淡红褐色，两侧

图6-5 核桃叶甲成虫

具黑褐色斑纹及1个大圆斑。沿虫体气门上线,多数体节有黑色瘤突。胸足3对,无腹足。蛹为黑褐色,胸部有灰白纹,腹部第2至第3节两侧为黄白色,背面中央为黑褐色,腹末附有幼虫蜕的皮。

生活习性:1年发生1代,以成虫在地面覆盖物中及树干基部70~135cm高处的树皮缝内越冬。在华北地区,5月初越冬成虫开始活动,在云南,清明节后上树取食。成虫群集嫩叶上,将嫩叶吃成网状,有的破碎。成虫特别贪食,腹部已膨胀成鼓囊状,露出鞘翅一半以上,仍不停取食。卵产于叶背,块状,每块20~30粒。幼虫孵化后群集叶背取食,使叶片枯黄。6月下旬幼虫老熟。以腹部末端附于叶上,倒悬化蛹。经4~5d后成虫羽化,进行短期取食后即潜伏越冬。

危害特点:成虫和幼虫群集危害叶片,将叶片啃食成网状或缺刻,甚至全部吃光,仅留叶脉,导致树势衰弱。

防治方法:可用竹签在床面插洞后将80%敌敌畏或50%辛硫磷1000倍液灌入土中进行防治。

(6) **警根瘤蚜**(*Phylloxera notabilis*)

据国外文献记载,1903年发现警根瘤蚜后,研究报道了警根瘤蚜虫瘿的发育过程、对薄壳山核桃的危害情况、发现过程及生物学特性。在国内,周其新对薄壳山核桃瘤蚜进行了初步观察,指出警根瘤蚜是危害薄壳山核桃的最严重害虫之一,受害株率可达100%,严重的大多数叶片有瘿瘤。

形态特征:警根瘤蚜成虫有6个型,即干母、无翅雌蚜、短翅雌蚜(性母)、长翅雌呀(迁飞雌蚜)、雌蚜和雄蚜。干母系越冬卵孵化出的无翅产卵雌蚜,该虫态在寄主嫩叶上形成第1虫级。初龄若蚜黄绿色,长椭圆形,体长0.37~0.41mm,宽0.17~0.18mm。头、胸部发达,腹部瘦削。复眼由3个红色小眼面组成。触角3节,第1、2节短,第3节中部较粗,近端部一侧有3个圆形次生感觉圈。口外长度超过体长。足和触角发黄褐色。背部具有淡黑色瘤状突起:头部6个,中、后胸6个1排,各腹节4个1排,腹末2个并列,瘤上均有1根长刚毛。脱皮后,体嫩黄白色,梨形,背上的瘤突变小而色淡。成虫体黄白色或污白色,短梨形,体长0.9~1.1mm,宽0.7~0.8mm。产卵后体渐缩短呈卵圆形,体表多褶皱,体色暗黄至灰黄褐色。无翅雌蚜属造瘿蚜,由于干母和各代无翅雌蚜所产卵的一部分卵及各代长翅雌蚜产的卵发育而成。初龄若蚜淡黄色,长椭圆形,体长0.43~0.44mm,宽0.20~0.21mm。形态似干母初龄若蚜,但背上瘤突色稍淡。成虫体近圆球形,淡黄色，体长0.9~1.0mm，宽0.6~0.8mm。体表有众多的排列整齐的三角形微瘤。触角3节，近端都有圆形次生感觉圈3~4个。短翅雌蚜（性母）属产性蚜，由干母和各代无翅雌蚜所产卵中的一部分卵发育而成。初龄若蚜淡黄色，长椭圆形，口针仅伸达腹部第2节。头、胸部背面有三角形微瘤。成虫污黄色，头、中胸、足及翅缘灰黄色，长梭形，体长1.0~1.2mm，宽0.6~0.7mm。体表密布微瘤。头、胸部，特别是中胸尤为发达。复眼和3个单眼红色。触角3节，第3节特别长，近端部一侧有4个圆形次生感觉圈。翅短小呈舌状，暗黄色，前翅仅达后胸后缘。口器粗短而强壮。产卵后体斯波缩呈卵圆形，呈暗灰黄色。长翅雌蚜（迁飞雌蚜）是进行较远距离扩散的虫态，由干母和各代无翅雌蚜所产卵中的一部分发育而成。若蚜淡黄色，长梭形，翅芽狭长而色淡。成虫体污黄色，长椭圆形，体长约1.3mm，宽约0.5mm，翅展2.6~2.7mm。头、中、后胸及足色深。复眼暗红色，3个单眼和一对眼瘤红色。触角3~4节，个别5节，末节端部一侧有圆形次生感觉圈4个。翅淡灰黄色，前翅有3条斜脉，后翅无斜脉。翅面和足具鱼鳞状纹。静止时翅平叠于背上。雌蚜属有性型，由短翅雌所产的大卵发育而成。体污黄褐色，长椭圆形，长0.48~0.54mm，宽0.27~0.33mm。无翅，口器退化，复眼红色，触角3节，第3节顶端可见1~2个圆形次生感觉圈。体表无瘤突和刺毛。雄蚜属有性型，由短翅雌蚜所产的小卵发育而成。体淡黄色，椭圆形。体长0.28~0.34mm，宽0.17~0.21mm。无翅，口器退化，复眼红色。触角3节，第3节稍粗，近端部有2个圆形次生感觉圈。体背有较长的刚毛和不太明显的瘤突，腹末交尾器呈乳头状突出。卵有6种类型。越冬卵亦称有性卵，由雌蚜产出。卵体姜黄色至棕黑色，卵圆形，长0.36~0.38mm，宽0.24~0.27mm。表面有云纹状环形纹。大卵和小卵均为短翅雌蚜所产。大卵污黄色，长椭圆形，长0.39~0.45mm，宽0.24~0.31mm。小卵淡污黄色，椭圆形，长0.26~0.33mm，宽0.19~0.25mm。干母、无翅雌蚜产的卵略小于短翅雌蚜的大卵。长翅雌蚜产的卵色淡而嫩，卵较圆，长0.38~0.41mm，宽0.28~0.31mm（图6-6）。

生活习性：警根瘤蚜属同寄主全周期生活的蚜虫。南京地区越冬卵于4月初开始孵化，中旬为孵化盛期，5月中旬孵化结束。若蚜孵出后于8：00~9：00开始沿树干向上爬行，以10：00~14：00活动最盛。若蚜爬到顶芽上栖息。一个芽片上常聚集数百头若蚜。随着叶芽的生长，若蚜固定处的叶片组织开始凹陷。若蚜第1次脱皮后便被包入幼小的虫瘿中。随叶片的生长虫体迅速扩大成豆粒状，在叶面的一半呈半球形，表面光滑，在叶背的一半呈半桃形，其顶部有1个多毛的尖突。在初夏和晚秋形成的虫瘿其叶面的一半有时带有红色。虫瘿形成初期内部为一个四壁光滑的空腔，干母在其中取食、产卵。其卵孵化出长翅雌蚜、无翅雌蚜和短翅雌蚜3种类型。后者亦在瘿内取食产卵。当长翅雌蚜发育成熟后，虫瘿的顶端干枯并裂成

图6-6 警根瘤蚜在叶片上为害的症状

许多小缝，瘿内的长翅雌蚜、短翅雌蚜、1龄无翅雌蚜和性蚜从缝口处外出，一日中以9：00～16：00外出最多。7～10d后虫瘿内的蚜虫完全爬出。从虫瘿爬出的1龄无翅雌蚜一部分向上爬行到幼嫩叶片上形成新的虫瘿，一部分同短翅雌蚜、性蚜、少数长翅雌蚜等一道沿树干向下爬行到地表，最后入土而死亡。外出的长翅雌蚜于晴天10：00～15：00迁飞到胡桃、胡桃楸和薄壳山核桃等其他植株的叶背栖息、产卵。5～7d后卵孵化为1龄无翅雌蚜，但除薄壳山核桃外，在其他寄主上的均不能生存。一年中以春天产生的虫瘿数量最多，造成的危害也最重，但当年播种的实生苗和未结果的幼树因不断地生出新叶，夏、秋季亦受到严重的危害。虫瘿的大小和瘿内产蚜量的多少同侵入期的长短和侵入的叶片的发育情况有关。栖居于嫩芽和幼叶上的个体侵入后形成的虫瘿较大，叶片展开后入侵的个体形成的虫瘿较小。第1代虫瘿的直径3.2～8.5mm，少数可达到12mm以上。从若蚜侵入到虫瘿成熟，春季约需50d，夏、秋季稍短。第1代虫瘿于5月下旬开始成熟，6月上、中旬开裂的虫瘿最多。第2、3、4代虫瘿部系由1龄无翅雌蚜形成，虫瘿较小，直径1～5mm，分别于7月底、8月底和10月上旬成熟，但因发生期不整齐，从5～10月各种发育阶段的虫体都同时存在。第1、2代虫瘿内以取食的1龄无翅雌蚜和长翅雌蚜居多，第3代虫瘿内短翅雌蚜增多，而长翅雌蚜和1龄无翅雌蚜减少。第4代虫瘿内以短翅雌蚜和大、小卵及性蚜为主，没有长翅雌蚜、取食的1龄无翅雌蚜也很少。一个直径5mm的虫瘿内有短翅雌蚜82头，1头短翅雌蚜可产大、小卵12～25粒。在室温20～25℃时，卵期6～8d。短翅雌蚜成虫寿命10～15d。雌、雄蚜孵出后，沾粘于厚壁上，虫体静立，经1～2d的蛹态幼虫期，再次脱皮后，附肢伸展开即可爬行、交尾。交尾后的雌蚜出瘿后沿树干向下到近基部的树皮缝隙中寻一隐藏处产卵越冬。每头雌蚜仅产卵1粒。警根瘤蚜的天敌有龟纹瓢虫、长斑弯叶毛瓢虫和六星瓢虫。虫瘿开裂后龟纹瓢虫常钻入瘿内捕食未出瘿的虫体。长斑弯叶毛瓢虫的成虫、幼虫和六星瓢虫的成虫捕食在树干上爬行的干母和1龄无翅雌蚜，以上天敌中以长斑弯叶毛瓢虫的作用最大。

危害特点：越冬卵于4月上旬开始孵化，中旬进入孵化盛期，5月中旬孵化结束。若蚜孵出后08:00～09:00开始沿树干向上爬行，以10:00～14:00活动最盛。主要危害新梢，可分泌1种物质致使新梢、叶片及叶柄上产生豆粒大小的虫瘿，以幼虫、若虫、成虫集中在瘿瘤内刺吸叶片与芽的汁液，最终导致受害植株生长缓慢。严重时叶片上布满豆粒状虫瘿，植株生长缓慢，产量下降。瘤蚜的危害可引起叶片枯黄、早落、叶芽不能正常抽梢放叶，严重影响树木的生长、开花和果实产量，苗期危害更甚。

防治方法：①3月下旬萌芽前，用2.5%溴氰菊酯乳油、废柴油、废机油、面粉以体积比1:40:60:100调制成油膏，在植株胸高处的树干上涂成3～5cm宽的环带，阻杀向上爬行的干母幼蚜。植株较少时可用废弃的农用塑料薄膜式旧报纸裁成5～8cm宽的长条，在树干上包3～4圈后用包装绳于中、上部捆牢，可有效地阻止干母幼蚜上树。②4月上、中旬用2.5%溴氰菊酯乳油3000倍液或80%敌敌畏乳油1000倍液喷布全株，毒杀刚孵出上树和已栖居于芽片上的干母。③冬季用波美3～5度的石硫合剂喷布主干或进行涂白也有一定的防治效果。

（7）胡桃黑蚜（*Monellia caryaefoliae*）

形态特征：无翅孤雌蚜体长约2.1mm，宽约1mm，黑褐色，略被薄蜡粉，略具光泽，头部黑色，前胸部具背中横带，缘斑与中胸中侧斑断续，腹部1～6节背板各斑相合成为一大黑斑，缘瘤位于前胸及腹部第1、7节背板。有翅。

生活习性：腹部圆形以后，翅芽显著。若虫将老熟再取食数日就会爬到植物上，身体悬垂而下，静待一段时间，成虫即羽化而出。每年5月中、下旬有翅蚜飞迁到甘草上，孤雌生殖，蚜虫集于嫩梢为害，是甘草常发性黑蚜的一种。

危害特点：蚜虫为内吸性害虫，集群吸食叶片汁液，受害叶片变黄，严重时可导致落叶。蚜虫危害严重时会导致植物当年或来年减产，坚果品质降低。因为胡桃黑蚜短时期会导致落叶，所以胡桃黑蚜比胡桃黄蚜危害更严重。胡桃黑蚜可危害叶片的两面，但多是背光面。由于胡桃黑蚜会产生有毒物质，所以受害叶片会很快脱落。一只成蚜可繁殖60个幼蚜，每年可发生15代。因群体发展很快，所以在适合的条件下，即使是很小的群体，也会发生严重的危害。由于胡桃黄蚜分泌蜜汁，所以受其危害的叶片会出现黑色的霉污。

防治方法：防治群体较大时，必须用药，使用有机磷农药比较有效。因为蚜虫易产生抗性，所以拟除虫菊类农药要少用。一般情况下，蚜虫的天敌有草青蛉、肉食性蜘蛛类、多种小黄蜂以及以蚜虫为食的瓢虫。

（8）麻皮蝽与茶翅蝽

1）麻皮蝽（*Erthesina fullothunberg*）

形态特征：属于半翅目蝽科昆虫，别名黄斑蝽、臭屁虫、臭大姐。成虫体长

图6-7 麻皮蝽成虫

20.0~25.0mm，宽10.0~11.5mm。体黑褐色密布黑色刻点及细碎不规则黄斑。头部狭长，侧叶与中叶末端约等长，侧叶末端狭尖（图6-7）。触角5节黑色，第1节短而粗大，第5节基部1/3为浅黄色。喙浅黄4节，末节黑色，达第3腹节后缘。头部前端至小盾片有1条黄色细中纵线。前胸背板前缘及前侧缘具黄色窄边。胸部腹板黄白色，密布黑色刻点。各腿节基部2/3浅黄，两侧及端部黑褐，各胫节黑色，中段具淡绿色环斑，腹部侧接缘各节中间具小黄斑，腹面黄白，节间黑色，两侧散生黑色刻点，气门黑色，腹面中央具一纵沟，长达第5腹节。卵灰白色块生呈柱状，顶端有盖，周缘具刺毛。若虫各龄均扁洋梨形，前尖削后浑圆，老龄体长约19mm，似成虫，自头端至小盾片具一黄红色细中纵线。体侧缘具淡黄狭边。腹部3~6节的节间中央各具1块黑褐色隆起斑，斑块周缘淡黄色，上具橙黄或红色臭腺孔各1对。腹侧缘各节有一黑褐色斑。喙黑褐伸达第3腹节后缘。

生长习性：成虫于枯枝落叶下、草丛中、树皮裂缝、梯田堰坝缝、围墙缝等处越冬。次春寄主萌芽后开始出蛰活动危害。5月中、下旬开始交尾产卵，6月上旬为产卵盛期，此时可见到若虫，7~8月间羽化为成虫。越冬成虫3月下旬开始出现，4月下旬至7月中旬产卵，第1代若虫5月上旬至7月下旬孵化，6月下旬至8月中旬初羽化；第2代7月下旬初至9月上旬孵化，8月底至10月中旬羽化。均危害至秋末陆续越冬。

危害特点：成虫若虫吸食寄主叶片、嫩梢，导致吸食点以上叶脉变色，叶肉颜色变暗。

防治方法：①冬、春越冬成虫出蛰活动前，清理园内枯枝落叶、杂草，刮粗皮，堵树洞，结合平田整地，集中处理，消灭部分越冬成虫。②在成、若虫危害期，利用假死性，在早晚进行人工振树捕杀，尤其在成虫产卵前振落捕杀，效果更好，同时还可防治具假死性的其他害虫如象甲类、叶甲类、金龟子类等。③危害严重的果园，在产卵或危害前可采用果实套袋防治法。此项防治措施可结合疏花疏果进行。制袋可用农膜或废报纸，规格为16cm×14cm，用缝纫机缝或模压。④结合其他管理，摘除卵块和初孵群集若虫。⑤越冬成虫出蛰完毕、卵孵化高峰期或若虫转化盛期用药防治效果很好。使用的药剂有：2.5%敌杀死乳油或功夫乳油8000倍液，或20%灭扫利乳油或来福灵乳油8500倍液，20%杀灭菊酯乳油8500倍液，5%氯氰菊酯乳油或2.5%天王星乳油8500倍液，50%对硫磷乳油或三硫磷乳油或马拉松乳油或杀螟松乳油1500~2000倍液，40%地亚农乳油或40.7%乐斯苯乳油1500倍液，均有良好防效。

2）茶翅蝽（*Halyomorpha halys*）

形态特征：卵短圆筒形，长约0.9～1.2mm，从上方看为球形，具假卵盖，中央微微隆起，周缘环生短小刺毛，初产时青白色、近孵化时变深褐色，若虫即将孵化时卵壳上方出现黑色的三角口。若虫共5龄，初孵若虫近圆形，体长约1.5mm，头部黑色，腹部淡橙黄色，各腹节两侧节间有一长方形黑斑，共8对，触角第3节、第4节及第5节可见白色环斑。2龄若虫体长约3.0～3.3mm，淡褐色，头部黑褐色，胸部和腹部背面具有黑斑。前胸背板侧缘具6对不等长的刺突。3龄若虫体长约4.5～5mm，棕褐色，前胸背板两侧具有4对刺突，腹部各节背板及侧缘各具一黑斑，腹部背面可见3对臭腺孔，出现翅芽。4龄若虫体长约8mm，茶褐色，翅芽增大。5龄若虫体长约10～12mm，翅芽伸达腹部第3节后缘。成虫体长一般12～16mm，宽6.5～9.0mm，身体扁平略呈椭圆形，前胸背板前缘具有4个黄褐色小斑点，呈一横列排列，小盾片基部大部分个体均具有5个淡黄色斑点，其中位于两端角处的2个较大（图6-8）。不同个体体色差异较大，茶褐色、淡褐色，或灰褐色略带红色，具有黄色的深刻点，或金绿色闪光的刻点，或体略具紫绿色光泽。田间调查时区别于其他蝽类昆虫的特征是触角5节，并且最末2节有2条白带将黑色的触角分割为黑白相间；并且足亦是黑白相间30℃以下，发育速度随着温度的增加而加快。刚产下的卵为淡黄白色，逐渐变深色，若虫即将孵化时卵壳上方出现黑色的三角口。

图6-8　茶翅蝽成虫

生活习性：南方1年可发生5～6代，北方1年发生1～2代。以成虫在树皮缝隙、墙缝、石缝、树洞、草堆或室内、室外的屋檐下等处越冬，越冬成虫具有群集性，一般几个或十几个聚集在一起，越冬成虫翌年4月下旬～5月上旬陆续出蛰。越冬代成虫可一直危害至6月份，7月上旬以前所产的卵可完成1年2代的发育，7月上旬以后产的卵则1年发生1代。成虫喜欢在中午气温较高，阳光充足时活动，交尾时间一般在晚上。成虫产卵于叶背，块产，每块卵约20～30粒，温湿度适宜时，卵期为5～9d。5月中旬～7月初，茶翅蝽近70%的种群数量在泡桐树上。部分成虫6月份会转移到梨树和桃树上，苹果树和白杨树也有分布。在长江以北地区的梨树、桃树受害率常达到50%～80%。成虫若在8月中旬以后羽化，则不再产卵，成为越冬代成虫。越冬代成虫寿命可达300d。9月下旬气温开始下降，成虫陆续越冬，10月中旬室外仍可见少量未潜藏越冬的成虫。

危害特点：成虫和若虫均可危害，以其刺吸式口器刺入果实、植物枝条和嫩叶吸取汁液。口针随着生长发育而变长，在5龄若虫时有7mm，在成虫期则达到8mm。成虫经常成对在同一果实上危害，而若虫则聚集为害。被危害的果实轻则会呈现部分凹陷斑，重则可造成果实畸形，不但直接影响水果品质和质量，还可造成落果。除了刺吸对植物造成直接危害外，被刺吸的部位很容易被病原菌侵染，更重要的是在刺吸的同时可传播病毒。

防治方法：拟除虫菊酯和新烟碱类广谱性杀虫剂被广泛采用。田间使用硫丹、灭多威、噻虫嗪和联苯菊酯都对茶翅蝽具有高致死率，但甲氰菊酯和呋虫胺只是起到了抑制取食的作用。选择气温<21℃的适宜日时段，以棒击震树落虫，地面喷药触杀，可取得高效、安全的防治效果。此外，还可以利用该虫聚集越冬的习性，采用"陷阱"等有效的诱集工具，集中诱杀。

（9）螨类

危害薄壳山核桃的螨类有若干种，主要是胡桃枯叶螨（*Eotetranychus hicoriae*）。螨类的危害也是内吸性的，主要在叶片的背光面吸食叶片的汁液，造成沿小叶中脉分布的不规则黄斑。危害多发生于树冠下部，受害严重的植株，会导致落叶，常伴随蜘蛛产生的网状物。螨类的生命周期一般经历卵、若螨、成螨几个阶段，从卵发育到成螨时间较短，一般是5~10d，每年发生多代。每只雌螨可产20余粒卵。若螨在树皮裂缝或叶痕处越冬，早春便开始活动。夏末秋初，7~9月份群体发展迅速，为危害高峰期。干热气候有利于螨类的发展。当温度超过21℃时群体密度会减小，当温度低于5℃时，几乎不再有幼螨产生。胡桃枯叶螨浅绿色、虫体小，人的肉眼刚刚可见。

防治方法：在发生较重时可选择杀螨剂，使用无内吸作用的药剂，重点喷在叶背、嫩梢、嫩枝和幼果等部位，用1.8%虫螨克乳油2000倍液，持效期长，无药害。也可以用73%克螨特乳油2000倍液，或15%速螨酮乳油2000倍液，或20%灭扫利乳油2000倍液。

2. 薄壳山核桃主要蛀干害虫

（1）星天牛（*Anoplophora chinensis*）

形态特征：星天牛体翅黑色，每鞘翅有多个白点（图6-9）。体长50mm，头宽20mm。体色为亮黑色；前胸背板左右各有一枚白点；翅鞘散生许多白点，白点大小个体差异颇大。雌成虫体长36~45mm，宽11~14mm，触角超出身体1、2节；雄成虫体长28~37mm，宽8~12mm，触角超身体4、5节。体黑色，具金属光泽。头部和身体腹面被银白色和部分蓝灰色细毛，但不形成斑纹。触角第1~2节黑色，其余各节基部1/3处有淡蓝色毛环，

图6-9　星天牛成虫

其余部分黑色。前胸背板中溜明显,两侧具尖锐粗大的侧刺突。鞘翅基部密布黑色小颗粒,每鞘翅具大小白斑15~20个,排成5横行,变异很大。卵长椭圆形,一端稍大,长4.5~6mm,宽2.1~2.5mm;初产时为白色,以后渐变为乳白色。老熟幼虫呈长圆筒形,略扁,体长40~70mm,前胸宽11.5~12.5mm,乳白色至淡黄色。前胸背板前缘部分色淡,其后为1对形似飞鸟的黄褐色斑纹,前缘密生粗短刚毛,前胸背板的后区有1个明显的较深色的"凸"字纹;前胸腹板中前腹片分界明显。腹部背步泡突微隆,具2横沟及4列念珠状瘤突。蛹纺锤形,长30~38mm,初化之蛹淡黄色,羽化前各部分逐渐变为黄褐色至黑色。翅芽超过腹部第3节后缘。

生长习性:在浙江南部1年发生1代,个别地区3年2代或2年1代,以幼虫在被害寄主木质部内越冬。越冬幼虫于次年3月以后开始活动,在浙江于清明节前后多数幼虫凿成长3.5~4cm、宽1.8~2.3cm的蛹室和直通表皮的圆形羽化孔,虫体逐渐缩小,不取食,伏于蛹室内,4月上旬气温稳定到15℃以上时开始化蛹,5月下旬化蛹基本结束。蛹期长短各地不一,台湾10~15d,福建约20d,浙江19~33d。5月上旬成虫开始羽化,5月底至6月上旬为成虫出孔高峰,成虫羽化后在蛹室停留4~8d,待身体变硬后才从圆形羽化孔外出,啃食寄主幼嫩枝梢树皮补充营养,10~15d后才交尾,在浙江整天都可进行交尾,但以晴而无风的8:00~17:00为多;在福建成虫多在黄昏前活动、交尾、产卵,破晓时候亦较活跃,中午多停息枝端,21:00后及阴雨天亦多静止。星天牛在安徽含山县1年发生1代,以幼虫在被害杨树枝干木质部越冬。翌年3月中、下旬开始活动取食,4月中、下旬化蛹,5月中、下旬成虫羽化,6月中、下旬幼虫危害至11月上旬越冬。星天牛[*Anoplophora chinensis*(Forster)]在珠海无瓣海桑上1年发生1代,以幼虫在树干木质部虫道内越冬,翌年2月下旬开始活动,3月中旬化蛹,3月下旬开始羽化,5月中旬达羽化高峰,羽化后不久交配产卵。6月中上旬为幼虫孵化高峰期,幼虫孵化后约1个月开始入侵木质部。

危害特点:1年发生1代,以幼虫在被害寄主木质部越冬,3月中、下旬开始活动取食,4月下旬化蛹,5月下旬羽化,6月上旬幼虫孵化危害至10月下旬越冬。危害薄壳山核桃的叶片及枝干,危害严重的植株甚至全株死亡(图6-10)。以其幼虫蛀食皮层和木质部,蛀害树干基部和主根,危害轻时导致树体生长发育不良或遇风折断,危害严重时使植株生长衰退枯死。幼虫一般蛀食较大植株的基干,在木质部乃至根部危害,树干下有成堆虫粪。成虫咬食嫩枝皮层,形成枯梢,也食叶成缺刻状。星天牛幼虫啃食根部根颈皮层可致寄主死亡。

防治方法:①涂毒环。在成虫活动盛期,用80%敌敌畏乳油,掺和适量水和黄泥,搅成稀糊状,涂刷在树干基部或距地在30~60cm以下的树干上,可毒杀在树干上爬行及咬破树皮产卵的成虫和初孵幼虫,还可在成虫产卵盛期用白涂剂涂刷在树干基部,防止成虫产卵。②人工捕捉。5~6月份在成虫活动盛期,进行人工多次捕捉成虫。③化学防治。当树干基部地面上发现有成堆虫粪时，将蛀道内虫粪掏出，塞入沾40%氧化乐果乳油5~10倍液棉球，或用注射器将药液注入，再用黄泥封住洞口，毒杀幼虫。在幼虫危害期（7~8月），幼虫会将粪便排在危害部位，极易识别，此时可将敌敌畏（原液或稀释5~10倍液）注入虫孔，然后用棉球或泥封闭进行防治。④生物防治。利用白僵菌（*Beauveria bassiana*）防治星天牛，白僵菌对星天牛有很高的致死率，配合粘膏能提高其对星天牛的致死能力，星天牛平均死亡率达77.8%。*Steinernema feltiae* Bj和*Steinernema carpocapsae* MK两个品系线虫对星天牛的大龄幼虫有较强的感染能力，线虫进入虫道后，只要温湿度适宜，就会寻找到星天牛幼虫，只需4~6d就能将其杀死。

图6-10 星天牛危害和成虫形态

1.星天牛危害树基干的症状；2.星天牛危害严重影响发芽甚至造成树木死亡；3.星天牛成虫形态；4.叶片上的星天牛成虫。

（2）云斑天牛（*Batocera horsfieldi*）

形态特征：成虫体长34~61mm，宽9~15mm。体黑褐色或灰褐色，密被灰褐色和灰白色绒毛（图6-11）。雄虫触角超过体长1/3，雌虫触角略比体长，各节下方生有稀疏细刺，第1至第3节黑色具光泽，有刻点和瘤突，前胸背有1对白色臀形斑，侧刺突大而尖锐，小盾片近半圆形。每个鞘翅上有白色或浅黄色绒毛组成的云状白色斑纹，2~3纵行，末端白斑长形。鞘翅基部有大小不等颗粒。卵长6~10mm，宽3~4mm，长椭圆形，稍弯，初产乳白色，以后逐渐变黄白色。老龄幼虫体长70~80mm，淡黄白色，体肥胖多皱襞，前胸腹板主腹片近梯形，前中部生褐色短刚毛，其余密生黄褐色小刺突。头部除上颚、中缝及额中一部分黑色外，其余皆浅棕色，上唇和下唇着生许多棕色毛。蛹长40~70mm，淡黄白色。头部及胸部背面生有稀疏的棕色刚毛，腹部第1节至第6节背面中央两侧密生棕色刚毛。末端锥状。

图6-11 云斑天牛成虫、幼虫

生长习性：云斑天牛白天栖息在树干和大枝上，有趋光性，晚间活动取食，啃食嫩枝皮层和叶片，有咔嚓咔嚓响声，最大取食量1d可达100cm²。成虫在林内生活约40d。受惊时即坠地。云斑天牛幼虫和成虫在蛀道内和蛹室内越冬。越冬成虫翌年4月中旬咬一圆形羽化孔外出，5月为羽化盛期，连续晴天、气温较高时羽化更多。云斑天牛初孵幼虫蛀食韧皮部，使受害处变黑、树皮胀裂、流出树液，并向外排木屑和虫粪；20~30d后渐蛀入木质部并向上蛀食，虫道内无木屑和虫粪，长约25cm。第1年以幼虫越冬，次春继续危害。成虫喜19∶00~22∶00集中在树干4m以下爬行求偶，新出孔成虫直至死亡前都能交尾。6月为产卵盛期，当腹内卵粒逐渐成熟后，即在树干上选择适当部位，头向下咬1个圆形或椭圆形中央有小孔的刻槽，刻槽约15mm，然后调头将产卵管从小孔中插入寄主皮层，把卵产于刻槽上方，每槽有卵1粒或无卵，产卵后以分泌黏液和木屑粘合刻槽口；每雌产卵约40粒，每批约产10~12粒，胸径10~20cm的树干落卵较多，每株树上常产卵10~12粒，多者达60余粒。卵期10~15d，幼虫期达12~14个月，成虫寿命约9个月。

危害特点：成虫取食嫩枝皮层及叶片，幼虫蛀食树干，由皮层逐渐深入木质部，蛀成斜向或纵向隧道，蛀道内充满木屑与粪便，轻者树势衰弱，重者整株干枯死亡。还会导致木蠹蛾危害及木腐菌寄生。

防治方法：①人工捕杀成虫。成虫发生盛期，要经常检查，利用成虫有趋光性、不喜飞翔、行动慢、受惊后发出声音的特点，傍晚持灯诱杀，或早晨人工捕捉。②杀灭卵和初孵幼虫。成虫产卵期，检查成虫产卵刻槽或流黑水的地方，寻找卵粒。用刀挖或用锤子等物将卵砸死。于卵孵化盛期，在产卵刻槽处涂抹50%辛硫磷乳油5倍液~10倍液，以杀死初孵化出的幼虫。③消灭危害盛期幼虫。在幼虫蛀干危害期，发现树干上有粪屑排出时，用刀将皮剥开挖出幼虫；或从发现的虫孔注入50%敌敌畏乳油100倍液，而后用泥将洞口封闭，也可用药泥或浸药棉球堵塞、封严虫孔，毒杀干内害虫。用铁丝插入虫道内刺死幼虫，或用铁丝先将虫道内虫粪勾出，再用磷化铝毒签塞入云斑天牛侵入孔，用泥封死，对成虫、幼虫熏杀效果显著。④树干涂药。冬季或产卵前，用石灰5kg、硫黄0.5kg、食盐0.25kg、水20kg拌匀后，涂刷树干基部，以防成虫产卵，也可杀灭幼虫。

（3）咖啡木蠹蛾（*Zeuzera coffeae*）

形态特征：成虫体灰白色，长15~18mm，翅展25~55mm。雄蛾端部线形。胸背面有3对青蓝色斑。腹部白色，有黑色横纹。前翅白色，半透明，布满大小不等的青蓝色斑点；后翅外缘有青蓝色斑8个。雌蛾一般大于雄蛾，触角丝状。卵为圆形，淡黄色。老龄幼虫体长30mm，头部黑褐色，体紫红色或深红色，尾部淡黄色。各节有很多粒状小突起，上有白毛1根。蛹长椭圆形，红褐色，长14~27mm，背面有锯齿状横带。尾端具短刺12根。

生长习性：该蛾年发生1~2代。以幼虫在植物被害部越冬。翌年春季转蛀新茎。5月上旬开始化蛹，蛹期16~30d，5月下旬羽化，成虫寿命3~6d。羽化后1~2d内交尾产卵。一般将卵产于孔口，数粒成块。卵期10~11d。5月下旬孵化，孵化后吐丝下垂，随风扩散，7月上旬至8月上旬是幼虫危害期。10月上旬幼虫化蛹越冬。

危害特点：主要以幼虫危害树干和枝条，致被害处以上部位黄化枯死，或易受大风折断，严重影响植株生长和产量（图6-12）。

防治方法：①物理措施。5月下旬~6月上旬成虫羽化盛期，使用频振式杀虫灯进行诱杀。一只杀虫灯可控制15~20亩林分，使用第1年，枝条被害率可降低35%~55%，最好连年使用，如与其他防治措施配合，效果更佳。②化学防治。在6月上中旬幼虫孵化期，使用潜叶灵等3000倍液或甘喜（48%乐斯本与4.25%高氯氰菊酯复配）1500倍液喷雾，重点针对当年生新梢喷雾，对初龄幼虫防治效果很好，应注意观察，在幼虫钻入枝条前施药最佳。树干基部钻孔灌药。4月中旬树液流动时，使用小尖斧在树干基部30~50cm处，交错打孔1~3个，深至木质部，使用康福多（吡虫啉乳油）2~3倍液或具内吸作用的药剂注干施药，每株树注药5~10mL。③综合防治。每年秋季每株薄壳山核桃树增施硅钙肥约100g，树木吸收后硅元素会聚积在表皮细胞中，形成比较坚硬的表皮层，使害虫很难侵入，从而有效减轻危害。严重地区也可利用天敌进行防治。

图6-12 咖啡木蠹蛾为害的症状和幼虫形态

1.咖啡木蠹蛾为害树干的症状；2.咖啡木蠹蛾为害树枝的症状（受大风折断）；3.咖啡木蠹蛾幼虫（俯视图）；4.咖啡木蠹蛾幼虫（侧视图）。

（4）透翅蛾（Aegeriidae）

形态特征：鳞翅目（Lepidoptera）透翅蛾科，成虫小，色暗紫，雌雄虫分别有3和4条黄带。体细瘦，黑色，有明亮红黄等色斑纹，足长，翅常无鳞，透明。前后翅由一列弯刺钩在一起，这与其他蛾类不同，而与所模拟的黄蜂相似（图6-13）。幼虫色浅，蠕虫形。

生长习性：喜在白天飞翔，夜间静息。尤其晴天中午常在花丛间活动，取食花蜜。常侵害栽培作物，钻入根茎内生活约1年再化蛹。幼虫在木髓内越冬，初夏羽化为成虫。幼虫是钻蛀性害虫，喜在树木枝干内蛀食木质髓部，引起树液向外溢出。树木受害后往往内部被蛀食一空，树势衰退，枯干致死。

图6-13 透翅蛾成虫

危害特点：透翅蛾以幼虫危害直径在15cm以上的大树主干中下部，在韧皮部与木质部之间蛀食成孔道。受害植株树势衰弱，严重时可造成全树死亡。

防治方法：成虫期防治，在羽化盛期用性诱剂诱杀雄虫；每亩挂5~6个诱捕器，可有效的降低白杨透翅蛾的危害。幼虫防治：成虫产卵盛期，发生严重的地块可树上喷施40%的氧化乐果乳油800倍液2～3次，喷施间隔期约15d；已蛀入枝干的幼虫，用80%敌敌畏50倍液、40%氧化乐果乳油50倍液或20%吡虫啉200倍液等用针管注入蛀虫孔内，并用胶泥封堵虫孔，毒杀幼虫。常用药剂：杀螟松乳油、敌敌畏乳油、晴松乳油、速灭松乳剂。

（5）蚧科

危害特点：蚧科的枣大球蚧与槐花球蚧均以若虫及雌成虫刺吸汁液危害，危害盛期为4月中旬至5月中旬，严重发生区有虫株率达100%。枣大球蚧雌成虫主要危害1～2年生枝条，93.6%位于梢头20cm范围以内；槐花球蚧雌成虫危害1至多年生枝条，集中于侧枝距梢头1.5～2.5m向地一侧，严重时槐花球蚧虫体密布主干及所有侧枝。枣大球蚧与槐花球蚧均1年发生1代，枣大球蚧以2龄若虫在1～2年生枝条越冬；槐花球蚧以2龄若虫集中于细枝越冬，枝条破损处及主干溃疡病病斑处亦见越冬若虫。槐花球蚧2月下旬若虫开始活动，枣大球蚧3月下旬开始活动，5月下旬至6月中旬2种蚧虫卵开始孵化，枣大球蚧比槐花球蚧孵化期早；初孵若虫爬至叶片危害，多在叶背主脉两侧，叶正面分布较少。10月2种蚧虫2龄若虫转回枝条越冬。

防治方法：冬季剪除枯死枝在林间集中烧毁，初春人工刮除雌成虫，结合使用5%柴油乳剂进行防治，若虫孵化期使用菊酯类、乐斯本等农药进行化学防治，虫情可得到控制。

3. 薄壳山核桃主要蛀果害虫

（1）桃蛀螟（*Conogethes punctiferalis*）

形态特征：属鳞翅目鞘蛾科蛀野螟属。成虫体长约12mm，翅展22～25mm，黄至橙黄色。体、翅表面具许多黑斑点似豹纹（图6-14）：胸背有7个；腹背第1和3～6节各有3个横列，第7节有时只有1个，第2、8节无黑点，前翅25～28个，后翅15～16个，雄第9节末端黑色，雌不明显。卵椭圆形，长0.6mm，宽0.4mm，表面粗糙布细微圆点，初乳白渐变橘黄、红褐色。幼虫体长22mm，体色多变，有淡褐、浅灰、浅灰蓝、暗红等色，腹面多为淡绿色。头暗褐色，前胸盾片褐色，臀板灰褐，各体节毛片明显，灰褐至黑褐色，背面的毛片较大，第1～8腹节气门以上各具6个，成2横列，前4后2。气门椭圆形，围气门片黑褐色突起。腹足趾钩不规则的3序环。蛹长13mm，初淡黄绿后变褐色，臀棘细长，末端有曲刺6根。茧长椭圆形，灰白色。

生长习性：成虫羽化后白天潜伏在高粱田经补充营养才产卵，把卵产在吐穗扬花的高粱上，卵单产，每雌可产卵169粒，初孵幼虫蛀入幼嫩籽粒中，堵住蛀孔在粒中蛀害，蛀空后再转一粒，3龄后则吐丝结网缀合

图6-14 核桃螟成虫

小穗，在隧道中穿行危害，严重的把整穗籽粒蛀空。幼虫老熟后在穗中或叶腋、叶鞘、枯叶处及高粱、玉米、向日葵秸秆中越冬。雨多年份发生重。

危害特点： 桃蛀螟以其幼虫危害果实。该虫卵产在果实和果柄上，孵化后蛀入果内，果实外皮留有蛀孔，并从蛀孔流出黄褐色透明胶汁，常与其排出的黑褐色粪便混在一起，粘附于果面，容易识别。幼虫在果内将果仁吃光，使果内充满粪便，老熟后在果内或果柄相接处结白茧化蛹，成虫羽化后转移到其他果树或农作物上继续危害。

防治方法： 秋冬季节清除残枝落叶可减少桃蛀螟的越冬幼虫数；高发季节用黑光灯、糖醋液诱杀成虫；及时摘除虫果，集中销毁，以消灭果内的幼虫；6～9月喷施40%氧化乐果乳剂1000倍液等农药1～2次，毒杀其卵及幼虫。

4. 薄壳山核桃主要危害根害虫

（1）白蚁（*Termitidae*）

形态特征： 有翅成虫的体长10～30mm，但多年生蚁后由于生殖腺的发达，腹部极度膨大，整个体长可达60～70mm，有的种类的蚁后甚至可超过100mm。其体躯分头、胸、腹三部分。头部可以自由转动，生有触角、眼睛等重要的感觉器官，取食器官为典型的咀嚼式口器，前口式。胸部分前胸、中胸、后胸三个体节，每一胸节分别生一对足。有翅成虫的中、后胸各生一对狭长的膜质翅。前、后翅的形状和大小几乎相等，等翅目的名称就由此而来。腹部10节，雄虫生殖孔开口于第9与第10腹板间；雌虫第7腹板增大，生殖孔开口于下，第8和第9腹板则缩小，多数种类有一对简单的刺突，位于第9腹板中缘，第10腹板两侧生有一对尾须。白蚁体躯几丁质化的程度随着不同种类有不同变化，一般有翅成虫的体壁几丁质化高，且硬；工蚁体壁几丁质化较浅，而软。体躯的毛随种类而异，有多有少，有的近于裸露。体色由白色、淡黄色、赤褐色，直到黑色不等。但大多种类的体色较浅淡，近于乳白色。

生长习性： 每年4～6月是白蚁群体的繁殖季节，脱翅后的成虫雌雄个体结成配偶，婚配后约一星期就开始产卵，壮年的蚁后每昼夜产卵量可达数万粒，蚁卵孵化为幼蚁的过程约为20d。从脱翅繁殖蚁产卵至第1龄幼蚁的诞生，大约需一个月的时间，幼蚁经过几次蜕皮，约一个月即可变为成年的工蚁和兵蚁。一个成熟的白蚁群体以脱翅繁殖蚁婚配起至群体内首次产生下一代有翅成虫，约需7～10年的时间，即可再次分飞繁殖。

危害特点： 白蚁经常侵袭薄壳山核桃苗木和幼树。它们生活在枯木上，并且经常迁移到附近的薄壳山核桃上。白蚁危害幼年薄壳山核桃的主根和侧枝，人们通常忽视它们直到它们已经造成严重的损害（图6-15）。

防治方法： 可以利用苏云金芽孢杆菌、铜绿假单孢杆菌、黏质沙雷氏菌防治白蚁。采用浓度为20mg/kg的阿维菌素可消灭白蚁；在新建果园之前，清除所有树桩和木屑能预防白蚁危害。如果幼年树木需要支撑,使用金属或处理过的木桩能减少白蚁的危害。

图6-15 白蚁危害基干的症状

(2)小地老虎(Agrotisy psilon)

形态特征:成虫体长16~23mm,翅展42~54mm。触角雌蛾丝状,双栉齿状,栉齿仅达触角之半,端半部则为丝状。前翅黑褐色,亚基线、内横线、外横线及亚缘线均为双条曲线;在肾形斑外侧有一个明显的尖端向外的楔形黑斑,在亚缘线上有2个尖端向内的黑褐色楔形斑,3斑尖端相对,是其最显著的特征。后翅淡灰白色,外缘及翅脉黑色。卵馒头形,直径0.61mm,长约0.5mm,表面有纵横相交的隆线,初产时乳白色,后渐变为黄色,孵化前顶部呈现黑点。老熟幼虫体长37~47mm,头宽3.0~3.5mm;黄褐色至黑褐色,体表粗糙,密布大小颗粒;头部后唇基等边三角形,颅中沟很短,额区直达颅顶,顶呈单峰;腹部1~8节,背面各有4个毛片,后2个比前2个大一倍以上;腹末臀板黄褐色,有两条深褐色纵纹。蛹长18~24mm,红褐色或暗红褐色;腹部第4~7节基部有2刻点,背面的大而色深,腹末具臀棘1对。

图6-16 小地老虎幼虫

生长习性:成虫是一种远距离迁飞性害虫,迁飞能力强,一次迁飞距离可达1000km以上;昼伏夜出,白天潜伏于土缝中、杂草丛中、屋檐下或者其他隐蔽处,夜间出来活动,进行取食、交尾和产卵,以19:00~22:00活动最盛;具有趋光性和趋化性。幼虫多数为6龄,少数为7~8龄;有假死性,受惊后缩成环形(图6-16)。1~2龄幼虫对光不敏感,昼夜活动取食；4~6龄表现出明显的负趋光性，晚上出来活动取食。各虫态历期：卵、幼虫、蛹的发育起点温度分别为7.89℃、10.98℃和11.2℃。在24℃条件下，卵4.25d，幼虫21.1d，蛹14.43d，产卵前期3.9d。完成一代需要13.68d。

危害特点：全年中主要以春、秋两季发生较严重。小地老虎低龄幼虫在植物的地上部危害，取食子叶、嫩叶，造成孔洞或缺刻。中老龄幼虫白天躲在浅土穴中，晚上出洞取食植物近土面的嫩茎，使植株枯死，造成缺苗断垄，甚至毁苗重播，直接影响生产。

防治方法：①撒施毒土。用50%辛硫磷乳油（4.50kg/hm^2）拌细砂土（749.63kg/hm^2），在作物根旁开沟撒施药土，并随即覆土，以防小地老虎危害植株。②毒饵诱杀幼虫。将鲜嫩青草或菜叶（青菜除外）切碎，用50%辛硫磷0.1kg兑水2.0~2.5kg喷洒在切好的100kg草料上，拌匀后于傍晚分成小堆放置田间，诱集小地老虎幼虫取食毒杀。③药剂灌根。可用80%敌敌畏或50%辛硫磷（3.0~4.5kg/hm^2）兑水6000~7500kg灌根。④诱杀防治。根据小地老虎具有趋光和趋化性的特点，在成虫盛发期，利用黑光灯或糖醋液（糖6份、醋3份、白酒1份、水10份、90%晶体敌百虫1份混合调匀）进行诱杀。也可用毒饵诱杀成虫，药量为饵料的0.5%~1.0%，先将饵料（麦麸、豆饼、秕谷、棉籽饼或玉米碎粒等）5kg炒香，用90%敌百虫30倍液拌匀，加水拌潮为度。毒饵用量约为30kg/hm^2。

第二节　薄壳山核桃主要病害及防治

薄壳山核桃病害主要是由微生物引起的，其中大多数是真菌。在美国，病害造成薄壳山核桃产业数百万美元的损失。如果病害得不到控制，那么产量和质量都会受到影响。根据病害的情况，在不同的薄壳山核桃产区，控制病害的费用是不同的。在潮湿的地区，每年杀菌剂的成本就要高很多。

通过选择抗病品种和栽培技术，可以在一定程度上控制薄壳山核桃病害。这些措施包括种植经过检疫的健壮树、保持果园卫生、适当的修剪并按照推荐技术要求管理。然而，在使用栽培技术的同时，要充分控制果园里的病害，杀菌剂的使用是必不可少的。

在我国薄壳山核桃的病害以疮痂病、白粉病、黑斑病危害最为严重。目前叶焦病、冠瘿病、丛枝病等危害薄壳山核桃的现象在国内尚未报道，但在国外危害情况比较严重，应作为我国检疫性病害重点关注对象；薄壳山核桃根腐病近几年在国内发病的趋势上升显著，尤其是对5年生以上多个品种危害比较严重，经常导致整株死亡；轮斑病和干枯病等大多为弱寄生性真菌病害，危害较轻。

一、薄壳山核桃主要病害种类

根据巨云等（2015）对薄壳山核桃病害的调查与资料整理，从表6-2可以看出，目前危害薄壳山核桃的病害主要分真菌、细菌与线虫3种类型，共有薄壳山核桃危害的病害有23种，其中真菌性病害18种，细菌性病害3种，线虫病害2种；其中有7种病害危害嫩梢与枝干为主，有10种病害主要危害叶片，有4种病害主要危害根，3种病害主要危害果实。

表6-2 薄壳山核桃主要病害

病害类型	名称	病原菌	害部位	危发生程度
真菌病害	枝枯病	*Melanconium juglandinum*	枝梢	+
	溃疡病	*Dothiorella gregaria*	枝干	++
	腐烂病	*Crytospora juglandis*	主干	++
	白粉病	*Microspharea yamadai* / *Phyllactinia corylea*	叶片	+++
	褐斑病	*Marssonina juglandis*	叶片、嫩梢	++
	干腐病	*Botryosphoeria dothidea*	主干、枝条	++
	炭疽病	*Gloeosporium fructigenum*	叶片、果实	+
	灰斑病	*Phyllosticta juglandis*	叶片	+
	疮痂病	*Fusicladium effusum*	叶片、果实	+++
	叶焦病		叶片	+
	叶斑病	*Alternaria alternata*	叶片	+
	轮斑病	*Pestalotia* spp.	叶片	+
	煤污病	*Ascomycotina*、*Pyrenomycetes*	叶片	+
	干枯病		主干	+
	脉斑病	*Gnomonia nerviseda*	叶	+
	膏药病	*Septobasidiu mtanakae*	树干、枝条	+
	根腐病	*Fusarium oxysporum* / *Pythium aphanidermatum*	根	++
细菌病害	黑斑病	*Xanthomonas jugladis*	叶片、果实	+++
	冠瘿病	*Grobacterium tumefaciens*	根、树干	+
	丛枝病	*Phytoplasma subgroup*	叶片	+
线虫病害	根结线虫病	*Meloiido gynepartityla*	根	+
	剑线虫病	*Xiphinema* sp.	根	+

注：+为轻度危害；++为中度危害；+++为重度危害。

二、薄壳山核桃主要病害危害特点及防治方法

1. 薄壳山核桃真菌性病害

（1）疮痂病

薄壳山核桃疮痂病的病原菌为 *Fusicladium effusum*。对于薄壳山核桃而言，山核桃疮痂病被认为是最具破坏性并且流行最广泛的病害。根据季节和品种不同，山核桃疮痂病所造成的损害差别很大，但是在未喷洒的果园里，发病严重的年份损失可高达50%，甚至100%。因此，疮痂病防治已经成为美国薄壳山核桃种植者主要考虑的因素。

病状：主要危害叶片、叶柄和外果皮（图6-17）。受害部位形成小的、圆形的、橄榄绿至黑色的点，后变蜡黄色，病斑扩展，并向一面隆起成圆锥形的瘤粒突起。如病斑聚集，叶会变成扭曲畸形，果也会变成畸形果，落叶落果严重。受害叶片或幼果初期出现水渍状圆形小斑点，后变成蜡黄色。病斑随叶片的生长而扩大，并逐渐木栓化，向叶片一面隆起呈圆锥状疮痂，另一面则向内凹陷，病斑多的叶片扭曲畸形，严重的引起落叶；幼果受害初期产生褐色斑点，逐渐扩大并转为黄褐色、圆锥形、木栓化的瘤状突起，形成许多散生或群生的瘤突，引起果实发育不良、畸形，造成早期落果，后期果实品质变劣。在发病严重的情况下，可以侵袭树枝甚至是花序。幼年的、快速生长的薄壳山核桃果皮组织最容易受到侵袭。光合面积的减小和光合效率的降低使得叶片或果实生长变缓。当病原菌渗入叶片后，病灶开始生长。当叶片成熟时，病灶不能再定殖于组织，旧的病灶往往干裂并从叶片掉出，使得叶片呈破烂或孔洞状。疮痂病的最大危害是对果实的损害。早期的侵染可以极大地减少坚果产量和品质。刚长出的果实在侵袭不久后，通常停止生长并且掉落。

发病规律：该病菌在果壳、叶轴、叶柄以及小枝溃疡病上越冬，借风雨和昆虫传播，气温16～24℃易发病，3～5月为高发期。

防治方法：①选用抗病品种，加强管理，多施钾肥，做好冬季清园和修剪，提高树体抗病能力。②药剂处理。在春季和初夏，雨水多和气温不很高、早上雾浓露水重时发病严重，要喷药剂保护嫩叶幼果。可选用特效药如波尔多液、氧氯化铜、百菌清、退菌特、托布津等。一般在发病前可喷施

图6-17 在薄壳山核桃果实上的疮痂病

30%氧氯化铜500~600倍液,或75%百菌清可湿性粉剂500倍液,或50%退菌特可湿性粉剂500倍液防治。发病后可用50%托布津可湿性粉剂600~800倍液等内吸杀菌剂防治。美国林农常使用美国生产的专利农药产品依能保,高效、无残留,有效期是14~21d,从萌芽到果实成熟期一直可以用药,没有什么限制。依能保每公顷用量150g喷雾,可有效防治疮痂病、霜霉病、脉斑病等病害。

(2) 白粉病

白粉病是由核桃叉丝壳菌 (*Microspharea yamadai*) 和核桃球针壳菌 (*Microspharea yamadai*) 引起的叶片和果实病害,在天气炎热、潮湿的时候,它零散地分布在薄壳山核桃带上。这种病害对果实影响更大,果实感染严重的时候,产量和品质都会降低。当果实表面覆盖白粉病超过50%时,种仁油、蛋白质和脂肪酸会显著降低。

病状:发生在春秋季,其症状是叶片正、反面形成薄片状白粉层,秋季在白粉层中生成褐色至黑色小颗粒。危害叶片、幼芽和新梢,干旱期发病率高。发病初期叶片上呈黄白色斑块,严重时叶片扭曲皱缩,提早脱落,影响树体正常生长。幼苗期受害时,植株矮小,顶端枯死,甚至全株死亡。在叶片和果实上,白粉病会有特征性的粉状物产生(图6-18)。虽然受感染的叶片通常不会被真菌破坏,但是严重感染的叶片光合能力下降超过40%。白粉病对果实的损坏程度取决于感染时的生长阶段。早期的感染可以使果实停止发育或者果仁变小,但是成熟的果实感染这种病害,很少或根本没有损害。在我国浙江一带,白粉病一般会发生至9~11月。高温低湿的环境条件更易发病。薄壳山核桃品种间对白粉病的感病性有一定的差异,但几乎所有品种都感病。

图6-18 薄壳山核桃白粉病

发病规律:病原菌以闭囊壳在落叶上越冬,第2年春季放出孢子,随气流传播,进行初次侵染。发病后产生分生孢子,经风雨传播进行再侵染,病害继续蔓延扩展,秋季形成闭囊壳。病原菌在树干或病叶中越冬,翌年条件适宜时,散出子囊孢子,随风、雨传播,经8~10d潜育产生白色病斑,后产生大量分生孢子,进行再侵染,至晚秋形成闭囊壳越冬。发病最适温度22~24℃,相对湿度在30%~100%范围内孢子均能发芽,相对湿度70%~80%最适。条件适宜时,成熟的分生孢子经2h即发芽,形成菌丝,25℃经72h又产生分生孢子,一批分生孢子脱落后,隔3~5h又形成一批。

防治方法:选用抗病品种,剪除病枝,集中销毁，以减少越冬病源。合理密度、合理修剪，改善园内通风条件。发病前或发病期用药喷雾杀菌，50%托布津、50%的多菌灵或50%的百菌清100倍液，每7～10d喷雾1次，2～3次即可有效地防治白粉病。

（3）轮斑病

轮斑病是由真菌轮斑盘多毛孢菌（*Pestalotia* spp.）引起的。该病原菌属半知菌亚门。在夏季多雨的七八月间，它可能导致薄壳山核桃严重落叶。这种真菌具有广泛的宿主植物，在宿主上产生分生孢子并通过气流传播到邻近的薄壳山核桃树上。

病状：主要为害叶片，病斑多从叶片中部或叶缘开始发生。发病初期，在叶缘或叶面出现水渍状褪绿污褐斑，后病斑不断扩大，在叶面上形成圆形或近圆形病斑。发生在非叶缘的病斑，受叶脉限制，明显比叶边沿的病斑要小，但比褐斑病的病斑大。病斑穿透叶两面，叶背病斑黑褐色，叶面灰褐色，具轮纹，后期在病部散生或密生许多小黑点，即病原菌的分生孢子盘。薄壳山核桃叶片上表面叶斑是灰褐色，在叶片下表面的叶斑中心是淡褐色至黑色，边缘是暗棕色（图6-19）。与上表面相比，下表面的叶斑同心圆结构更加明显。小病灶是圆形的；大病灶则是不规则的，但是在叶斑内有明显的同心环。

图6-19 轮斑病

发病规律：病原菌在病叶组织上以分生孢子盘、菌丝体和分生孢子越冬，落地病残叶是主要的初侵染源。翌年春季，气温上升，产生新的分生孢子，随风雨传播，飞溅到新梢叶片上，在露滴中萌发，从气孔侵入危害，进而又产生分生孢子进行重复侵染。5～6月为侵染高峰期，8～9月高温少雨，危害最烈，叶片大量焦枯。

防治方法：轮斑病可以通过果园卫生和化学杀菌剂来控制。①公共卫生。轮斑病的发生与土壤水分高、相对湿度高和空气不流畅等因素有关。在美国东南部一些地区，轮斑病与果园附近林地的轮斑病疫情有关。在森林或植物多样性丰富的地区，这种真菌并不是一个经常性的问题。②化学控制。标准的防治方案是每隔2～3周使用三苯氢氧化物，如果当地轮斑病还没有得到有效控制，则使用多果定杀菌剂。

（4）真菌性叶焦病

真菌性叶焦病是美国东南部薄壳山核桃过早落叶的主要原因之一。这首先在格鲁吉亚被确定，已经在美国亚拉巴马州、佛罗里达州、路易斯安那州和得克萨斯州出现。它可能被误认为是由于过量的氮和钾造成的焦枯。杀菌剂可以减少真菌性叶焦病，但不能防止。预防本病最好的方法是种植薄壳山核桃抗菌品种。

病状：外侧叶片或心叶边缘产生褐色区，有的坏死，有的波及叶脉，组织坏死后，易被腐生菌寄生。叶片失水过多表现叶色淡、脉焦或叶脉间坏死，叶片水分严重不足，出现叶焦或叶缘烧焦或干枯。真菌性叶焦病的典型症状是叶片上健康和坏死组织之间的较暗区域，通常开始于小叶的基部，并向中脉发展。坏死区域是深褐色或灰色的，在小叶的绿色和坏死部分之间，通常有一个独特的黑色区域，这种叶焦的症状是在叶片上坏死区域是圆形。这种病害影响越来越多的健康组织，使得小叶很快从复叶上掉落。随着越来越多的小叶掉落，最终失去整片复叶。常出现在高密度种植中，这也与严重的蚜虫侵染有关。

发病规律：菌体杆状，具多根极生鞭毛，生长适温30℃，寄主范围广，与大多数真菌病相似，真菌性叶焦病在潮湿的环境下发展最为迅速。通常在7~8月出现，并在9月变得严重。

防治方法：多施磷钾肥，提高植株的抗性，发病初期应根据植保要求喷施针对性药剂如百菌清、甲基托布津等，同时配合喷施新高脂膜800倍液增强药效，提高药剂有效成分利用率，巩固防治效果。

（5）褐斑病

褐斑病是由病原菌*Marssonina juglandis*引起的危害叶片、嫩梢和果实的常见病，引起早期落叶、枯梢，影响树势和产量。褐斑病主要发生在疏于管理并且降雨丰富或高湿度地区的果园中。在良好管理的果园里，很少成为一个问题。感染褐斑病不久后，小叶上出现圆形的、红棕色斑点。随着病情的发展，斑点发展为灰白色同心区域并且是不规则的。如果不对褐斑病采取控制，它可能在十月使树落叶。

病状：危害叶片、嫩梢和果实。先在叶片上出现近圆形或不规则形病斑，中间灰褐色，边缘暗黄绿色至紫褐色。病斑常常融合一起，形成大片焦枯死亡区，周围常带黄色至金黄色。病叶容易早期脱落。嫩梢发病，出现长椭圆形或不规则形稍凹陷黑褐色病斑，边缘淡褐色，病斑中间常有纵向裂纹。发病后期病部表面散生黑色小粒点，即病原菌的分生孢子盘和分生孢子。果实上的病斑较叶片为小，凹陷，扩展后果实变成黑色而腐烂。

发病规律：病原菌在落叶或感病枝条的病残组织内越冬，来年春天分生孢子借风雨进行传播。5月是病原菌的初侵染期，6月是病原菌的快速累积期，也是病害防治的关键时期，7~9月是高发期，通常从植株下部叶片开始，逐渐向上蔓延。

防治方法：春季剪除主干基部的丛生枝和离地面50cm以内的枝条，可减少初侵染源。晚秋及时清除病落叶并烧毁。在发病初期，喷洒1%波尔多液，或70%甲基托布津可湿性粉剂800倍药液，10~15d喷1次，连喷3次，可控制病害蔓延。

(6) 脉斑病

脉斑病是一种叶面病害，由真菌 *Gnomonia nerviseda* 引起。脉斑病能够在夏末和秋季引起大量落叶。大部分品种对脉斑病都有一定的易感性，但它可以通过杀菌剂进行控制。薄壳山核桃叶片上的脉斑病酷似疮痂病，必须非常仔细地观察才能把它们区分开来。在阳光直射下观察，脉斑病通常是有光泽的；而疮痂病则是灰暗的。

病状：薄壳山核桃脉斑病病灶起初是深褐色或黑色的、针尖般大小的可见斑点，在小叶上，病变总是集中在中脉上的叶脉处。病变通常是圆形的，但是它们可以沿叶脉、中脉或叶轴增长。病变首先可见于5月中旬至下旬。它们可能出现在叶、中脉或小叶脉处。病灶很少感染生长中的新梢。它们经常出现在小叶柄的下半部交界处。即使在叶片的其他部位有几处感染，在这些位置的感染很少导致小叶或是叶片掉落。

发病规律：这种真菌在地面上被感染的叶片中越冬。从春天到8月，孢子在阵雨后释放到空气中，感染易感品种的薄壳山核桃叶片。孢子通常在4月底到6月初出现最大释放量。

防治方法：几乎所有品种都会感染脉斑病，但是有一些品种更容易感染，例如施莱、凡德曼。含三苯基的杀菌剂对这种病害不是非常有效的。其他杀菌剂能提供更好的控制效果。在4月下旬开始使用杀菌剂，以在5月保护枝叶。

(7) 叶斑病

病状：叶斑病是一种小型枝叶病害。它是由真菌 *Mycosphaerella dendroides* 引起，并且只感染树势衰弱的树。它对健康的树木造成的损害很少或没有。叶斑病的症状出现在6月和7月。在成熟的小叶下表面形成橄榄绿色、天鹅绒般的簇绒。与此同时，在上表面出现浅黄色斑点。后来，斑点聚在一起，形成黑色的、有光泽的斑点。随着病情的发展，树木首先失去下部的叶片，并持续落叶直到只留下树顶少数的叶片。

发病规律：在气温偏低的春天、雨水较多的秋天两季发生最为严重。

防治方法：及时除去病组织，防止交叉感染。化学防治，在发病初期就开始用药，常用药剂：大生M-80可湿性粉剂700倍液，80%络合态代森锰锌600~800倍液，70%甲基硫菌灵1000倍液，80%乙蒜素+丙环唑（叶斑病专用乙蒜素）800~1000倍液，对叶斑病防效理想。注意药物交替使用，以避免或延缓病害的抗药性。

(8) 干腐病

干腐病是由病原菌 *Botryosphaeria dothidea* 引起的，是影响薄壳山核桃树木生长发育和造成果实减产的重要病害。

症状：发病初期病斑为黄褐色近圆形或不规则形，随着病害的扩展，病斑逐渐增大，有黑色液体流出，后期病斑不规则开裂，多为梭状或长椭圆形，并从开裂处流出汁液，随病情的发展，病原菌继续侵入木质部，使木质部变黑（图6-20）。干腐病病原菌一旦侵染后，会在病部周围出现潜伏侵染的现象，甚至会深达木质部2～3cm。

发病规律：病原菌孢子释放的高峰为5月，孢子从伤口或自然孔口侵入后表现明显的潜伏侵染，冬季以菌丝体在树体内越冬，第2年春季花期前后病原菌开始活跃，突破树皮形成子实体释放孢子产生新的侵染。

防治方法：每年的8～9月，干腐病病原菌入侵木质部时期，可选水与80%乙蒜素乳油、80%的402抗菌剂和95%硫酸铜晶体等3种杀菌剂配比为100～500倍液，在刮除病斑或在病斑上深划线后再进行喷雾防治，15d后都可看到明显的防治效果。

图6-20　干腐病为害的症状

（9）枝枯病

枝枯病是由病原菌 *Melanconium oblangum* 引起的，主要危害枝条，尤其是1～2年生枝条易受其害。

病状：枝条染病先侵入顶梢嫩枝，后向下蔓延至枝条和主干。枝条皮层初呈暗灰褐色，后变成浅红褐色或深灰色，并在病部形成很多黑色小粒点，即病原菌分生孢子盘。染病枝条上的叶片逐渐变黄后脱落。湿度大时，从分生孢子盘上涌出大量黑色短柱状分生孢子，如遇湿度增高则形成长圆形黑色孢子团块，内含大量孢子。

发病规律：病原菌大多侵害1～3年生嫩枝，从顶梢开始，然后向下蔓延直到主干。受害枝上的叶片逐渐枯黄脱落。皮层开始变黄褐色，后呈红褐色，最后成褐色，皮层内木质部变黑。翌年，在病枝上形成许多黑色子实体。

防治方法：冬季或早春前，清除病枯枝，并集中烧毁，减少侵染源。加强科学管理，增施肥料，增强树势，以提高抗病能力。每年4～5月，分生孢子释放传播期，可喷洒70%甲基托布津可湿性粉剂800～1000倍液或50%杀菌王500倍液，每隔一周喷一次，连喷3次，效果良好。

（10）溃疡病

溃疡病属水渍型溃疡病，病原菌为半知菌亚门腔胞纲球壳胞科小穴壳菌（*Dothiorella gregaria*）病害，多发生于树干基部0.5～1.0m高度范围内。

病状：初期在树皮表面出现近圆形的褐色病斑，以后扩大成长椭圆形或长条形，并有褐色黏液渗出，向周围浸润，使整个病斑呈水渍状。中央黑褐色，四周浅褐色，无明显的边缘。在光皮树种上大都先形成水泡，而后水泡破裂，流出褐色乃至黑褐色黏液，并将其周围染成黑褐色。后期病部干瘪下陷，其上散生很多小黑点，为病原菌分生孢子器。罹病树皮的韧皮部和内皮层腐烂坏死，呈褐色或黑褐色，腐烂部位有时可深达木质部。严重发病的树干，由于病斑密集联合，影响养分输送，导致整株死亡。危害苗木、大树的干部和主枝，在皮部形成水泡，破裂后流出淡褐色液体，遇空气变为铁锈色，后病斑干缩，中央纵裂一小缝，上生黑色小点，即病原菌分生孢子器。初期枝干受害部位产生圆形或椭圆形的水渍状病斑，病斑大小不一，并逐渐扩大，之后失水下陷，出现褐色或黑色子实体。严重危害树干时，由于病斑过大或病斑密集联合，影响养分输送，导致整株死亡。

发病规律：病原菌分生孢子座生于寄主表皮下，成熟时突破表皮面外露，分生孢子梗短，不分枝，分生孢子卵圆形至广卵圆形，单胞，无色。该病主要在当年感病树皮内以菌丝体形态越冬，发病期一般在早春或夏秋，主要危害主干2m以下部位，发生严重时，可扩大到2m以上主干或大枝。病原菌主要以菌丝状态在当年罹病树皮内越冬，翌年4月上旬当气温为11.4~15.3℃时，菌丝开始生长，病害随即发生，并以老病斑复发最多。5月下旬以后，气温升至28℃左右，病害发展达最高峰。6月下旬以后，气温升高到30℃以上时，病害基本停止蔓延，入秋后，当外界温、湿度条件适宜于孢子萌发和菌丝生长时，病害又有新的发展，但不如春季严重，至10月为止。

防治方法：用刀刮净病斑至木质部，将刮下的病皮全部烧毁。用70%甲基托布津可湿性粉剂100g加0.5%施特灵水剂75mL兑水20kg涂刷、喷雾；隔7d用40%禾枯灵100g加0.5%施特灵75mL兑水20kg再涂刷、喷雾1次。并增施速效氮肥，可用"壮三秋"10g加0.2%尿素叶面喷肥以提高山核桃树的抗病性。在冬夏季树干涂白，防止日灼和冻害。

（11）腐烂病

腐烂病的病原菌为胡桃壳囊孢菌（*Crytospora juglandis*）。

病状：腐烂病主要危害树干的皮层，不同树龄感病部位及病症不同。大树感病后，大量菌丝体聚集于病斑四周并隐藏于皮层中，有黑色黏液溢出。后期树皮纵裂，黑水沿裂缝流出，干后发亮。小树感病后有近菱形的暗灰色水渍状病斑，用手指按压，有带泡沫、具酒糟气味的液体渗出，在病斑上有许多散生黑点。

发病规律：该病原菌以菌丝体或分生孢子器等在病部越冬，翌年春季分生孢子借风、雨、昆虫传播。

防治方法：加强栽培管理，提高树的抗寒、抗冻、抗病虫能力是根本。及时检查和刮治病斑做消毒保护，病屑集中烧毁。刮后病疤用40%福美砷可湿性粉剂50~100倍液，或50%甲基托布津可湿性粉剂50倍液，或1%硫酸铜液进行涂抹消毒。冬季刮净病疤，对树干进行涂白处理，预防冻害、虫害。4~5月在病斑处打孔或刻划伤口，然后喷施50%

甲基托布津或代森胺50~100倍液，每10d喷1次，进行3次，防效可达90%以上。

（12）根腐病

根腐病会造成根部腐烂，吸收水分和养分的功能逐渐减弱，最后全株死亡，主要表现为整株叶片发黄、枯萎。病原菌主要有尖孢镰刀菌（*Fusarium oxysporum*）和瓜果腐霉菌（*Pythium aphanidermatum*）。

病状：主要危害幼苗，成株也能发病。发病初期，仅个别支根和须根感病，并逐渐向主根扩展，主根感病后，早期植株不表现症状，后随着根部腐烂程度的加剧，吸收水分和养分的功能逐渐减弱，地上部分因养分供不应求，新叶首先发黄，在中午前后光照强、蒸发量大时，植株上部叶片才出现萎蔫，但夜间又能恢复。病情严重时，萎蔫状况夜间也不能再恢复，整株叶片发黄、枯萎。此时，根皮变褐，并与髓部分离，最后全株死亡。根腐病病原菌开始从细毛根侵入，逐渐扩展到侧根和主根，成年的病株叶通常呈现黄绿色，同时放叶推迟，叶形变小、黄化、早落叶，果实瘦小。

发病规律：病原菌在土壤中或病残体上越冬，成为翌年主要初侵染源，病原菌从根茎部或根部伤口侵入，通过雨水或灌溉水进行传播和蔓延。地势低洼、排水不良、田间积水、连作及棚内滴水漏水、植株根部受伤的田块发病严重。年度间春季多雨、梅雨期间多雨的年份发病严重。该病主要在1年生以下的幼苗中发生，且多发生在4~6月，幼苗死亡率高达50%以上，特别是自出土至1月以内的苗木受害最重。

防治方法：病害的发展与前期感染、雨天操作、圃地粗糙、肥料未腐熟、播种不及时都有关。防治措施有及时排水，防止圃地积水；病区边缘开沟隔离，沟内撒石灰。可使用甲霜恶霉灵、多菌灵等进行土壤消毒。

2. 薄壳山核桃细菌性病害

（1）黑斑病

黑斑病的病原菌为*Xanthomonas jugladis*，主要危害核桃果实、叶片、嫩梢和芽。

病状：幼果受害后，果面上出现黑褐色小斑点，无明显边缘，以后下陷并逐渐扩大成近圆形或不规则漆黑色病斑，外围有水渍状晕圈，果实由外向内腐烂。叶片受害后，在叶脉及叶脉分叉处出现黑色小斑点，逐渐扩大成近圆形或多角形黑褐色病斑，病斑长3~5mm，外缘有半透明状晕圈，病斑在叶背面呈油渍状发亮，成熟果实受侵只达外果皮（图6-21）。在嫩叶上病斑褐色，多角形，在较老叶上病斑呈圆形，中央灰褐色，边缘褐色，有时外围有黄色晕圈，中央灰褐色部分有时形成穿孔，严重时病斑互相连接。有时叶柄上亦出现病斑。枝梢上病斑长形，褐色，稍凹陷，严重时病斑包围枝条使上部枯死。

发病规律：病原菌一般在枝梢或芽内越冬，翌春泌出细菌液借风雨传播，主要危害幼果、叶片、嫩枝。高温高湿是黑斑病发生的先决条件。雨后病害迅速入侵扩大，多雨年份发病早而重，害虫危害多的核桃园发病也重。

图6-21 感染黑斑病的薄壳山核桃叶片和果实

防治方法：加强栽培管理，改良土壤，增施肥料，改善通风透光条件，提高树体抗病力，及时清除病枝、病叶、病果，减少病原菌侵染来源等。根据薄壳山核桃黑斑病病原菌在落果、病果、僵果上越冬和每年3月中下旬气温回升时在病斑上产孢的特点，在4月中旬至6月中旬，及时进行喷雾处理，一般轻度病株喷1～2次，中度病株2～3次，每隔20d喷1次，连续喷药2～3次。选用药剂为戊唑醇、腐霉利、咪鲜胺、嘧菌酯、喹啉铜等，也可选用其他三唑类杀菌剂、波尔多液及其复配制剂。在防治黑斑病时可同时混用吡虫啉等内吸性杀虫剂以控制瘿根瘤蚜。

（2）冠瘿病

冠瘿病的病原菌为根癌农杆菌 *Agrobacterium tumefacien*。

病状：薄壳山核桃冠瘿病主要危害根部和树干部分，使得局部组织出现增生，呈瘿瘤状。该病主要侵染幼树，感染寄主生长逐渐减弱，但很少突然死亡。病初期出现近圆形的小瘤状物，以后逐渐增大、变硬，表面粗糙、龟裂、颜色由浅变为深褐色或黑褐色，瘤内部木质化。瘤大小不等，大的似拳头大小或更大，数目几个到十几个不等。由于根系受到破坏，故造成病株生长缓慢，重者全株死亡。

发病规律：细菌短杆状，大小（0.4～0.8）μm×（1.0～3.0）μm。单极生1～4根鞭毛，在水中能游动。有荚膜，不生成芽孢，革兰氏染色阳性。发育温度为10～34℃，最适为22℃，致死为51℃，耐酸碱范围pH 5.7～9.2，最适为pH 7.3。根癌农杆菌在病瘤中、土壤中或土壤中的寄主残体内越冬，主要通过伤口侵入。在树根表面以及树干部分的伤口是这种细菌最常见的侵入途径，嫁接、移植、修剪、培养以及其他的管理活动所产生的伤口，由冻害、强风、土壤昆虫和线虫取食造成的伤口都是该菌侵入途径。

防治方法：侵染源主要来自苗圃中被感染的植物材料，因此在造林中选择无病种苗是控制该病的关键。此外，通过苗圃地的轮作，特别是和单子叶植物的轮作也能达到有效抑制目的。发现带病植株要及时清理，并采取相应的措施预防该病的再次发生。

（3）丛枝病

丛枝病的病原菌为 *Phytoplasma subgroup*。薄壳山核桃丛枝病属于植原体病害。

严重影响植株产量和果实质量。

病状：病株枝条上的腋芽或不定芽大量萌发，侧枝丛生。该病植株的叶片比健康植株的叶片更大、更柔软。该症状与植株由于缺磷所导致的叶片变小、质地变硬不同。感病植株的萌芽时间通常较健康植株提前 1~2 周，但在秋季会提前落叶。受害枝条当年就会枯死，下一年会长出新的感病新芽和枝条。

发病规律：侵染源多是当地的染病植株，并通过叶蝉等昆虫在感病和健康植株间的取食进行传播。

防治方法：由于该病是典型的植物系统性病害，目前还没有有效的化学药剂用于该病的防治，因此清除侵染源成为控制该病的重要措施。

3. 薄壳山核桃线虫病害

（1）根结线虫病

根结线虫病的病原为（*Meloiidogyne partityla*）。薄壳山核桃根结线虫病主要为害薄壳山核桃的根系。

病状：受害植株根系上会出现球形或圆锥形大小不等的白色根瘤。根结主要出现在直径较短的侧根上，被害株地上部分生长矮小、缓慢、叶色变淡，结果少，产量低，甚至造成植株提早死亡。

发病规律：线虫以雌成虫、幼虫和卵在根瘤中或土壤中越冬。2 龄幼虫由根表皮侵入根内，同时分泌刺激物致根部细胞膨大形成根瘤。薄壳山核桃根结线虫病的田间传播主要依赖于水流或农具等，而幼虫也可随苗木调运进行远距离传播。

防治方法：可以清除感病植株，并对土壤进行消毒处理，降低虫口密度；加强检疫，严禁带虫苗木出圃、调运；深翻土壤、作物轮作等。

（2）剑线虫病

剑线虫病的病原菌为 *Xiphinema* sp.。

病状：该病主要发生在沙质土壤中，受害植株的根系被危害会出现肿胀的、弯曲、发育不良的根系。植株节间短；新芽弯曲和簇生；叶片不对称，在叶上有很多缺口。叶片上形成各种形式的黄斑如黄花叶形式，植株寿命也减少。

发病规律：24℃ 温度下 22~27d 短期内完成一个生活史，主要发生于通气的土壤中，也有发生在黏重土壤中的报道。雄虫少见，对繁殖并非必需，主要进行孤雌生殖。主要通过寄主植物的苗木的调运传播，也可通过寄主的根围土壤和球茎等传播。在标准剑线虫的传播中以人为作用为主。

防治方法：由于该线虫具有广泛的寄主，因此其防治主要是避免在沙质冲积土壤中栽植，通过加强苗圃、林地水分管理等措施抑制病害。休耕只能使线虫量降低并不能消除，可用甲基溴化物和 1,3-D 的土壤熏蒸剂，对杀死土表下 1.5~2m 内的老根效果很好。

第七章

薄壳山核桃综合利用

第一节　薄壳山核桃种仁的主要成分与利用

《本草纲目》记载，核桃味甘，性平温，无毒，微苦，微涩，可补肾，固精强腰，温肺定喘，主要用于破血祛瘀、润肠滑肠、补虚强体、养护皮肤、防癌抗癌、补脑等。薄壳山核桃同为核桃类坚果，种仁富含蛋白质、脂肪、碳水化合物、纤维，以及磷、钾、镁、硫、铁、铜、锌等矿质元素，还有维生素、生育酚等生物活性物质，具有极高的营养和保健价值，具有益智健脑、滋补养生、预防心血管疾病等功能。

一、薄壳山核桃种仁的营养成分

1. 脂肪

薄壳山核桃种仁平均油脂含量为55%~80%，这种差异取决于年份、品种、地理位置、肥料及采收时间。同时，其油脂含量要高于油茶（44%）、核桃（60%）和文冠果（57%）；不饱和脂肪酸含量达97%，高于茶油（91%）、核桃油（89%）、花生油（82%）、棉籽油（70%）、豆油（86%）和玉米油（86%）。薄壳山核桃油比橄榄油稳定，具有很好的贮藏性，这与薄壳山核桃油脂中含有较高的抗氧化物有关。同时，薄壳山核桃油还是上等的烹调用油和色拉油（冷餐油）。甘油三酯占脂肪的95%以上，代表性的单甘酯、双甘酯、游离脂肪酸以及甾醇含量不到1%。薄壳山核桃油脂中98%的甘油三酯由棕榈酸（6%）、硬脂酸（2%）、油酸（$C18:1$）（54~67%）、亚油酸（$C18:2$）（22%~30%）、亚麻酸（$C18:3$）（2%）组成；不饱和脂肪酸是脂质化合物主要的脂肪酸。

薄壳山核桃种仁发育过程中，粗脂肪含量变幅较大（图7-1），变幅为11.61%~81.89%。在8月30日最少，只有11.61%，该时期胚刚刚形成，胚在果实中所占比重很小，之后胚开始迅速发育变大，果实开始进入灌浆期，积累粗脂肪，到9月15日胚中粗脂肪含量就达到73.56%，到9月30日期间胚中粗脂肪含量变化不大，认为是胚在此期间已经基本发育成熟，到最后10月15日完全成熟后胚中的粗脂肪含量进一步积累增加，达到了73.22%。粗脂肪在胚中的积累中，种仁灌浆期粗脂肪积累十分迅速，这个时期的果实粗脂肪含量提高显著，也是果实胚的重要发育时期，果实灌浆结束后，粗脂肪积累速率变缓，果实成熟后期，粗脂肪继续积累增加，达到胚中粗脂肪含量最高。

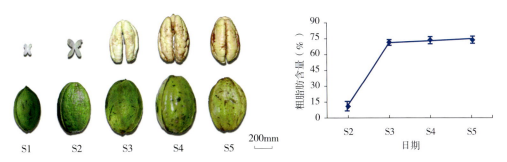

图7-1 薄壳山核桃'泡尼'种仁不同发育时间油脂含量的变化

说明：S1~S5分别代表采样时间为8月15日、8月30日、9月15日、9月30日和10月15日（下同）。

胚中的脂肪酸由8种成分组成：棕榈酸（C16：0）、棕榈烯酸（C16：1）、硬脂酸（C18：0）、油酸（C18：1）、亚油酸（C18：2）、亚麻酸（C18：3）、顺-11-二十碳烯酸（C20：1）和花生酸（C20：0）。其中，饱和脂肪酸由棕榈酸、硬脂酸和花生酸组成；不饱和脂肪酸根据双键个数分为单不饱和脂肪酸和多不饱和脂肪酸，单不饱和脂肪酸包括棕榈烯酸和油酸，多不饱和脂肪酸为亚油酸和亚麻酸。图7-2显示，棕榈酸在S2时为35.33%，至S3时下降了83.48%，而S3~S5时段变化幅度仅为0.15%。油酸含量呈先升高后降低的趋势，S2时为40.01%，至S3时达到最高值81.40%，S3~S5时期略有下降，变幅为9.18%。亚油酸和油酸变化趋势相反，亚油酸含量在S5时达到最高值，为19.71%。18碳的3个不饱和脂肪酸含量（C18：1、C18：2和C18：3）在四个时期均达到显著性差异。

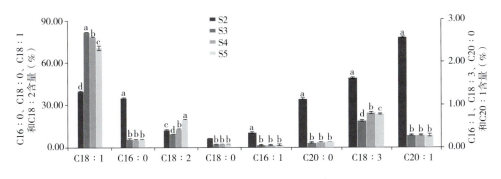

图7-2 胚发育过程中脂肪酸组分变化

2. 蛋白质

薄壳山核桃种仁中含蛋白质9%~18%，其中可溶性蛋白约占60.12%，球蛋白31.51%，醇溶蛋白3.42%，清蛋白1.53%，相比杏仁、榛子、腰果和开心果等坚果而言，薄壳山核桃蛋白质含量较低。蛋白质中含有18种氨基酸，包括人体必需的全部7种氨基酸，必需氨基酸占氨基酸总量的34%，氨基酸中谷氨酸含量最高，半胱氨酸含量最低。

薄壳山核桃胚在不同发育时期氨基酸含量具有显著性差异。以'泡尼'为例，氨基酸总含量119.10~361.90mg/kg，其中包含7种必需氨基酸，在胚成熟时期占氨基酸总量的28.98%~30.31%（表7-1）。其中谷氨酸在各组分中含量最高，S5时达到61.80mg/kg；亮氨酸在必需氨基酸中含量最高，缬氨酸次之，在S5时分别为20.70mg/kg和14.30mg/kg。各时期氨基酸含量均呈"上升-下降"趋势，在S3时含量最高（除了胱氨酸和蛋氨酸外），在S3时胚中谷氨酸含量最高，为73.8mg/kg。胱氨酸和蛋氨酸的含量都是在S5时达到最大值，蛋氨酸一直呈上升趋势，而胱氨酸则是呈现"N"形变化。S2~S3时期，各组分氨基酸含量都有不同程度的提高，其中精氨酸的增长幅度最大，其浓度在S3时是S2的6.93倍。S4~S5时期各组分氨基酸浓度含量基本无明显变化。

表7-1 不同发育时期薄壳山核桃胚中氨基酸含量（单位：mg/kg）

氨基酸种类	胚发育时期			
	S2	S3	S4	S5
天冬氨酸	12.10	34.90	28.90	27.50
苏氨酸*	5.70	13.90	10.10	10.00
丝氨酸	6.10	19.10	15.70	15.20
谷氨酸	18.50	73.80	62.80	61.80
甘氨酸	6.50	17.10	14.40	15.10
丙氨酸	8.10	18.30	14.80	14.30
缬氨酸*	8.70	17.70	14.30	14.30
胱氨酸	1.80	4.80	3.50	4.90
蛋氨酸*	1.30	2.00	2.50	4.70
异亮氨酸*	5.90	15.10	12.20	11.40
亮氨酸*	10.20	27.40	22.20	20.70
酪氨酸	3.40	11.50	9.00	9.50
苯基丙氨酸*	5.30	17.80	14.90	14.00
赖氨酸*	8.50	15.80	11.50	10.80
组氨酸	3.60	9.60	7.70	8.00
精氨酸	6.80	47.10	41.30	40.80
脯氨酸	6.60	16.00	12.80	13.40
必需氨基酸	45.60	109.70	87.70	85.90
氨基酸总量	119.10	361.90	298.60	296.40

3. 碳水化合物和矿物质

薄壳山核桃种仁中的碳水化合物占13%；矿物质含量非常丰富，含有Cu、Fe、Cr、Mn、B、Zn、Ba、P、K、Ca、Co、Mo、Sr、Na、Al、Mg等。郭向华、王永利等通过对早实绿岭核桃的研究发现，果实产量同展叶后期N含量、盛花期、果实成熟期和树体恢复期P含量呈显著正相关；与幼果速长期、盛花期、成熟期Ca含量均呈显著负相关；种仁粗蛋白含量与硬核期、幼果速长期N含量，盛花期含Zn量呈显著正相关，与幼果速长期P含量呈极显著负相关，展叶后期呈显著正相关；从种仁粗脂肪含量与幼果速长期N含量、展叶后期P含量呈显著负相关，与果实成熟期K含量呈显著正相关。幼果速长期P含量与种仁蛋白质含量呈显著正相关，K含量与种仁粗脂肪含量呈显著正相关。段洪喜通过对42个不同品种的核桃研究发现，核桃成熟期间，叶片的N、P、K含量均呈下降趋势。N、P元素含量在叶片、青皮、种仁中的分配比例为：种仁＞叶片＞青皮，青皮含N量与叶片K含量均与粗脂肪含量呈显著负相关且不同品种的青皮含N量、叶片K含量均与出仁率有明显的负相关关系。K元素的分配比例为：青皮＞叶片＞种仁，叶片K含量与核仁K含量与单果重呈明显负相关关系。种仁粗脂肪含量与叶片N、K含量、种仁P含量均呈显著负相关；且叶片含N量与种仁K含量，叶片P含量与种仁P含量均呈显著正相关。

薄壳山核桃'泡尼'果实在不同发育时期各部矿质元素含量的变化如下：外果皮K含量呈"下降-上升-下降-上升"的趋势；内果皮K含量在S1～S4时期缓慢上升，在S4～S5时期显著下降；种皮K含量在S1～S5时期下降较快；同时，胚K含量在S2～S4时期呈上升的趋势，但不明显，S4～S5时期胚含量从3184.51mg/kg上升到4314.69mg/kg，呈显著上升趋势（图7-3a）。外果皮含Ca量在S1～S4呈下降趋势，S4～S5缓慢上升；内果皮含Ca量在S1～S5时期整体呈上升趋势，S1为1341.65mg/kg，S5为3130.68mg/kg，相比于S1增长了1.33倍，但在S2～S3时期有短暂的负增长；种皮含Ca量在S1～S4时期下降较快，S4～S5呈上升趋势；胚Ca含量在S2～S5时期有"上升-下降-上升"的趋势，但是变化不显著（图7-3b）。外果皮Mg含量与Ca含量变化趋势相同，在S1～S4呈下降趋势，S4～S5缓慢上升；内果皮Mg含量变化趋势为"上升-下降-上升"，数值变化不大，在S4下降到最低点444.89mg/kg；种皮Mg含量在S1～S3时期显著上升，S3～S4显著下降，S4～S5有小幅度回升；胚Mg含量在S2～S4时期一直上升，S4～S5趋于稳定（图7-3c）。外果皮Fe含量变化趋势呈倒"V"字形，在S3时期达到最高点24.55mg/kg；内果皮Fe含量变化趋势为"V"字形，在S2为最低点8.52mg/kg；种皮Fe含量大于果实其他部位，S1～S2下降较快，在S2～S3缓慢上升，S4～S5呈下降趋势，S5达到最低点62.51mg/kg；胚Fe含量在S1～S5呈"下降-上升-下降"的趋势（图7-3d）。外果皮Mn含量与K含量变化趋势一致，在S4时期达到最低点8.82mg/kg；内果皮Mn含

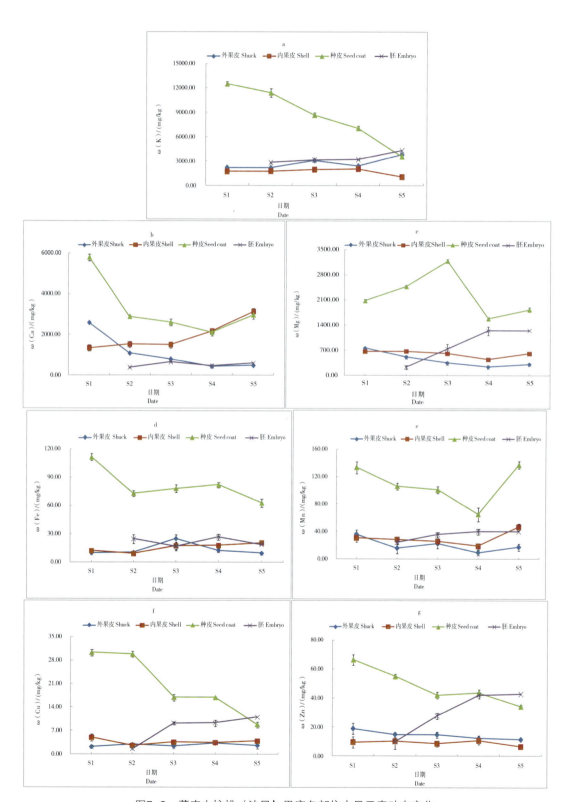

图7-3 薄壳山核桃'波尼'果实各部位大量元素动态变化

量变化趋势为"V"字形，在S4为最低点18.29mg/kg；种皮Mn含量在一开始下降较快，在S4~S5迅速上升，S4为最低点64.90mg/kg；胚Mn含量在S1~S4呈上升趋势，S4~S5趋于稳定（图7-3e）。外果皮Cu含量与K、Mn变化趋势相反，变化幅度小；内果皮Cu含量与外果皮Cu含量变化趋势相反；种皮Cu含量在一直呈下降趋势；胚Cu含量一直呈上升趋势（图7-3f）。外果皮Zn含量呈下降趋势；内果皮Zn含量呈"上升-下降-上升-下降"趋势；种皮Zn含量在总体呈下降趋势，S3~S4有微小幅度回升；胚Zn含量变化与Mg和Mn含量变化相同，一开始迅速上升，最后趋于稳定（图7-3g）。

4. 维生素

薄壳山核桃是良好的天然维生素来源，每百克种仁含维生素A为100~200mg、维生素B_2为0.4~0.8mg、维生素B_3为1.7mg、叶酸为0.038mg、维生素C为2mg，同时还含有一定量的维生素E等。维生素E是一组化合物的总称，由生育酚和三烯生育酚两大类组成。薄壳山核桃中含有α-生育酚、β-生育酚、γ-生育酚、δ-生育酚，不含三烯生育酚；γ-生育酚在薄壳山核桃种仁中含量最高，达到20.1~29.3mg/100g，α-生育酚含量次之，为3.3~4.2mg/100g，β-生育酚、δ-生育酚含量较低。

维生素E能增强细胞的抗氧化作用，有利于维持各种细胞膜的完整性；参与细胞多方面的代谢过程；保持膜结合酶的活力和受体等作用。维生素E具有许多重要的生化功能，如抗衰老、抗凝血、增强免疫力、改善末梢血液循环、防止动脉硬化，维持红细胞、白细胞、脑细胞、上皮细胞的完整性，从而保持肌肉、神经血管和造血系统的正常功能等。

5. 酚类化合物

酚类化合物广泛存在于植物中，影响食物的风味（多酚味酸、涩），同时也与抗氧化、抗心血管疾病、抗肿瘤等生物活性密切相关。胡桃科植物的各个组织部位广泛分布着各种酚类物质，各个组织中酚类物质含量存在较大差异。研究表明核桃酚类物质主要有黄酮类、酚酸类和单宁等。每克脱脂的种仁中约含有酚酸171μg，其中没食子酸约占78%，其他酚酸包括龙胆酸、香草酸、原儿茶酸、对羟基苯甲酸、对羟基苯酸以及微量的香豆酸和丁香酸。Villarreal-Lozoya等对薄壳山核桃的化学成分（包括总多酚、缩合单宁、生育酚等）进行研究，发现薄壳山核桃富含酚类化合物以及较强的抗氧化活性，可以作为日常重要的抗氧化资源。薄壳山核桃不同部位均有大量酚类物质，其含量差异明显。研究发现酚酸、儿茶酸、单宁（包括缩合单宁和水解单宁）主要存在于种皮内。Villarreal-Lozoya等研究发现薄壳山核桃外果皮中的总多酚和缩合单宁分别是种仁中的6倍和18倍。Bao等研究发现无论男性还是女性，食用坚果的习惯与由癌症、心脏病和呼吸道疾病引起的死亡数呈极显著负相关。这与坚果中含有大量酚类物质密切相关。从同科核桃种仁中提取的多酚类物质能有效抑制由AAPH或Cu^{2+}诱导的低密度脂蛋白的氧化，可以显著抑制血浆中硫代巴比妥酸反应物的形成。体内试验研究表明，薄壳山核桃外果皮中的酚类物质能减少酒精诱导的小鼠肺损伤。黄酮类物质（槲皮素）对大肠杆菌等细菌具有抑菌或杀菌作用。

鞣花酸是薄壳山核桃种仁中主要的酚酸之一，其含量的多少直接影响薄壳山核桃的口感。鞣花酸是没食子酸的二聚衍生物，是一种多酚二内酯。它不仅能以游离的形式存在，而且更多的是以缩合形式（如鞣花单宁、苷等）存在于自然界。纯鞣花酸是一种黄色针状晶体，能与三氯化铁的显色反应呈蓝色，遇硫酸呈黄色，Greissmeger反应呈阳性，还易与金属阳离子如Ca^{2+}、Mg^{2+}结合。在体内和体外试验中，鞣花酸对化学物质诱导癌变有明显的抑制作用，特别是对结肠癌、食管癌、肺癌、皮肤癌等有很好的抑制作用。鞣花酸是医学界公认的有效美白成分之一，因其水溶性好，分子量小，渗透性强，能轻易通过人体肌肤，抑制酪氨酸酶活性，阻断黑色素形成，起到美白肌肤作用。因此，鞣花酸在医疗保健和化妆品产业中具有广阔的市场前景。同时，这也增加了薄壳山核桃的市场开发价值。

'泡尼'果实不同发育时期各部多酚与黄酮的含量变化表明（表7-2），外果皮中多酚含量的变化差异显著，外果皮在S1时期多酚含量最高，为12.80mg/g，在S2时期降到了最低5.30mg/g，S3时期后多酚含量先上升后下降，到S5果实成熟后期，外果皮中多酚降为6.64mg/g。在内果皮中，多酚的含量在S1、S2和S3三个时期差异显著，S2~S5多酚含量上升，S4、S5时期变化幅度不大。在种皮中，多酚的含量随着时间差异也显著，在S1含量最高，为27.06mg/g，而多酚含量最低的时间为果实成熟后期的S5，含量为22.00mg/g。在胚中，多酚的含量一直上升，在胚发育前期差异显著，最少为S2，含量14.52mg/g，果实成熟后期的S5达到最高含量25.20mg/g。黄酮含量在外果皮中变化的最高时期为S1，为4.35mg/g，最低为S2，含量2.03mg/g。在内果皮中，黄酮含量在S1、S2和S4差异显著，与在外果皮中一样，都是S1含量最高，为2.22mg/g，S2含量最低，为1.06mg/g。在种皮中，黄酮含量在5个时期差异都显著，其中在种皮中，黄酮含量最高的时期为S4，含量8.73mg/g，最低为S1时期的4.77mg/g。在胚中，黄酮含量在胚发育过程中差异显著，而成熟后差异不显著，胚中黄酮含量为S2最低，为2.78mg/g，在S4达到最高，为5.10mg/g。

表7-2 不同时期薄壳山核桃果实不同部位的多酚和黄酮含量变化

时期	多酚含量（mg/g）				黄酮含量（mg/g）			
	外果皮	内果皮	种皮	胚	外果皮	内果皮	种皮	胚
S1	12.80±0.35e	7.99±0.35c	27.06±0.19d	—	4.35±0.12c	2.22±0.28c	4.77±0.06a	—
S2	5.30±0.68a	2.61±0.13a	23.48±0.38b	14.52±0.39a	2.03±0.09a	1.06±0.05a	5.82±0.07b	2.78±0.15a
S3	11.59±0.15d	6.74±0.51b	25.11±0.60c	21.58±0.68b	3.85±0.28bc	1.93±0.13bc	7.74±0.15d	4.42±0.19b
S4	9.31±0.31c	7.02±0.50bc	24.51±0.31c	24.79±0.40c	3.42±0.32b	1.58±0.22b	8.73±0.07e	5.10±0.18c
S5	6.64±0.23b	7.32±0.10bc	22.00±0.36a	25.20±0.14c	2.18±0.01a	1.75±0.16bc	6.40±0.05c	4.85±0.17c

6. 其他营养成分

薄壳山核桃种仁中还含有没食子酸、胡萝卜素、儿茶素、表儿茶素、花青素、叶黄素和玉米黄质、γ-tocopherol、flavan-3-olmonomers等化合物，这些化合物有助于多酚类化合物的抗氧化活性。没食子酸（gallic acid，GA），化学名3，4，5-三羟基苯甲酸，是可水解鞣质的组成部分，广泛存在于葡萄、茶叶等植物中，是自然界存在的一种多酚类化合物。在薄壳山核桃种仁中含量为138μg/g，在整个种仁酚醛类物质中约占78%。已有文献证实其具有抗炎、抗突变、抗氧化等多种生物学活性。胡萝卜素（Carotene）由植物合成，动物不能合成，必须从外界摄取；胡萝卜素主要有防止维生素A缺乏症、防止辐射病、防老抗衰、防癌抗癌等药理作用。除以上所提到的化学成分外，总糖和纤维素分别占薄壳山核桃种仁的13%~18%和2%~10%，总糖中含有蔗糖（20.2mg/kg）、果糖（0.2mg/kg）、葡萄糖（0.1mg/kg）以及肌糖（0.1mg/kg）。薄壳山核桃与其他坚果一样，种仁中淀粉含量较低，不足2%。

二、薄壳山核桃种仁的利用

1. 保健食品

薄壳山核桃是具有较高营养价值和经济效益的树种。从表7-3可知，薄壳山核桃种仁含有的热量比核桃、山核桃分别高出5.66%、10.22%，总脂肪分别比核桃、山核桃高出10.37%、22.40%，不饱和脂肪酸比核桃高出11.24%，对人体健康有益的微量元素Zn、Se含量也比核桃、山核桃高出很多。

薄壳山核桃相对于核桃和山核桃，表现为果大、壳薄，出仁率高，取仁容易，产量高，种仁色美味香，无涩味，营养丰富，是理想的保健食品和优良的食品添加剂。薄壳山核桃油中含有73%的单不饱和脂肪酸（主要是十八碳烯酸），类似于橄榄油，具有降低冠心病发病作用。美国埃拉哈达特博士研究发现，食用占食物总能量20%

的薄壳山核桃种仁,4周后与对照比较,可以明显提高血液的γ-生育酚。γ-生育酚具有公认的防衰老、抗氧化、健脾胃、预防前列腺癌的作用。得克萨斯农工技术学院的吉西卡巴龙发现,食用薄壳山核桃具有防治心脏病的功效。薄壳山核桃种仁中富含Zn,Zn与性激素的合成有关,它可以改善人体性功能,此外,还含有丰富的Mn与Cu,是人体生化反应中酶系统的重要元素。

表7-3 薄壳山核桃、核桃、山核桃种仁营养成分(每100g)

营养成分	薄壳山核桃	核桃	山核桃
热量(J)	2891.14	2736.34	2623.00
水分(g)	3.52	4.07	5.20
蛋白质(g)	9.17	15.23	14.90
纤维素(g)	9.60	6.70	9.00
总糖(g)	3.97	2.61	—
淀粉(g)	0.46	0.06	
总脂肪(g)	71.97	65.21	58.80
总饱和脂肪酸(g)	6.18	6.13	
单不饱和脂肪酸(g)	40.80	8.93	
多不饱和脂肪酸(g)	21.61	47.17	
胆固醇(mg)	0.00	0.00	0.00
维生素A(国际单位)	77.00	41.00	5.00
维生素B_1(mg)	0.66	0.34	0.15
维生素B_6(mg)	0.21	0.54	—
维生素C(mg)	1.10	1.30	1.00
核黄素(mg)	0.13	0.15	0.14
烟酸(mg)	1.17	1.99	0.90
泛酸(mg)	0.86	0.57	—
总叶酸(μg)	22.00	98.00	—
维生素E(mg)	4.05	2.92	43.21

(续)

营养成分	薄壳山核桃	核桃	山核桃
生育酚α（mg）	1.40	0.70	0.82
生育酚β（mg）	0.39	0.15	—
生育酚γ（mg）	24.44	20.83	—
生育酚δ（mg）	0.47	1.89	2.95
Ca（mg）	70.00	98.00	56.00
Fe（mg）	2.53	2.91	2.70
Mg（mg）	121.00	158.00	131.00
P（mg）	277.00	346.00	294.00
K（mg）	410.00	441.00	3.85
Na（mg）	0.00	2.00	6.40
Zn（mg）	4.53	3.09	2.17
Cu（mg）	1.20	1.59	1.17
Mn（mg）	4.50	3.41	3.44
Se（mg）	6.00	4.60	4.62

注：参考《薄壳山核桃丰产栽培与加工利用》（常君，2013）。

2. 药用价值

薄壳山核桃种仁具有收敛止血等功效，薄壳山核桃油用于制药和化妆品行业。在美国，薄壳山核桃种仁用于治疗消化不良、肝炎、流感发烧、妇女白带增多、疟疾和胃病等疾病。美国食物和药品管理局（FDA）2003年批准了一项对于薄壳山核桃和其他坚果能够帮助减少心脏疾病的健康声明，声明中表示：科学证据表明每天不超过1.5盎司[①]的富含低饱和脂肪酸的坚果有助于降低患心脏疾病的风险。此外，薄壳山核桃含有的丰富维生素和矿物质、不饱和脂肪酸等，有助于人们减少慢性疾病的风险。周瑜等利用SH-SY5Y细胞构建体外细胞模型，将山核桃脂溶性提取物与其作用，观察到0.4mg/mL山核桃脂溶性提取物能在一定程度上诱导SH-SY5Y细胞神经突触生长。进一步分析各实验组神经突触长度数据，发现神经突触长度大于40μm的突触比例均高于空白实验组，且剂量效应更为明显（图7-4）。

---

① 1盎司≈28.350g，下同。

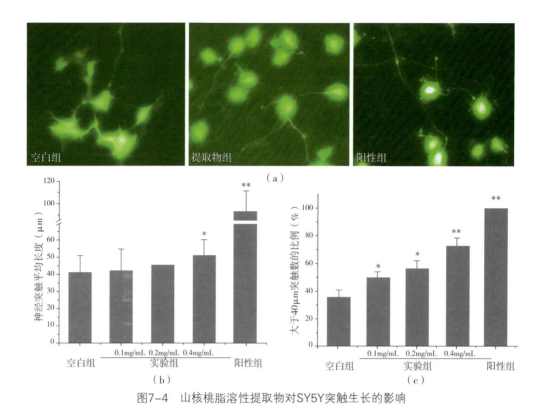

图7-4 山核桃脂溶性提取物对SY5Y突触生长的影响

a. 每组的典型视野,脂溶性提取物终浓度为0.4mg/mL,阳性组为bFGF;b. 每组50根最长突触的平均值的统计;c. 每组50根突触中大于40μm的数量所占的比例。

第二节 薄壳山核桃雄花序的营养成分与利用

花粉(pollen)是种子植物的微小孢子堆,它包含着孕育植物新生命所需的全部营养成分,花粉有"完全营养品"和"微型营养库"之称,内含许多对人体有益的成分,如蛋白质、氨基酸、糖类物质、脂类物质、酚类物质、黄酮类物质、维生素、矿质元素、激素等,具有提高人体免疫功能、调节神经系统、控制血糖、抑制癌细胞以及美容养颜等功效,花粉是当今世界公认的天然营养佳品。日本的花粉研究者认为,任何植物性食物的营养价值均难与花粉抗衡。花粉已被开发成药品、保健品、饲料添加剂、化妆品等四大类产品,深受消费者的喜爱。薄壳山核桃是林果兼备、具有重要开发利用价值的生态经济树种。在实际生产过程中,薄壳山核桃存在花期不遇的现象,造成大量的雄花序浪费,通过对薄壳山核桃花序成分的研究,能最大程度利用薄壳山核桃雄花序,创造更高的经济价值。

核桃与薄壳山核桃同属胡桃科植物,俞秀玲等研究了核桃花粉的营养成分,表明核桃花粉含蛋白质26.59%、氨基酸23.70%,高于其他花粉;还原性糖、蔗糖含量较低;脂肪含量稍高,为5.45%;必需氨基酸含量为9.61%,E/T比值为40.55%。蛋氨酸和胱氨酸为其限制性氨基酸。必需氨基酸的组成与比值与理想蛋白质中人体必需氨基酸的模式接近,氨基酸分值75.14;维生素中V_C含量每100g高达114.46mg;与其他花粉比较,核桃花粉具有高K(920mg/100g)、低Na(218mg/100g)的特点,且Mg(190mg/100g)、P(650mg/100g)、Ca(150mg/100g)含量均较高,微量元素中Zn(5.7mg/100g)、Se(0.017mg/100g)含量也较高。

一、薄壳山核桃雄花序的营养成分

1. 粗脂肪、蛋白质、纤维素含量

薄壳山核桃雄花序具有低脂肪、高蛋白、高纤维的特点。符合现代人的饮食理念。薄壳山核桃雄花序的脂肪、蛋白的相对含量比较稳定,不同品种、不同采集时间的差异不显著(表7-4)。'威斯特(W)''马罕(M)'雄花序的粗脂肪含量分别为2.47%~9.18%和4.99%~8.27%,蛋白质含量分别为14.10%~17.55%和12.08%~17.90%,粗纤维含量分别为15.07%~18.33%和15.10%~18.03%。

表7-4 薄壳山核桃不同品种雄花序营养成分

品种	采集时间	粗脂肪(%)	蛋白质(%)	粗纤维(%)
威斯特	5月1日	2.47±0.03	14.10±0.05	16.54±4.04
	5月5日	5.67±0.31	17.55±0.07	18.33±5.41
	5月9日	9.18±0.42	15.83±0.05	15.07±9.45
马罕	5月1日	8.27±0.21	17.90±0.19	16.14±2.18
	5月5日	5.23±0.12	15.62±0.12	15.10±1.21
	5月9日	4.99±0.05	12.08±0.47	18.03±5.29

2. 氨基酸种类及含量

薄壳山核桃雄花序中富含17种氨基酸,氨基酸总量为2.56~3.54mg/kg,其中包含7种人体必需氨基酸,含量为0.99~1.27mg/kg,必需氨基酸与氨基酸总量为35.8%~39.1%。罗蔚萍研究了'马罕'和'威斯特'2个品种雄花序中氨基酸的含量以及雄花中必需氨基酸的含量(表7-5和表7-6)。雄花序中除了蛋氨酸和胱氨酸含量稍低,其余必需氨基酸含量均高出了理想蛋白模型所需的含量。赖氨酸、苏氨酸是以米、面为主食的人群的第一、二大限制性氨基酸,薄壳山核桃雄花序中这2种氨基酸比例很高,尤其是赖氨酸的比例大大超过了理想蛋白模型。

表7-5 薄壳山核桃雄花序氨基酸含量（mg/kg）

样品	天冬氨酸	苏氨酸	丝氨酸	谷氨酸	甘氨酸	丙氨酸	缬氨酸	半胱氨酸	蛋氨酸	异亮氨酸	亮氨酸	酪氨酸	苯丙氨酸	赖氨酸	组氨酸	精氨酸	脯氨酸
5.1W	0.33	0.14	0.18	0.37	0.16	0.18	0.19	0.031	0.045	0.15	0.27	0.12	0.15	0.22	0.072	0.19	0.22
5.5W	0.27	0.12	0.15	0.32	0.14	0.15	0.15	0.027	0.028	0.13	0.23	0.091	0.13	0.20	0.065	0.16	0.19
5.9W	0.34	0.17	0.19	0.47	0.17	0.20	0.18	0.032	0.033	0.16	0.28	0.12	0.16	0.25	0.086	0.27	0.33
5.1M	0.31	0.15	0.18	0.36	0.16	0.19	0.19	0.033	0.029	0.15	0.27	0.097	0.15	0.24	0.077	0.19	0.24
5.5M	0.31	0.15	0.17	0.37	0.16	0.19	0.18	0.035	0.019	0.15	0.26	0.093	0.15	0.24	0.080	0.28	0.28
5.9M	0.28	0.13	0.15	0.33	0.14	0.15	0.16	0.025	0.022	0.13	0.23	0.080	0.13	0.20	0.059	0.21	0.20

表7-6 薄壳山核桃雄花序必需氨基酸占总氨基酸比例（%）

	苏氨酸	缬氨酸	蛋+胱氨酸	异亮氨酸	亮氨酸	苯丙+酪氨酸	赖氨酸
5月1日W	4.63	6.41	2.52	4.97	8.79	8.76	7.38
5月5日W	4.80	6.06	2.15	5.02	8.95	8.46	7.79
5月9日W	4.79	5.59	1.89	4.77	8.07	8.11	7.31
5月1日M	5.03	6.26	2.07	5.11	8.87	8.14	7.89
5月5日M	4.95	6.07	1.72	4.83	8.20	7.81	7.54
5月9日M	5.00	5.92	1.82	4.98	8.74	7.91	7.68
模式谱	4.00	5.00	3.50	4.00	7.00	6.00	5.50

3. 矿质元素含量

薄壳山核桃雄花序中K、Mg、Fe、Mn、Zn、Ca、Se等矿质营养含量丰富。不同品种以及采集时间对其含量影响差异不显著（表7-7）。薄壳山核桃雄花序矿质元素的含量高低依次为K＞Ca＞Mg＞Mn＞Fe＞Zn＞Se，其中K、Ca、Mg三种元素含量最为丰富。K含量为5985.5~7775.1mg/kg，占花序干重的0.60%~0.78%，高于百合（5100mg/kg）、毛豆（4780mg/kg）、紫苋菜（3400mg/kg）等常见富K蔬菜；Ca含量为2527.7~3678.6mg/kg，占花序干重的0.25%~0.37%，高于雪里蕻（2300mg/kg）、绿苋菜（1870mg/kg）、茴香菜（1863mg/kg）等高Ca蔬菜；Mg含量为1663.1~2741.5mg/kg，占花序干干重含量的0.17%~0.27%，高于绿苋菜（1190mg/kg）、毛豆（700mg/kg）、苜蓿（610mg/kg）等蔬菜。

表7-7 薄壳山核桃雄花序矿质营养（mg/kg）

样品	K	Mg	Fe	Mn	Zn	Ca	Se
5月1日W	6186.7±122.5	2496.5±33.6	260.5±130	296.7±1.2	162.5±16.3	3352.2±74.7	0.008558
5月5日W	5985.5±36.5	2385.9±6.8	179.9±9.3	649.2±6.3	153.8±0.3	3378.2±96.1	0.013755
5月9日W	6359.7±302.7	2741.5±32.2	380.6±0.6	361.9±5.1	171.1±20.3	3442.5±56.1	0.015375
5月1日M	7775.1±142.4	2257.7±17.9	234.9±31.4	568.2±10.6	261.1±4.4	3678.6±49.7	0.007526
5月5日M	5993.9±182.2	1663.1±23.1	184.3±74.2	420.6±6.1	185.1±1.6	2527.7±75.9	0.011837
5月9日M	6648.1±57.8	1887.1±11.5	210.3±5.1	888.9±15.3	172.2±1.5	2700.1±19.1	0.016343

4. 多糖及抗氧化活性物质

薄壳山核桃雄花序含多糖1.001~1.681mg/kg，较茶花、油菜、玫瑰、党参花粉含量略高。从表7-8可以得出，薄壳山核桃雄花序的多酚类物质含量较高（44.68~88.54mg/kg），同玫瑰、金盏菊、美蔷薇等相接近。薄壳山核桃'威斯顿'雄花序的多酚及黄酮含量要高于'马汗'，同时，'威斯顿'品种三个时间点多酚和黄酮的含量先减小后增加，这与核桃叶的多酚黄酮研究类似（多酚含以没食子酸计，黄酮以芦丁计）。

用DPPH法检验两个品种雄花序的自由基清除率，发现'威斯顿'的抗氧化能力强于'马汗'，最高达到74.92%。另外，以VC作为对照，测定了'威斯顿'的IC_{50}值，VC的IC_{50}为0.3751mg/mL，雄花序的IC_{50}为4.321mg/mL，表现出较强的抗氧化活性。

表7-8 薄壳山核桃抗氧化活性（含量mg/kg）

样品	多酚含量	黄酮含量	清除率
5月1日W	80.74	33.71	69.63%
5月5日W	64.85	28.39	57.65%
5月9日W	88.54	37.27	74.92%
5月1日M	44.68	22.86	36.33%
5月5日M	54.93	26.01	46.07%
5月9日M	70.45	28.5	60.38%

二、薄壳山核桃雄花序的利用

采用不同的处理方式，对薄壳山核桃雄花序的利用进行的研究，由表7-9可知，发现煮处理多酚、黄酮含量多数差异显著且与未处理相比均下降；而蒸处理多酚含量差异显著且与未处理相比上升，黄酮含量与对照组差异不显著，可能与不同温度下热稳定性不同有关。煮处理，各元素均与未处理组（新鲜样品不经过任何处理）呈现显著性下降；蒸处理组与未处理组Fe和Ca的含量差异不显著；蒸处理组和煮处理组Mn、Zn的含量差异不显著。经过蒸、煮处理后的17种氨基酸与未处理的有显著差异，各氨基酸均有显著增加，经过煮处理后的样品中的17种氨基酸含量均明显高于蒸处理。7种人体必需氨基酸在经过蒸处理后含量增加2.3~3.8倍，煮处理的氨基酸含量增加4.3~5.0倍，其中异亮氨酸在煮处理后高达未处理的5倍。经过处理后的山核桃雄花序氨基酸含量明显增加，更有利于人体对氨基酸的需求。可以得出，薄壳山核桃雄花序通过蒸、煮处理后，可以将其作为凉拌菜、直接炒制和其他的饮品类食品，具有良好的生态、保健功能。

表7-9 薄壳山核桃花序加工前后营养差异比较　　　　　　　　　单位：mg/kg

比较内容	处理方式		
	未处理	蒸处理	煮处理
K	5346.94±98.13b	5744.23±159.42a	3038.14±242.92c
Mg	1718.46±13.47a	1573.94±25.69b	1423.51±6.71c
Fe	947.90±66.07a	862.98±223.47a	519.75±3.94b
Mn	281.14±8.69a	267.31±1.71b	261.58±1.03b
Zn	157.26±3.80b	222.55±7.79a	216.99±0.92a
Ca	2545.63±11.15b	2610.76±43.41b	3858.20±89.07a
Se	0.008818495	0.061031744	0.062635804
多酚	63.23±0.64b	77.38±0.57a	60.66±0.52c
黄酮	29.42±0.27a	29.31±0.18a	21.99±0.20b
天冬氨酸	0.38±0.03c	1.32±0.02b	1.61±0.06a
苏氨酸	0.16±0.01c	0.59±0.02b	0.76±0.02a
丝氨酸	0.20±0.02c	0.71±0.02b	0.88±0.04a
谷氨酸	0.47±0.05c	1.59±0.04b	1.88±0.01a
甘氨酸	0.17±0.02c	0.65±0.02b	0.82±0.01a
丙氨酸	0.20±0.02c	0.75±0.03b	0.91±0.02a
缬氨酸	0.20±0.02c	0.74±0.02b	0.93±0.06a
胱氨酸	0.04±0.03b	0.09±0.04a	0.10±0.05a
蛋氨酸	0.03±0.01c	0.11±0.02b	0.15±0.03a
异亮氨酸	0.17±0.02c	0.60±0.03b	0.77±0.04a
亮氨酸	0.29±0.02c	1.07±0.05b	1.40±0.02a
酪氨酸	0.11±0.02c	0.41±0.03b	0.57±0.04a

(续)

比较内容	处理方式		
	未处理	蒸处理	煮处理
苯基丙氨酸	0.16±0.02c	0.60±0.04b	0.77±0.04a
赖氨酸	0.26±0.04c	0.86±0.04b	1.12±0.03a
组氨酸	0.09±0.01c	0.31±0.02b	0.40±0.03a
精氨酸	0.32±0.05c	1.03±0.02b	1.14±0.01a
脯氨酸	0.29±0.01c	0.91±0.02b	0.94±0.02a

第三节　薄壳山核桃外果皮的成分与利用

薄壳山核桃是世界性的重要干果，全球薄壳山核桃面积约30万hm^2。种仁为健康保健食品被充分利用，但薄壳山核桃外果皮等剩余物却完全被抛弃，不但极大地浪费了这些资源，很大程度上给环境也带来了严重的危害。据不完全统计，全球每年薄壳山核桃剩余物超过17万t。目前，有部分这些剩余物可以用于园艺覆盖、生产胶黏剂和燃料等。

一、薄壳山核桃外果皮的主要成分

薄壳山核桃外种皮有的总酚类物质和缩合单宁含量比种仁还要高，这些化合物的化学性质与抗氧化作用有关。薄壳山核桃种皮内的酚类化合物不仅可以预防心血管疾病，还可以提供对抗某些病毒活性，可以通过自由基防止焦虑症的产生，从而远离香烟等危害，而且也可以减少慢性酒精摄入导致的肝脏氧化应激反应。

薄壳山核桃外果皮含有K、Ca、Fe、Mn、Zn、Mg、Cu等矿质元素，其中K含量最高，达1.61%，Fe23.42μg/g、Mn3.66μg/g、Zn6.15μg/g、Mg355μg/g、Ca2650μg/g、K41158μg/g、As0.26μg/g。其中外果皮K的含量是薄壳山核桃树皮K含量的9.5倍，其他微量元素的含量均比树皮中各元素的含量低。山核桃外果皮含有酚类化合物、鞣质、有机酚、生物碱、氨基酸、蛋白质等有机化合物。同时，还分离出8种化合物：β-谷多醇（β-sitosterol）、为乔松酮（pinostrobin或5-hydroxy-7-methoxy-flavanone）、Flavokawain B、5-羟基-4，7-二甲氧基二氢黄酮（5-hydroxy-4,7-dimethoxyflavanone）、5-hydroxy-2-methoxy-1,4-naPhthoquinone、Onysilin、2,6-二羟基-3-苯基-4-甲氧基苯并呋喃苯丙烯酮、乔松素（pinocembrin或5,

7-dihydroxy-flavanone）。以上化合物均为首次从山核桃属植物中分离得到，其中化合物2，6-二羟基-3-苯基-4-甲氧基苯并呋喃苯丙烯酮为新化合物。同时还得到球松素、槲皮素、槲皮素-3-Oβ-D-葡萄糖苷、大黄酚、没食子酸、对羟基肉桂酸甲酯、香草醛、咖啡酸、对羟基肉桂酸、β-谷甾醇、胡萝卜苷、5-羟基-1，4-萘醌。其中槲皮素、大黄酚、对羟基肉桂酸甲酯、香草醛、咖啡酸、对羟基肉桂酸7种化合物为首次从该植物中分离得到。

二、薄壳山核桃外果皮的利用

1. 开发植物源杀菌、杀虫剂

采用生长速率法测定了薄壳山核桃外果皮甲醇提取物5个萃取相对茶藨子葡萄座腔菌（*Botryosphaeria dothidea*）的相对抑制率。结果表明，乙酸乙酯相和水相的相对抑制率最高。乙酸乙酯相的5个浓度在24h时（表7-10）的平均相对抑制率为97.52%，在48h时（表7-11）的平均相对抑制率为98.38%，在72h时（表7-12）的平均相对抑制率为93.76%，在96h时（表7-13）的平均相对抑制率为95.28%，均达到了90%以上，而且在浓度为2.0/50时抑制效果最好，达到100%，总体表现出低浓度的抑制效果优于高浓度的抑制效果。水相的5个浓度在24h时（表7-10）的平均相对抑制率为97.52%，在48h时（表7-11）的平均相对抑制率为98.31%，在72h时（表7-12）的平均相对抑制率为95.45%，在96h时（表7-13）的平均相对抑制率为96.59%，均达到了95%以上，而且在浓度为8.0/50时抑制效果最好，达到100%，总体表现出高浓度的抑制效果优于低浓度的抑制效果。石油醚相的相对抑制率最低，抑制效果远低于阳性对照组多菌灵。总体5种萃取相的相对抑制率均表现出随着浓度的升高，相对抑制率升高的趋势，而且随着供试菌种培养时间的加长，5个萃取相的相对抑制率也都随之升高。

表7-10　24h时5种相的相对抑菌率

萃取相	相对抑制率（%）				
	0.5/50	1.0/50	2.0/50	4.0/50	8.0/50
总相	-40.00	18.76	87.43	100.00	93.81
乙酸乙酯相	100.00	100.00	100.00	93.81	93.81
石油醚相	-53.40	0.00	81.24	100.00	93.81
正丁醇相	93.40	-31.33	87.43	100.00	93.81
水相	100.00	100.00	93.81	93.81	100.00

表7-11 48h时5种相的相对抑菌率

萃取相	相对抑制率（%）				
	0.5/50	1.0/50	2.0/50	4.0/50	8.0/50
总相	−269.87	−76.82	90.86	100.00	95.88
乙酸乙酯相	100.00	100.00	100.00	96.04	95.88
石油醚相	−294.75	−46.14	−40.93	100.00	95.88
正丁醇相	95.05	−242.21	90.86	100.00	95.88
水相	100.00	100.00	95.50	96.04	100.00

表7-12 72h时5种相的相对抑菌率

萃取相	相对抑制率（%）				
	0.5/50	1.0/50	2.0/50	4.0/50	8.0/50
总相	−246.52	−102.76	92.56	96.33	96.04
乙酸乙酯相	89.28	94.57	100.00	88.89	96.04
石油醚相	−314.47	−16.22	−85.22	88.89	91.96
正丁醇相	89.28	−194.65	88.89	100.00	96.04
水相	96.46	91.89	96.33	92.56	100.00

表7-13 96h时5种相的相对抑菌率

萃取相	相对抑制率（%）				
	0.5/50	1.0/50	2.0/50	4.0/50	8.0/50
总相	−107.39	−80.79	94.23	96.59	96.59
乙酸乙酯相	94.44	95.72	100.00	89.66	96.59
石油醚相	−153.72	−57.43	−11.54	89.66	93.07
正丁醇相	90.72	−174.41	94.23	100.00	96.59
水相	98.17	93.62	98.10	93.07	100.00

同时，薄壳山核桃外果皮甲醇提取物对15种病原真菌菌丝生长抑制作用的研究表明，提取物的浓度越高，杀菌活性越强；其对黄瓜炭疽病菌、黄瓜菌核病菌、苹果腐烂病菌、辣椒疫病菌等4种病菌的抑制率均达到100%，除玉米小斑病菌外，对其余10种病菌的抑制率都在69%以上。另外通过对其中6种病原真菌的毒力测定，外果皮甲醇提取物对水稻纹枯病菌的菌丝生长抑制作用＞番茄灰霉病菌＞油菜菌核病菌＞小麦赤霉病菌＞水稻稻瘟病菌＞玉米大斑病。

薄壳山核桃外果皮可用于研制和开发植物源杀菌、杀虫剂和生物农药，也可作为主要原料开发有机肥或栽培基质。

2. 化感作用

通过对薄壳山核桃外果皮提取液的5种萃取相对芥菜种子抑制萌发的研究，发现乙酸乙酯相和石油醚相的抑制效果可达到50%以上，说明在乙酸乙酯相和石油醚相中存在芥菜种子萌发抑制作用的物质。处理前3d，乙酸乙酯相作用下的种子发芽率比石油醚相作用下低，而在4d和5d，石油醚相作用下的种子发芽率比乙酸乙酯相作用下低，说明在种子萌发初期，乙酸乙酯相的抑制作用强于石油醚相，而在种子萌发后期则相反。水相和正丁醇相的平均抑制效果约为35%，低于乙酸乙酯相和石油醚相。由于总相中含有乙酸乙酯相和石油醚相中的成分，所以抑制效果也优于水相和正丁醇相。同时随着萌发天数的增长，5种萃取相抑制供试种子发芽的效果总体呈现出下降趋势（图7-5）。

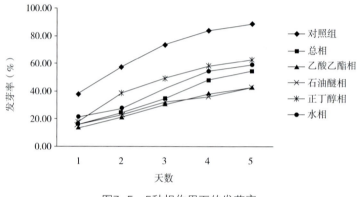

图7-5　5种相作用下的发芽率

对5d时种子发芽率（表7-14）的统计表明，供试种子在薄壳山核桃外果皮提取液5种萃取相不同浓度溶液的作用下，种子发芽率在1.0/50浓度的乙酸乙酯相和石油醚相作用下最低，在除了总相的其他各相中，种子发芽率都表现出在1.0/50浓度下发芽率低于其他浓度。由于总相含有其他各相的成分，所以表现出低浓度发芽率高、高浓度发芽率低的现象。5个相作用下的种子发芽率，在不同浓度下随着时间的加长，发芽率的增长速率都表现出减缓的状态。

表7-14　5d时种子发芽率

萃取相	发芽率（%）				
	0.5/50	1.0/50	2.0/50	4.0/50	8.0/50
总相	60.00%	44.44%	64.44%	64.44%	40.00%
乙酸乙酯相	37.78%	33.33%	48.89%	42.22%	53.33%
石油醚相	37.78%	31.11%	44.44%	46.67%	53.33%
正丁醇相	93.33%	33.33%	46.67%	46.67%	93.33%
水相	75.56%	64.44%	40.00%	62.22%	55.56%

已有研究证实，薄壳山核桃外果皮的活性成分对小麦、绿豆、玉米和大豆等4种植物的生长有明显的化感作用。山核桃外果皮浸提液对作物种子萌发有低浓度促进、高浓度延缓或抑制的生物效应。0.1mg/mL浸提液能显著促进小麦、玉米、绿豆、大豆的种子萌发及胚根和胚轴的伸长，胚根增长幅度分别为21%、26%、29%、32%，差异达显著或极显著；小麦与绿豆种子萌发的处理比对照增加了38%和24%。但浓度到达1.5mg/mL时，小麦、玉米、绿豆种子萌发强烈受阻，发芽率分别比对照降低了100%、43%和49%，与对照差异显著。甲醇提取物对蚜虫具有较强的毒杀作用，在甲醇提取物含量浓度为1.0mg/mL时，小菜蛾和斜纹夜蛾的死亡率分别为23.40%、9.81%。另外山核桃外果皮切碎加入清水（1∶1）煮成墨汁状，每天一次局部涂擦可治疗兔疥癣病。

3. 制备活性炭

鉴于薄壳山核桃壳中的木质素含量较高，可以作为生产活性炭的原料。与商业常用活性炭相比，用其生产的活性炭的密度、硬度均高于普通的商业脱色炭，矿物质含量和pH值与普通的商业脱色炭相近，且具有更高的总表面积，更好的孔径分布，更多的可用表面电荷。薄壳山核桃壳生产的优质活性炭可以广泛用于自来水厂、污水处理厂、纯净水厂、制药厂、化工厂、食品厂、柠檬酸厂、污染厂、溶剂厂、饭店、家庭，随着经济的快速发展，对活性炭的需求也越来越大，薄壳山核桃壳制成活性炭的应用前景将会更加广阔。

4. 制备胶黏剂

现代使用的酚醛树脂、脲醛树脂等木材胶黏剂均以有限资源的苯酚、尿素、三聚氰胺等石化产品为原料，为此，人们寻求可以取代石化原料的再生性生物资源作为新一代环境友好型木材胶黏剂的原料及制备方法。早在1950年，美国就利用美国山核桃的果壳和内隔膜加工胶黏剂的技术进行了研究。对薄壳山核桃的壳及其内隔膜进行粉碎、水萃取、过滤得到的酚醛树脂经脱水和再粉碎，溶于乙醇中得到醇溶性酚醛树脂，用作纸张、木材等的胶黏剂。

5. 制备高级抛光剂

在金属清洗行业，薄壳山核桃壳经过处理后可以用作金属的清洗和抛光材料。比如飞机引擎、电路板及轮船和汽车的齿轮装置都可以用处理后的核桃壳清洗。核桃壳被粉碎后具有一定弹性、恢复性和承受力，因此适合在气流冲洗操作中作为研磨剂。在石油行业中，断裂地带和松散地质部分的石油勘探和开采比较困难，采用核桃壳超细粉末作为堵漏剂填充，以利于钻探或开采的顺利进行。

6. 其他用途

早在1973年，美国A.E.Cullison等人研究将10%的坚果壳粉碎加入牛饲料中，可以给牛提供更好的能量物质，能较好预防肉牛肝病的发生。同时，薄壳山核桃外果皮无机成分中K的含量较高，可以用来制备工业钾盐，如碳酸钾和焦磷酸钾。也可用于提取单宁，制作染料、色素、作抗氧化剂、抗聚剂等。薄壳山核桃外果皮中含有其生长所需的多种营养元素和微碱成分，将外果皮还林，可以有效改善林地土壤结构，防止林地土质退化，提高肥力，可保护自然生态环境，还可节约农业成本；薄壳山核桃的鲜外果皮提取液可治皮肤癣症；可以开发外果皮作为园艺轻基质，具有很好的杀菌和吸水功能。

参考文献

安宁. 漫谈脂肪酸［J］. 食品与健康, 2006（2）: 7.

陈季琴, 张永, 高同雨, 等. 核桃高油品种的筛选研究［J］. 北方园艺, 2007（8）: 27-29.

陈友吾, 叶华琳, 沈建军, 等. 浙江省美国山核桃害虫及天敌资源调查［J］. 浙江林业科技, 2015, 35（1）: 54-59.

常君. 薄壳山核桃丰产栽培与加工利用［M］. 北京: 金盾出版社, 2013.

陈雷, 崔同意. 美国薄壳山核桃良种快繁育苗技术［J］. 安徽农学通报, 2013（12）: 57-58.

蔡文国, 吴卫, 代沙, 等. 不同无性系鱼腥草总酚、黄酮含量及其抗氧化活性［J］. 食品科学, 2013, 34（7）: 42-46.

程斌, 黄星奕. 食品与农产品品质无损检测新技术［M］. 北京: 化学工业出版社, 2004: 4-5.

崔同意. 薄壳山核桃容器育苗技术［J］. 安徽农学通报, 2013, 19（4）: 60.

董凤祥, 王贵禧. 美国薄壳山核桃引种及栽培技术［M］. 北京: 金盾出版社, 2003.

董润泉. 云南林产业主要树种培育技术丛书［M］. 昆明: 云南科技出版社, 2006.

耿国民, 周久亚, 王国祥. 薄壳山核桃果园良种配置方案初报［J］. 经济林研究, 2011（2）: 111-113.

耿国民, 周久亚. 美国薄壳山核桃生产概况［J］. 河北农业科学, 2009, 13（7）: 16-19.

耿明军. 薄壳山核桃育苗技术探讨［J］. 现代园艺, 2015（4）: 28-29.

葛晓梅, 徐道华, 周文明. 美国薄壳山核桃栽培技术［J］. 现代园艺, 2012（9）: 26-27.

黄坚钦, 夏国华. 图说山核桃生态栽培技术［M］. 杭州: 浙江科学技术出版社, 2008.

胡芳名, 谭晓风, 刘惠民. 中国主要经济树种栽培与利用［M］. 北京: 中国林业出版社, 2006.

韩宁林. 薄壳山核桃在中国［J］. 浙江林业科技, 1995, 15（3）: 47-49.

巨云为, 赵盼盼, 黄麟, 等. 薄壳山核桃主要病害发生规律及防控［J］. 南京林业大学学报（自然科学版）, 2015, 39（4）: 31-36.

巨云为, 曹霞, 叶健, 等. 美国薄壳山核桃虫害研究综述［J］. 中国森林病虫, 2014, 33（1）: 29-34.

李永荣, 吴文龙, 刘永芝. 薄壳山核桃种质资源的开发利用［J］. 安徽农业科学, 2009, 37（27）: 13306-13308+13316.

李国和, 杨冬生, 胡庭兴. 四川省不同产地核桃脂肪酸含量的变化［J］. 林业科学, 2007, 43（5）: 36-41.

黎章矩. 山核桃栽培与加工［M］. 北京: 中国农业科学技术出版社, 2003.

李健. 薄壳山核桃优良单株生物学特性研究及遗传多样性分析 [D]. 杭州:浙江农林大学, 2017.

刘梦华, 郭忠仁, 耿国民, 等. 薄壳山核桃育苗技术及其研究概述 [J]. 江苏林业科技, 2009, 36 (2): 52-54.

林小明, 李勇. 高级营养学 [M]. 北京:北京大学医学出版社, 2008: 16-33.

雷发斌, 杨为燕, 舒长青. 核桃的综合加工与利用 [J]. 中国林副特产, 2001 (3): 36-37.

刘广勤, 王秀云, 生静雅, 等. 薄壳山核桃育种研究进展 [J]. 林业科技开发, 2011, 25 (4): 1-5.

李水坤. 美国薄壳山核桃早实丰产关键栽培技术问题的研究 [D]. 杭州:浙江农林大学, 2012.

李萍, 周瑾. 浅析无患子的园林应用及价值 [J]. 杨凌职业技术学院学报, 2002 (1): 49-52.

凌骅. 不同品种美国山核桃幼苗生理生态学特性研究 [D]. 杭州:浙江农林大学, 2014.

楼献文, 张桐凤, 王清海, 等. 油脂中脂肪酸的气相毛细管色谱法分析 [J]. 色谱, 1993, 11: 346-347.

彭方仁, 李永荣, 郝明灼, 等. 我国薄壳山核桃生产现状与产业化发展策略 [J]. 林业科技开发, 2012, 26 (4): 1-4.

戚钱钱. 绍兴市薄壳山核桃主要病虫害及其综合防治技术研究 [D]. 杭州:浙江农林大学, 2016.

戚钱钱, 陈秀龙, 时浩杰, 等. 薄壳山核桃病虫害调查及主要病虫害防治关键技术 [J]. 中国森林病虫, 2016, 35 (2): 30-33.

施娟娟. 薄壳山核桃种质资源收集与无性繁殖技术研究 [D]. 杭州:浙江农林大学, 2013.

佟海英, 吴文龙, 闾连飞, 等. 薄壳山核桃繁殖技术 [J]. 林业科技开发, 2005, 19 (3): 73-74.

唐仕斌, 刘永根, 喻爱林. 美国薄壳山核桃的理化特性及栽培技术 [J]. 现代农业科技, 2009 (21): 102, 107.

王红红. 山核桃属种内种间嫁接亲和性分析 [D]. 杭州:浙江农林大学, 2015.

武丽萍. 薄壳山核桃器官诱导和体胚萌发研究 [D]. 杭州:浙江农林大学, 2014.

吴克强. 美国薄壳山核桃种植技术要点 [J]. 云南林业, 2015 (2): 67-67.

吴时敏. 功能性油脂 [M]. 北京:中国轻工业出版社, 2001: 446-449.

万本屹, 董海洲, 李宏, 等. 核桃油的特性及营养价值的研究 [J]. 西部粮油科技, 2001, 26 (5): 18-20.

万政敏, 郝艳宾, 杨春梅, 等. 核桃仁种皮中的多酚类物质高压液相色谱分析 [J]. 食品工业科技, 2007 (7): 212-213.

吴国良, 张凌云, 潘秋红, 等. 美国山核桃及其品种研究性状 [J]. 果树学报, 2003, 20 (5): 404-409.

司传领, 王丹, 金辰奎, 等. 核桃楸树皮的没食子酸、鞣花酸及水解单宁成分研究 [J]. 林产化学与工业, 2007, 27 (z1): 8-10.

习学良,范志远,董润泉,等. 美国山核桃在云南的引种进展及发展前景[J]. 江西林业科技,2001(6):39-41.

习学良,范志运,邹伟烈,等. 10个薄壳山核桃品种的引种研究初报[J]. 浙江林学院学报,2006,23(4):382-387.

王克建,杜明,胡小松,等. 核桃仁中多酚类物质的液相/电喷雾质谱分析[J]. 分析化学,2009,37(6):867-872.

王曼,宁德鲁孙,李贤忠,等. 薄壳山核桃研究概况[J]. 中国林副产品,2010,2:84-86.

徐志豪. 薄壳山核桃的观赏特性及生态绿化应用[J]. 现代农业科技,2014(23):176-177.

徐宏化. 不同薄壳山核桃无性系中功能性成分分析[D]. 杭州:浙江农林大学,2015.

徐沁怡. 花粉直感下山核桃果实的光合生理机制[D]. 杭州:浙江农林大学,2016.

袁紫倩. 薄壳山核桃'马罕'品种营养元素周年动态变化规律研究[D]. 杭州:浙江农林大学,2014.

杨先裕. 薄壳山核桃'Mahan'品种落果的生物学原因初探[D]. 杭州:浙江农林大学,2014.

姚善君. 薄壳山核桃苗木繁育与栽培技术[J]. 安徽林业科技,2013,39(3):76-77.

姚小华,常君,王开良,等. 中国薄壳山核桃[M]. 北京:科学出版社,2014.

姚小华,王开良,任华东,等. 薄壳山核桃优新品种和无性系开花物候特性研究[J]. 江西农业大学学报,2004,26(5):675-680.

俞春莲. 薄壳山核桃果实成熟过程中主要营养物质变化规律研究[D]. 杭州:浙江农林大学,2013.

于敏. 不同种质薄壳山核桃形态及营养成分分析[D]. 杭州:浙江农林大学,2013.

赵登超,王钧毅,韩传明,等. 不同品种核桃仁脂肪含量及脂肪酸组成与成分分析[J]. 华北农学报(增刊),2009,24:295-298.

郑敏燕,魏永生,耿薇. 利用气相色谱/质谱联合技术研究核桃仁油脂肪酸组成[J]. 咸阳师范学院学报,2006,21(4):26-28.

张美莉. 食品功能成分的制备及其作用[M]. 北京:中国轻工业出版社,2007:180-182.

朱灿灿,耿国民,周久亚,等. 南京早期引种的薄壳山核桃不同单株果实品质分析[J]. 经济林研究. 2012,30(2):10-14.

张日清,李江,吕芳德,等. 我国引种美国山核桃历程及资源现状研究[J]. 经济林研究,2003,21(4):107-109.

张日清,吕芳德. 美国山核桃在原产地分布、引种栽培区划及主要栽培品种分类研究概述[J]. 经济林研究,2002,20(3):53-55.

张日清,吕芳德. 优良经济树种——薄壳山核桃[J]. 广西林业科学,1998,27(4):205-206.

张日清,吕芳德,何方. 美国山核桃及其在我国的适应性研究[J]. 江苏林业科技,2001(4):45-47.

张日清,李江,吕芳德,等. 我国引种美国山核桃历程及资源现状研究[J]. 经济林研究,

2003,21(4):107-109.

张日清,吕芳德,张勖,等. 美国山核桃在我国扩大引种的可行性分析[J]. 经济林研究,2005,23(4):1-10.

张日清. 优良经济树种——美国山核桃[J]. 广西林业科学,1998,27(4):202-206.

张日清,吕芳德. 美国山核桃在原产地分布、引种栽培区划及主要栽培品种分类研究概述[J]. 经济林研究,2002,20(3):53-55.

翟梅枝. 植物次生物质的抗病活性及构效分析[D]. 福州:福建农林大学,2003.

周媛媛. 抗肿瘤中药青龙衣化学成分的研究[D]. 哈尔滨:黑龙江中医药大学,2008.

翟敏. 薄壳山核桃容器育苗及嫁接技术研究[D]. 南京:南京农业大学,2011.

周瑜. 山核桃不同提取组分的神经营养作用研究[D]. 杭州:浙江农林大学,2015.

朱海军,何俊,张存宽,等. 薄壳山核桃容器育苗技术浅析[J]. 林业实用技术,2014(4):39-40.

张海军. 不同基质配比对薄壳山核桃扦插苗生长的影响[D]. 杭州:浙江农林大学,2015.

Carpenter T L, Neel W W, Hedin P A. Review of hostplantre-sistance of pecan Caryaillinoensis to Insecta and Acarina[J]. Bulletin of the ESA, 1979, 25(4): 251-257.

Demaree J B. Morphology and taxonomy of the pecan-scab fun-gus, *Cladosporium effusum* (Wint.) comb. nov[J]. Journal of Agricultural Research, 1928(37): 181-187.

Latham A J. Effects of some weather factors and fusicladium effu-sum conidium dispersal on pecan scab occurrence[J]. Phytopa-thology, 1982, 72(10): 1339-1345.

Lenny Wells. Southeastern Pecan Growers' Handbook[M]. Athens: University of Georgia, 2013.

Nyczepir A P., Wood B W. Interaction of concurrent populations of *Meloidogyne partityla* and *Mesocriconemax enoplax* on Pecan[J]. Journal of Nematology, 2008, 40(3): 221-225.

Payne J A, Schwartz P H. Feeding of Japanese beet leson Phyl-loxera Galls[J]. Annals of the Entomological Society of Ame-rica, 1971, 64(6): 1466-1467.

Polles S G. Research studies sucking insects on pecans[J]. Pecan Quarterly, 1974, 8(2): 22-24.

Singh S K, Hodda M, Ash G J. Plant-parasitic nematodes of po-tential phytosanitary importance, their main hosts and reported yield losses[J]. Eppo Bulletin, 2013, 43(2): 334-374.

Stoetzel M B. Life histories of the four species of Phylloxeraon pecan[J]. Special Publication, Georgia Agricultural Experiment Stations, 1985(38): 59-62.

Thompson T. E. Pecan cultivars: current use and recommendations[J]. Pecan South, 1990, 24: 12-20.

Williams B. Raising top quality pecans[M]. Korea: Capstone Publishers, 2001.

White head F E, Eastep O. The seasonal cycle of Phylloxerano-tabilis Pergande (Phylloxeridae, Homoptera)[J]. Annals of the Entomological Society of America, 1937, 30(1): 71-74.